HoloLens 2 入門

株式会社ホロラボ　代表取締役CEO
Microsoft MVP for Windows Development
中村 薫 著

遠隔や現場での作業/訓練支援に活用できる
Mixed Realityデバイス

日経BP

はじめに

HoloLensが日本で発売されて3年ほどたち、HoloLensのアプリ開発を目的として立ち上げたホロラボも3期を無事に終えることができました。そもそも会社立ち上げを決意した理由は、2016年にHoloLensを入手して当時のお客さんに見せて回ったところ、それまでのKinectの案件が少しずつHoloLensになっていき、お客さんも業務系の方が増えていたところで、個人事業主として動くよりは会社として動いたほうがよいだろうという直感からでした。結果として、当時の想像以上にHoloLensは広まり、3年たって多くのお客さんの案件に携わることができました。正直なところ、日本の名だたる企業がここまでHoloLensに可能性を見出して、さまざまなプロトタイプを進めて、自社の業務に適用するとは想像していなかったのですが、それだけHoloLensの可能性と今の業務課題との親和性が高いのだと感じています。

この3年にわたるPoC（Proof of Concept；概念実証）の期間を経て、HoloLens 2が発売され、いよいよ実運用に向けて進み始めています。実運用に向けて進み始めると「HoloLens」は全体の中の一部となり、デバイス、ネットワーク、データなど全体の中でどう位置付け、どのように運用するかということが課題になります（そういえば、以前Kinectのアプリ開発をしていたときも、Kinectから離れてからが本番でした）。ユーザーから見ても、HoloLensのような未知のデバイス、今までの扱ったことがない操作のデバイスはなかなか馴染みにくいでしょう。

本書ではHoloLens 2の概要からセットアップ、基本的な操作やアプリの使い方などを順番に解説しています。最初は操作に慣れないHoloLens 2も、時間がたつとどんどん自然に扱えるようになっていきます。初めてHoloLens 2を購入したお客さんと会話するときはいつも「1日中HoloLens 2をつけて過ごしてみてください」という話をします。HoloLens 2に慣れて、HoloLens 2でできること、できないことを理解して、初めてそれをどのように業務へ生かすかが見えてきます。HoloLens 2ではUSBのキーボードとマウスで普通のWindows PCのように扱うこともできます（日本語のIMEが効かないので、文字入力には難ありなのですが…）ので、まずは普通のPCとして使ってみることで、この新しい環境をPCのように自然な環境にすることが大切だと感じています。

HoloLens 2はどんどん進化しており、2020年5月のアップデートでは大規模運用を見据えたセットアップの自動化や運用の自動化、セキュリティの強化が行われています。PoCから始めて、少しずつ実業務へ適用して、大規模運用の必要性を感じるところまでお客さんと進めたらいいなと個人的には思っています。その時の最初の一歩として本書が役に立てば幸いです。

本書の執筆にあたり、さまざまな方にご協力いただきました。企画を一緒に進めてくれたSB C&S株式会社の門内 充さん、遠藤 文昭さん。HoloLensの事例のご協力と許可をいただきましたトヨタ自動車株式会社の栢野 浩一さん、東日本旅客鉄道株式会社の間瀬 和夫さん、株式会社JR東日本情報システムの山本 大貴さん。公式ドキュメントなど裏付けのご協力をいただいたMicrosoftの村中 徹さん、上田 欣典さん、鈴木敦史さん。レビューに協力していただいたMicrosoft MVPの宮浦 恭弘さん、森 真吾さん。内容の調査や精査を手伝ってくれたホロラボのみなさん。会社業務に加えての執筆に協力してくれた家族。ありがとうございます。おかげ様で内容も細かく、読みやくなりました(至らぬ点は自分の責任です。不明点や、こういうことはできないの？という質問などは、巻末の連絡先までフィードバックください)。

なお、本書にはドキュメントなど数多くのリンクが示されています。書面からそれらのリンクを手で入力するのは現実的ではないので、ホロラボのブログサイトにリンク集をまとめています。リンク先の閲覧はこちらも合わせてご利用ください。

https://blog.hololab.co.jp/entry/2020/05/25/000000

2020年5月

中村　薫

目　次

第1章 HoloLens 2とMR（Mixed Reality）の概要

この章ではHoloLens 2の概要と、HoloLens 2の世界観であるMR（Mixed Reality）について説明します。

1.1 HoloLens 2の概要と活用シーン

HoloLensは米Microsoft社が開発、販売している頭部装着型のコンピューターデバイスです。2016年3月に発売されたHoloLens 1はいくつかのプロモーションビデオにあるようなクリエイティブな活動への利用を想定していましたが、ふたを開けてみるとそれ以外にも製造業・建設業の実現場での業務活用への試行も盛んに行われました。2019年2月には各種改良が加えられたHoloLens 2が発表になり、引き続き製造業・建設業での活用がより本格的になるとともに、性能や表示エリア（視野角）の向上にともなってコンシューマーにも広がっていくと期待されています。コンシューマーに向けてはデバイスの費用が課題になるため、いわゆるイベント活用のようなBtoBtoCでの活用から始まっています。

1.1.1 HoloLens 2とは

HoloLens 2はVR（Virtual Reality）のヘッドセットに似ていますが、ヘッドセット部にWindows 10や透過型のディスプレイなどPC一式が搭載されており、これ単体で動作します。

一般的なPCと違うところは、空間に立体的に表示できることで、これによって従来の2次元データだけでなく3次元のデータも3次元のまま表示することができる点にあります。コンピューターを頭部に装着するので両手を塞ぐこともなく、操作はジェスチャや視線などで行うため、現場作業を行いながらもコンピューターの支援を受けられることから、製造業や建設業などの現場作業が多い業種で特に実運用に向けて試行が広がっています。

1.1.2 業務利用の例

■ HoloLens 2が活用できるシーン

HoloLens 2が活用できるシーンはさまざまありますが、最近ではトレーニング、作業支援（現地、遠隔）として活用されているケースが多いです。実際には顧客の現場で使用したいが、そのための試行としてリスクの少ないトレーニングから入るというものです。3Dデータを活用したコンテンツでは、今までの紙やWeb、動画の説明よりも直感的に理解できます。従来のドキュメントが不要ということではなく、それぞれの特徴を生かしながら現場の業務改善を進めていくことになります。

筆者の経験上、HoloLens 2はデバイスとしては先端ではありますが、実際に業務支援に効果を与えやすいのはレガシーなものが多いと感じています。これは最近の業務であればメンテナンスの電子化や簡易化が進んでいるのでHoloLens 2の支援できる範囲は少ないのですが、昔からの機器やシステムはメンテナンス量が多い、ノウハウの継承が行いにくいなどの課題があります。ここにHoloLens 2がうまく導入できる余地が潜んでいます。

頭に装着するPCということで、必ずしもアプリは3Dである必要はなく、2Dのアプリをうまく組み合わせて活用することもできます。たとえば、実運用時に社内システムとつなぐケースを考えます。既存のアプリや開発するアプリと社内システムをつなぐにはAPI（Application Programming Interface）のような外部から接続するための仕組みを用意しますが、セキュリティやシステムの構成から難しいケースが多くあります。そこでHoloLens 2内蔵のEdgeブラウザーから社内システムへアクセスし、PowerAppsのようなツールで社内システムとつないだアプリやUI（ユーザーインターフェイス）を構築するなどの工夫で、HoloLens 2からアクセスすることが可能になります。HoloLens 2では3Dアプリの中からEdgeブラウザー含む2Dアプリを起動することができるので、業務支援は3Dアプリで行い、その結果を社内システムに反映するのはEdgeブラウザー経由というような使い分けができます。

■ 事例1：トヨタ自動車株式会社

トヨタ自動車では、開発した独自アプリや、Microsoft社の「Dynamics 365 Guides」「Dynamics 365 Remote Assist」などを活用した技術、工場、サービスでの現場作業支援の試行を早くから行っています。特に販売店にてサービスエンジニアがHoloLens

を活用し（**図1-1**）、車両の修理やメンテナンスの作業支援に生かす取り組みの試行が進められており、HoloLens 2の現場活用が近く開始される計画です（Microsoft Tech Summit 2018, Microsoft de:code 2019, Unite Copenhagen 2019など、トヨタ自動車株式会社 サービス技術部 栢野浩一氏 講演より）。

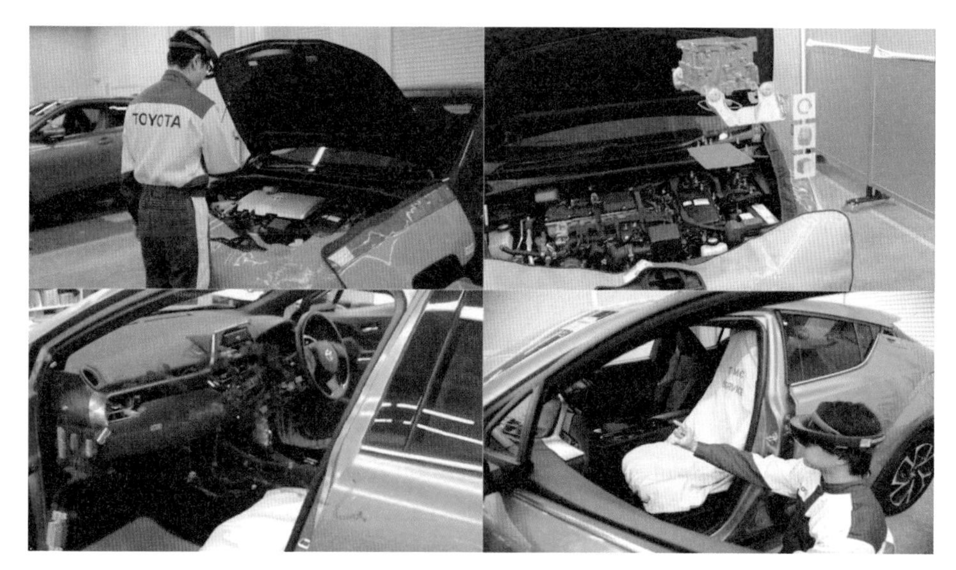

図1-1 サービスでのHoloLens活用の試行
（https://blogs.windows.com/japan/2019/05/30/toyota-hololens2/）

事例2：東日本旅客鉄道株式会社

東日本旅客鉄道（JR東日本）では、訓練施設における遠隔作業支援にHoloLensを利用する試行をしています（**図1-2**）。現場にはHoloLensを装着した作業員、会議室に遠

図1-2
保守作業訓練の遠隔支援でのHoloLens活用の試行
（https://special.nikkeibp.co.jp/atclh/NBO/17/microsoft0419/p15/）

隔から指示を行うベテランがおり、「Dynamics 365 Remote Assist」を利用して会議室から遠隔の支援を行う訓練をします。HoloLensとRemote Assistを使用した場合、作業者は作業したままでHoloLensのカメラから現在の状況を遠隔に送ることができます。また遠隔からは作業者の視界に3次元的にオブジェクトを配置できるので、作業場所を的確に示すことができます。

JR東日本では遠隔支援のほかにも電気転てつ機の保守点検トレーニングのアプリも独自に開発し、実際の研修中での試用など実用化に向けて取り組んでいます。

1.1.3 コンシューマー向け利用の例

事例1：ゴジラ・ナイト

2018年5月に開催された、ゴジラのいる世界を体験できるイベントで、HoloLensを装着しながらゴジラの迎撃作戦の戦略会議と、迎撃作戦を体験できるというものでした（**図1-3**）。屋外で巨大なモデル表示というHoloLens 1には難しい内容を、夜で遠方というコンテンツで上手にカバーしていました。

またHoloLensとAzure（Microsoft社のクラウドサービス）を組み合わせた音声認識を利用して、対策会議を盛り上げることも行っていました。

図1-3　「ゴジラ・ナイト」イベント向けのHoloLens活用事例
（https://blogs.windows.com/japan/2018/05/25/godzilla-nights-hololens/）

1.1.4　MRPP（Mixed Reality Partner Program）

MRPP（Mixed Reality Partner Program）とは米Microsoft社が認定している開発パートナー制度で世界中に172社、日本には25社（2020年5月現在）の認定企業があります。開発のパートナー制度になるのでこれらの企業からのアウトプットも事例の参考になるでしょう。MRPPについては「1.2.6 MRPP（Mixed Reality Partner Program）」で詳しく解説します。

1.2　すぐに使えるアプリ

セットアップが終わったら、いろいろなアプリが使える状態になります。まずはインストールされているアプリ、次にストアから購入できるアプリ、最後に業務に活用できる有償のさまざまなアプリを紹介します。

1.2.1　プリインストールアプリ

購入時にプリインストールされているアプリもいくつかあり、メールやフォトアプリなど基本的なパソコンとしての機能の提供になります。詳しくは「第4章 HoloLens 2におけるアプリとデバイスの利用」で紹介します。

図1-4　PCとして利用できるアプリの例

1.2.2 ストアアプリ

HoloLens 2には専用のアプリストアがあります（**図1-5**）。ここから有料、無料のアプリをインストールして使用できます。アプリストアへはHoloLens 2のスタートメニューから「ストア」アプリを通じてアクセスします。こちらも詳しくは「第4章 HoloLens 2におけるアプリとデバイスの利用」で紹介します。

図1-5 HoloLens 2のストアアプリ

1.2.3 Dynamics 365アプリ

Microsoft社がリリースしているDynamics 365の中のMixed Realityアプリです。HoloLens 2向けには下記3製品があります。

- Dynamics 365 Remote Assist
- Dynamics 365 Layout
- Dynamics 365 Guides

このほかにDynamics 365 Product VisualizeというiPad向けのアプリがあります。

Dynamics 365 Remote AssistとDynamics 365 Guidesは「第5章 Dynamics 365アプリの使い方」で詳しく紹介します。

Dynamics 365 Remote Assistは遠隔支援アプリで、HoloLensのカメラの映像を装着者がHoloLens 2を通して見たままの状態で配信することで遠隔から現場の視線で見ることができます（**図1-6**）。遠隔からの支援者のクライアントはMicrosoft Teamsで行い、現場視点の状況から指示を送ることができます。指示も現場作業者目線になり、Microsoft Teamsから空間に対して注視点を送ることができるので、従来よりも的確な指示を出せます。

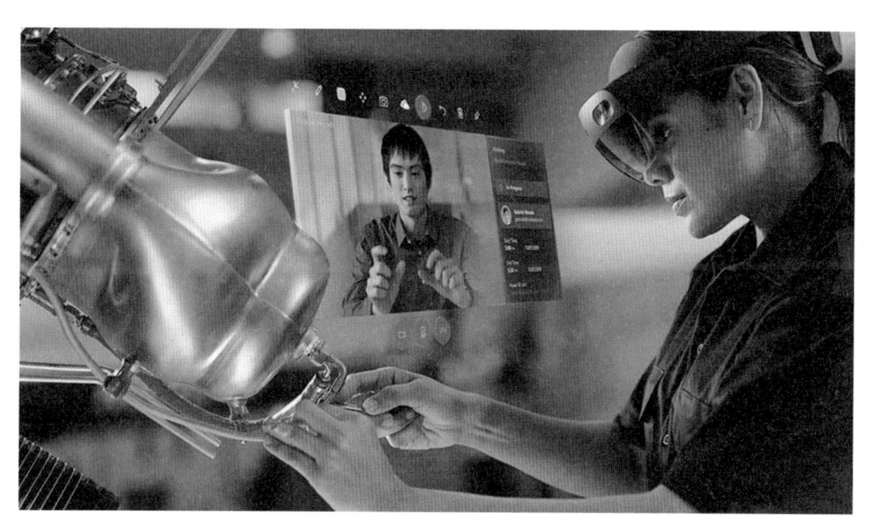

図1-5 Dynamics 365 Remote Assist

参照

Dynamics 365 Remote Assist
https://dynamics.microsoft.com/ja-jp/mixed-reality/remote-assist/

Dynamics 365 Layoutは配置シミュレーションアプリで、3D CGや3D CADをPCアプリからHoloLensに転送しそれを実物大で配置します。これによって工場の配置などを事前にシミュレーションでき、導線や干渉などを事前にチェックできます。なお、Layoutは単体での提供は2020年5月までとなり、2021年にGuidesへの統合が予定されています。

参照

Announcing the discontinuation of Dynamics 365 Layout
https://dynamics.microsoft.com/ja-jp/mixed-reality/layout-transition/

Dynamics 365 Guidesは作業支援です。PCアプリでシナリオを作成し、HoloLensで現実の作業場所に配置、組み立てなどの作業するときに手順を順々に表示します（**図1-6**）。手順には静止画、動画、3Dモデルを使用できるので、利用者のスキルレベルに合わせたシナリオを作成できます。

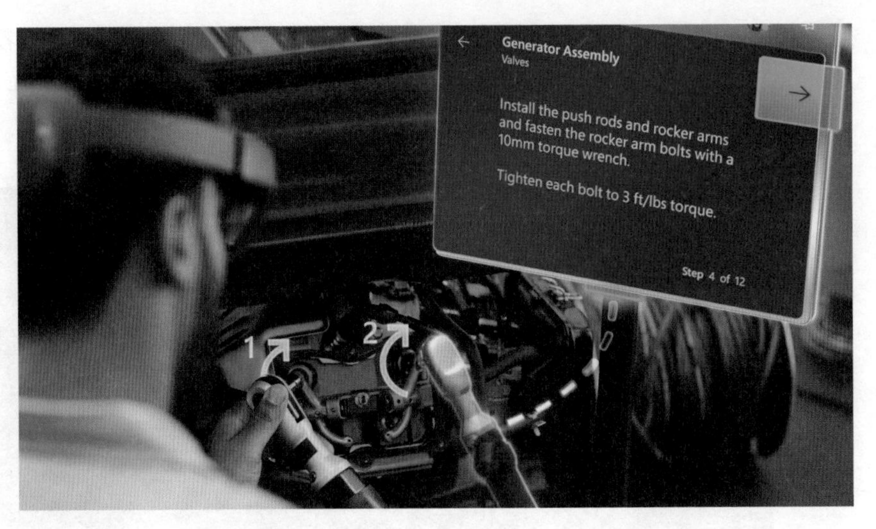

図1-6 Dynamics 365 Guides

参照

Dynamics 365 Guides

https://dynamics.microsoft.com/ja-jp/mixed-reality/guides/

参照

GuidesのPCアプリへのリンク

https://www.microsoft.com/ja-jp/p/microsoft-dynamics-365-guides/9n038fb42kkb?rtc=1&activetab=pivot:overviewtab

参照

Overview of preparing 3D models for Dynamics 365 mixed reality applications　Importツールのドキュメント

- https://docs.microsoft.com/ja-jp/dynamics365/mixed-reality/import-tool/
- https://docs.microsoft.com/ja-jp/dynamics365/mixed-reality/guides/import-tool

それぞれHoloLensがうまく活用できるシナリオに必要十分な機能を提供しています。最初に試すアプリとしてよいでしょう。

1.2.4 サードパーティー製アプリ

パートナー企業が開発するパッケージサービス/ソリューションもいくつかの種類があります。多くは製造業や建設業など3Dデータを扱う企業向けになります。独自のアプリ開発よりも導入コストは低いので、一度試してみるとよいでしょう。

mixpace（ミクスペース）

日本のMRPPであるホロラボが開発している製造業、建設業向けのサービスです（**図1-8**）。3D CADやBIM（Building Information Modeling：建設業で利用される、建物の3Dデータ）を簡単にAR/MR化できます。対応している3D CADやBIMをクラウド上でAR/MRに対応するフォーマットに変換し、HoloLens 2やiPadで閲覧できます。3D CADやBIMをHoloLens 2やiOS（厳密には開発環境であるUnity）に対応させることは手間がかかり、いままではデータ変換や整備、アプリ開発を個別に対応していました。mixpaceではこれらをクラウドと専用のアプリを提供することで時間的、金銭的コストを下げ3Dデータ活用の最初の一歩を踏み出しやすくします。

図1-8　mixpaceサイト（https://biz.cas.softbank.jp/mixpace/）

BIM（Building Information Modeling）

建物のライフサイクルにおいてそのデータを構築管理するための工程である。典型的には、３次元のリアルタイムでダイナミックなモデリングソフトウェアを使用して建物設計および建設の生産性を向上させる。この工程でBIMデータを作成し、そこには建物形状、空間関係、地理情報、建物部材の数量や特性が含まれる。

Wikipadiaより引用

https://ja.wikipedia.org/wiki/BIM

GyroEye Holo（ジャイロアイ ホロ）

日本のMRPPであるインフォマティクス社が開発している建設業向けのサービスです（**図1-9**）。本業がCADやGISのソフトウェアベンダーであるため、2D図面の可視化や、墨出しのような高い精度が要求される場面に強く、施工フェーズでの活用が行われています。精度に関してHoloLens単体では要求に対して難しいため、独自にトータルステーションという高精度な測量機器とHoloLensを組み合わせることで高い精度を実現しています。

図1-9
GyroEye Holoのサイト（https://www.informatix.co.jp/gyroeyeholo/）

DataMesh Director

中国と日本のMRPPであるDataMesh（データメッシュ）社が開発している製造業を中心としたエンタープライズ向けのサービスです（**図1-10**）。3D CADを取り込み、PCエディターにてインハウスでMR作業シナリオを作成、クラウド経由で3D CADおよびシナリオをHoloLensやiOSデバイスへダウンロードして利用します。用途は教育研修や現場の作業支援です。

図1-10
DataMesh Directorのサイト（https://www.datamesh.co.jp/datamesh-director.html）

Unity Reflect

Unity社がリリースしている建設業向けサービスで、Autodesk社のRevitやGRAPHISOFT社のARCHICAD、McNeel社のRhinocerosなどのソフトウェアからリアルタイムで変換して専用Viewerで表示できるサービスです（**図1-11**）。2020年5月現在では2D、VR/ARに対応したWindows用、iOS用、Android用のViewerが公開されており、HoloLens 2用のアプリのリリースも予定されています。またViewer機能は無料で開発者向けに公開されており、カスタムアプリを開発することも可能です。

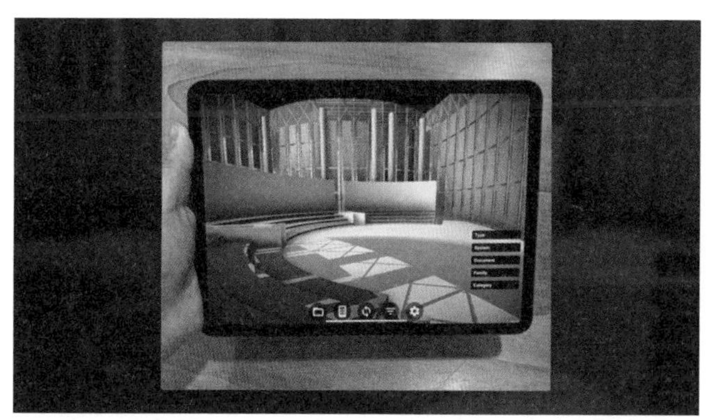

図1-11
iOS用のUnity Reflect Viewer
（https://unity.com/ja/products/reflect）

HoloeyesXR

医療系スタートアップのHoloeyes（ホロアイズ）社が開発しているVR/MRコミュニケーションツールで、CT撮像から作成した3D CGデータを専用サイトからアップロードするとHoloLens 2などでダウンロードが可能になります（**図1-12**）。この3D CGを使用して術前カンファレンスや教育などに活用しています。

図1-12
Holoeyes社のサイト
（https://holoeyes.jp/）

1.2.5 アプリを開発する

既存のアプリでは自社の要望を満たせない場合には、独自のアプリを開発することもできます。HoloLens 2 のアプリは従来のWindows アプリ（2D、平面）と全画面（3D、立体）アプリの2 種類があります。アプリはどちらもUWP（Universal Windows Platform）形式になり、2Dアプリは従来と同じようにVisual Studioで、3Dアプリは Unity（**図1-13**）やUnreal Engine（**図1-14**）、DirectXといったゲーム開発環境を使用します。ゲーム開発環境を使用したアプリ開発は2Dアプリ開発とはまた違った知識が必要になるので、開発メンバーの拡充やトレーニングが必要になります。

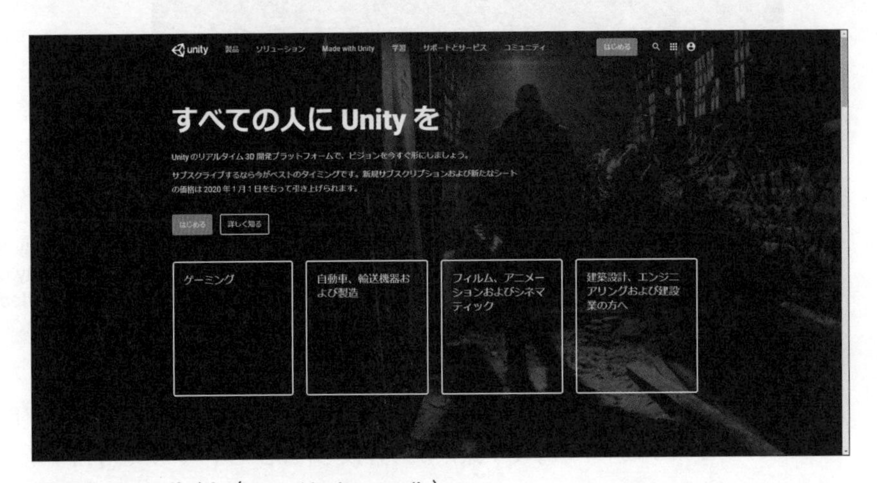

図1-13　Unityサイト（https://unity.com/ja）

図1-14　Unreal Engineのサイト（https://www.unrealengine.com/ja/）

1.2.6 MRPP（Mixed Reality Partner Program）

自社での開発は難しいという場合には外部の開発会社を探すことになります。しかしHoloLensのアプリ開発ができる会社を探すのも難しいという場合の最初の手段としてMRPP（Mixed Reality Partner Program）の認定企業へ問い合わせることが可能です（**図1-15～1-17**）。

MRPPとは米Microsoft社が認定している開発パートナー制度で、日本だけでも25社の認定企業があります。

図1-15　MRPPサイト（https://www.microsoft.com/ja-jp/hololens/partner-program）

MRPPの認定にはHoloLensアプリの開発力が求められ、米国での一週間のトレーニングや実際の顧客とのPoCのアプリ開発を経てそのアプリのレビューを通過した企業に与えられます。ホロラボもMRPPの認定を受けており、やはり米国でトレーニングやアプリレビューなどを行いました。米Microsoft本社のパートナーであるため、MRPP認定取得企業にはビジネスや開発に関する情報がいち早く公開されます。

これらの企業の中には開発サービスだけでなく、コンサルティングや開発サポート、開発のためのトレーニングなどを行っているところもあるので、いくつかの企業に問い合わせてみることをお勧めします。

図1-16 日本のMRPPサイト
(https://www.microsoft.com/ja-jp/biz/hololens/partners.aspx)

図1-17 MRPP検索サイト (https://www.microsoft.com/ja-jp/hololens/partners)

1.3 HoloLens 2について

1.3.1 HoloLens 2のハードウェア

HoloLens 2の特徴として下記があげられます。

- 表示パネルの拡大による表示エリア（いわゆる視野角）の向上
- 重量バランスの改善による快適性の向上
- 手指を使った直感的な操作
- ケーブルがない単体動作により行動に制限がない

HoloLens 1と比較して没入感や装着性、操作性が改善されています（**図1-18**）。

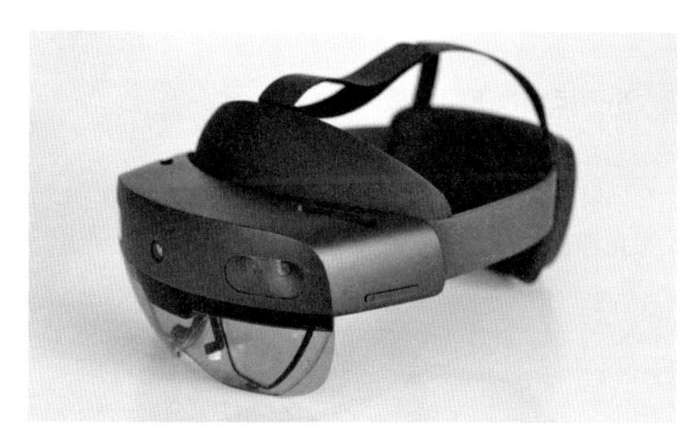

図1-18　HoloLens 2ハードウェア

1.3.2 HoloLens 2のハードウェアと各種ボタン

次にHoloLens 2のハードウェアと搭載されている各種ボタンを解説します（**図1-19**）。

正面には環境認識用のカメラ、ジェスチャ認識用の深度センサー、キャプチャー用のカメラがあります。カメラでの撮影時は横の白いランプが光ります。

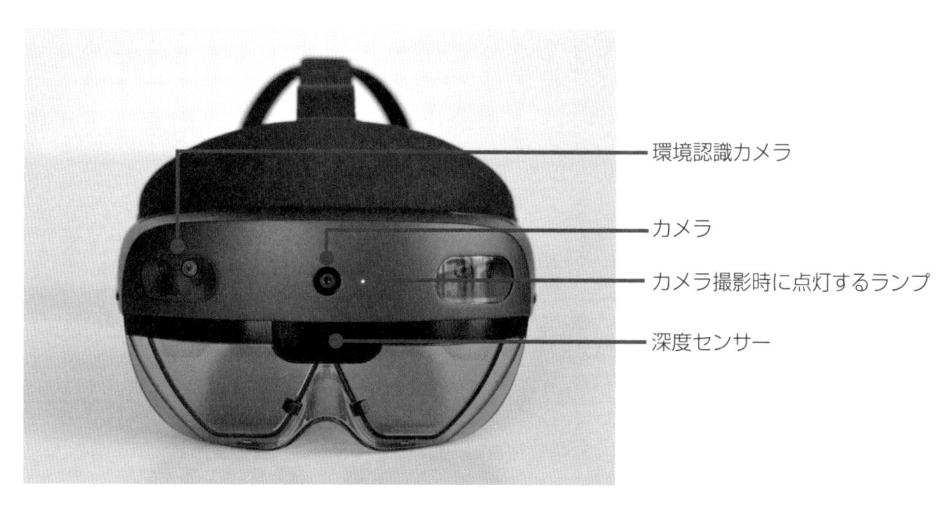

図1-19　前面のカメラやセンサー

右側には電源ボタン、USB Type-Cコネクタ、音量大ボタン、音量小ボタンがあります（**図1-20**）。

電源ボタンは電源オンのほか、電源オン状態での操作で下記の機能があります。

- 押してすぐに離すとスリープ状態
- 5秒以上長押しで電源オフ
- 10秒以上長押しで強制再起動

音量ボタンは音量大小のほかに下記の機能があります。

- 両方のボタンを同時に押してすぐに離すことで写真を撮影
- 両方のボタンを長押しすることで動画を撮影

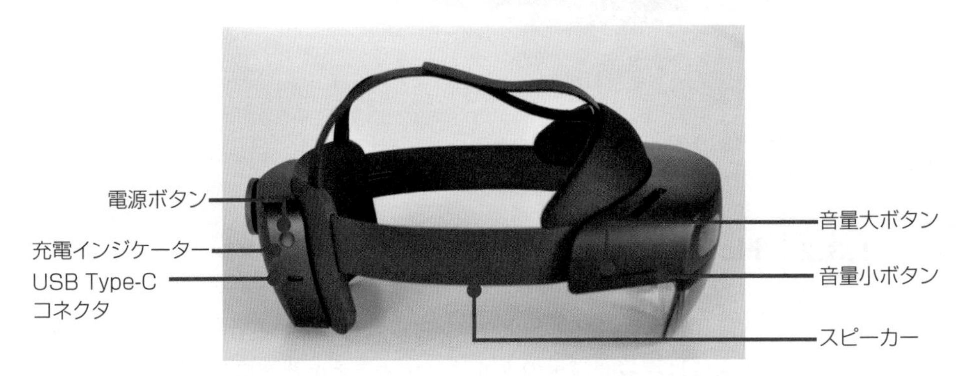

図1-20 右側のボタン類

左側には輝度を上げる、下げるボタンがあります（**図1-21**）。こちらは同時押しによる追加機能はありません。

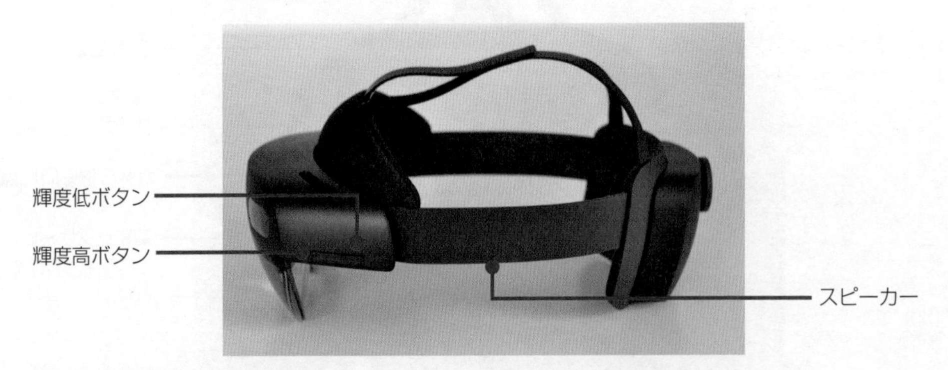

図1-21 左側のボタン類

背面です（**図1-23**）。真ん中の丸い調整ホイールで頭に装着したときの締め付けを調整します。HoloLens 2を無理にかぶると調整部分が破損する可能性があるので、必ず調整ホイールを回して広げてから装着しましょう。

またヘッドストラップを取り外すためのツメがあります。何らかの理由でオーバーヘッドストラップを外す場合に使用します。

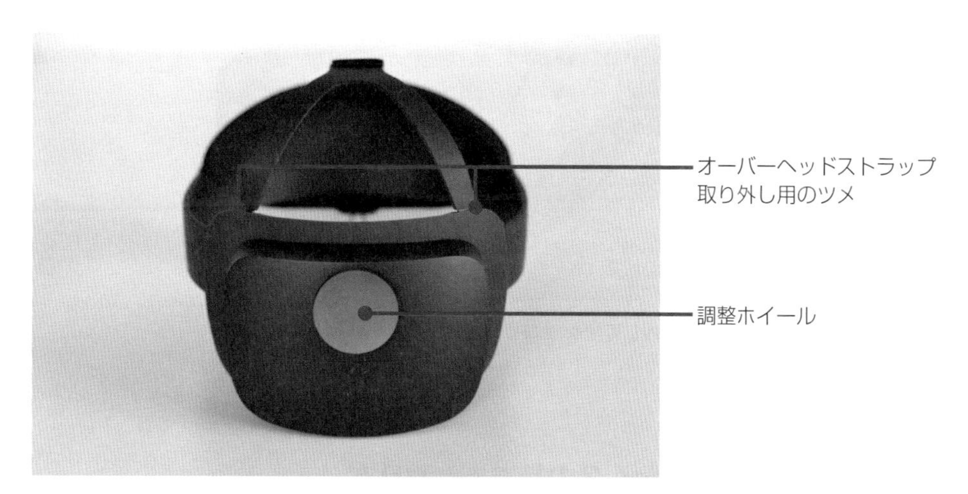

図1-23　**背面のボタン類**

図1-24のようにオーバーヘッドストラップを外して利用することもできますが、不安定になるので可能な限りオーバーヘッドストラップをつけて利用するほうがよいでしょう。

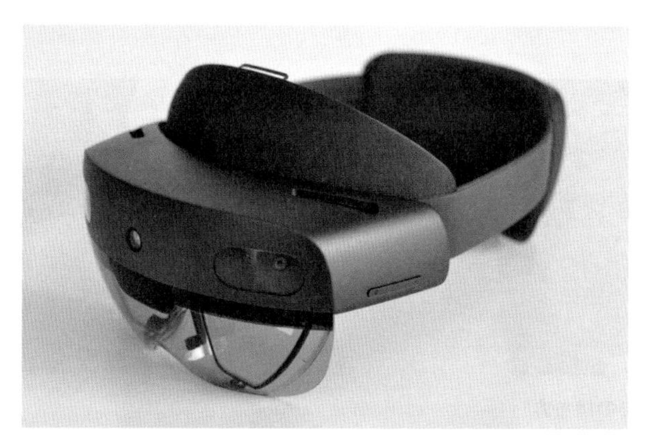

図1-24　**オーバーヘッドストラップを外した状態**

額部分にあるブロウパットも取り外し可能です（**図1-25**）。こちらは代理店で代替品の購入が可能です。

図1-25　**取り外し可能なブロウパット**

1.3.3 HoloLens 2の持ち方と被り方

HoloLens 2はやわらかい部分やフリップアップのための回転部分があるので、持ち方には気を付けましょう。

HoloLens 2単体で持ち運ぶ場合はスピーカー部分を両手で持つ、あるいはヘッドストラップを持つなど、安定してHoloLens 2に負担がかからないように持ちましょう（**図1-26**）。

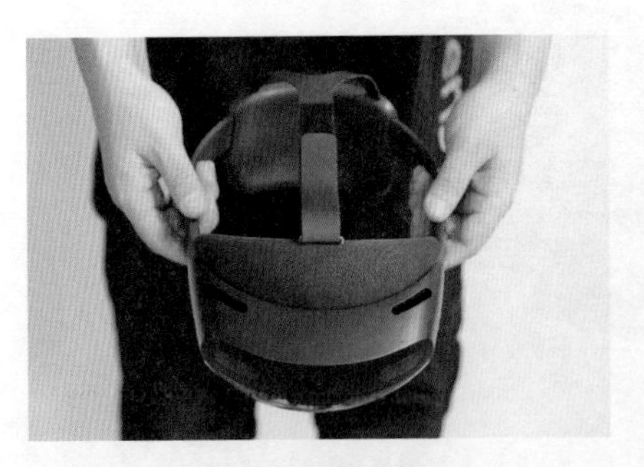

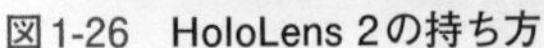
図1-26　**HoloLens 2の持ち方**

装着は両手で行います。後ろの調整ホイールでHoloLens 2のヘッドバンドを緩め、前方から被るように装着（メガネの上からでも装着可能）し、調整ホイールでフィットするようにヘッドバンドを閉めます（**図1-27**）。

装着後にHoloLens 2のグラス部分を両手で持ち上げるとフリップアップ状態になります（**図1-28**）。

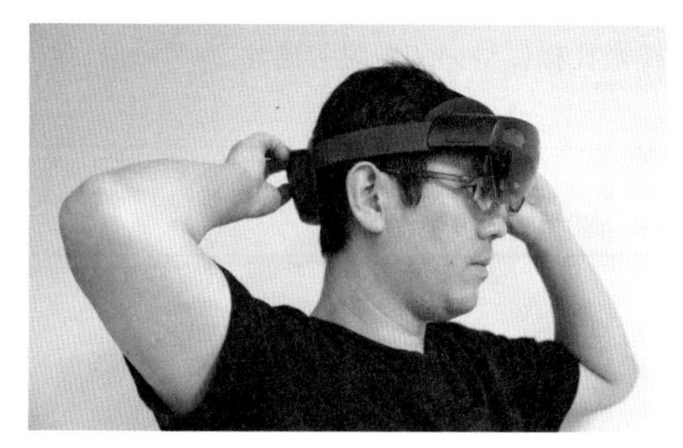

図1-27　HoloLens 2を装着する

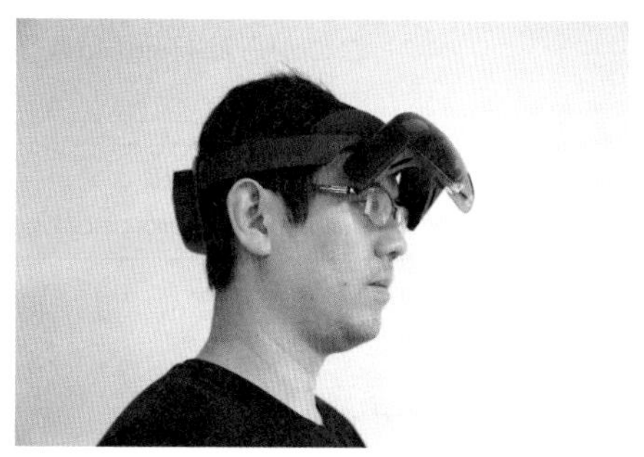

図1-28　フリップアップ

1.3.4　サポートへの問い合わせ

HoloLens 2には1年間の保証が付いています。万が一初期不良があった場合、使用中に動作不良が発生した場合はサポート要求を行ってください（**図1-29**）。

図1-29　サポート要求サイト

参照

サポート要求
https://support.microsoft.com/ja-jp/supportforbusiness/productselection?sapid=e9391227-fa6d-927b-0fff-f96288631b8

1.3.5 技術仕様

ここからはHoloLens 2の技術仕様について解説します。

参照

ハードウェア仕様
https://www.microsoft.com/ja-jp/hololens/hardware

ディスプレイ

光学	シースルー ホログラフィック レンズ（導波路）
解像度	2 k 3:2 光エンジン
ホログラフィック密度	>2.5 k 光点（ラジアンあたりの光点）
アイベースのレンダリング	3 次元での目の位置に対するディスプレイの最適化

光学系はHoloLens 1同様のシースルーのレンズとなっています。プロジェクション（投光）はHoloLens 1のLCOSプロジェクションではなく、MEMSを使った投影に変更されています。

HoloLens 1と比べて解像度がHDから2K、縦横比が16：9から3：2になったことにより、表示エリア（いわゆる視野角）が向上し、特に縦の見える範囲が広くなっています。

センサー

ヘッド トラッキング	4 台の可視光カメラ
アイトラッキング	2 台の赤外線カメラ
深度	1-MP ToF（Time of Flight）深度センサー
IMU	加速度計、ジャイロスコープ、磁力計
カメラ	静止画 8-MP、1080p 30 ビデオ

HoloLens 2ではアイトラッキング用のセンサーが新しく搭載されました。アイトラッキングはグラス部分の周りから赤外線を投射し、鼻横のセンサーにて目の状態をセンシングしています（**図1-30**）。

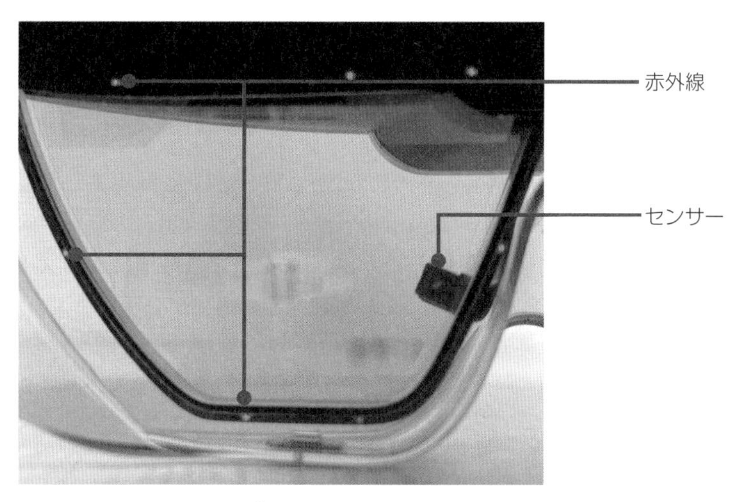

図1-30　アイトラッキングのセンサー

カメラ

深度センサーはToF（Time of Flight）形式の赤外線センサーを搭載しています。これは赤外線を照射して返ってくるまでの時間を計測して距離（深度）を測る手法です。この深度センサーはAzure Kinect DK（**図1-31**）と同じものを使用しています。Azure Kinect DKの前身であるMicrosoft Kinectは、Microsoft Xboxというゲーム機のコントローラーとして発売されていました。当時から赤外線センサーで奥行きが取れる画期的なセンサーとして、ゲーム以外の用途でも人気でした（デジタルサイネージや、医療、リハビリなど）。残念なことにXboxのコントローラーとしては販売を終了してしまいましたが、HoloLensのジェスチャ認識用センサーとして継続し、2019年に晴れてエンタープライズ向けのセンサーデバイスとして復活しました。

図1-31　Azure Kinect DK

Azure Kinect DK
https://azure.microsoft.com/ja-jp/services/kinect-dk/

カメラの解像度もHoloLens 1の720pから1080pに変わりました。これによってHoloLens 2でMixed Reality Captureなどカメラを使う場合の画質が向上しています。解像度の向上にともなって録画したファイルサイズの増加によるストレージの圧迫や、処理する画像のサイズの増加による処理速度の増加が発生しますので、HoloLens 1からの移行の場合には注意が必要です。

オーディオと音声

マイクロフォン アレイ	5チャネル
スピーカー	空間音響を搭載

マイクはHoloLens 1の4つから5つに増え、より正確に雑音の多い場所でも使用できるようになりました。

スピーカーは装着した際に左右の耳の上に位置するようについています。耳をふさがないためアプリでの音を聞きながら同時に現実の音も聞けるので、HoloLens 2のアプリを利用しながらでも周りとのコミュニケーションができます。

またソフトウェアでは空間音響と呼ばれる3次元空間のどこから音が発生しているかを制御できるので、アプリ内の音を使ったユーザーへの通知を行うこともできます。

人間の認識

ハンドトラッキング	両手完全連動モデル、直接操作
アイトラッキング	リアルタイム追跡
音声	オンデバイスのコマンドとコントロール、インターネット接続を利用した自然言語
Windows Hello	虹彩認識によるエンタープライズグレードのセキュリティ

HoloLens 2の特徴の1つがハンドトラッキングです（**図1-32**）。額の深度センサーによって得られた深度データを元に手を推測します。推測された手の状態は左右25点ずつ、計50点の関節を追跡でき、ジェスチャ操作に利用します。

アイトラッキングもHoloLens 2の特徴の1つです。アイトラッキングセンサーを利用し両眼を追跡します。これによって目を使ったHoloLens 2の操作、IPD（瞳孔間距離）の設定、Windows Helloの虹彩認証を行います。

IPDは両眼の瞳孔の距離で、これを適切に設定することによりHoloLens 2での体験の質を上げることができます。HoloLens 1でもソフトウェア的にIPDを設定すること

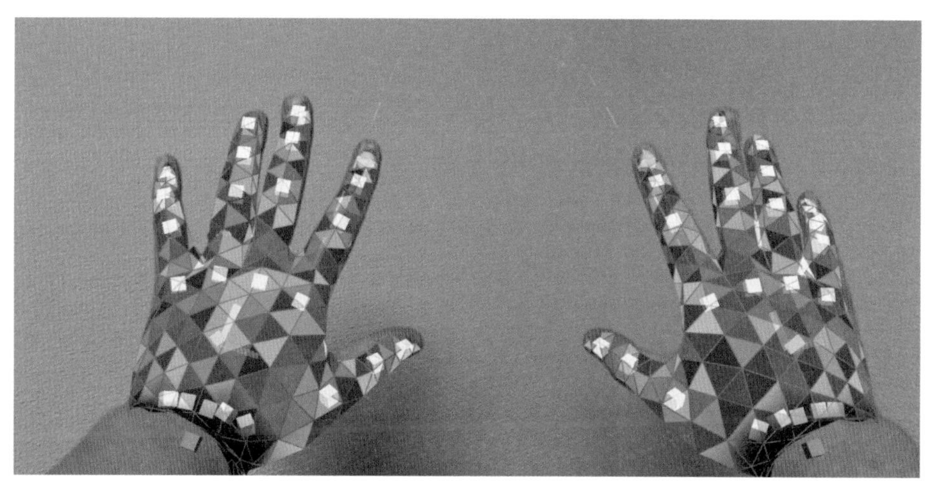

図1-32 HoloLens 2のハンドトラッキング

はできましたが、瞳孔間の距離の計測は何らかの機材を用いて自分で行う必要がありました。HoloLens 2ではこれを自動で行うことができます。IPDの調整はアイトラッキングの精度にも影響しますので、アイトラッキングを行う前には視線調整（3章の「3.3.2 システム」の「調整」を参照）を実行する必要があります。

Windows HelloはWindows OSの機能である生体認証の仕組みです。HoloLens 2ではアイトラッキングセンサーを使用した虹彩認証が可能です。

アイトラッキングによる操作の例として、オブジェクトの選択やスクロールがあります。オブジェクト選択の例は、視線を対象のオブジェクトに合わせることで選択を行います（**図1-33**）。両手を使用する作業での補助に利用可能です。

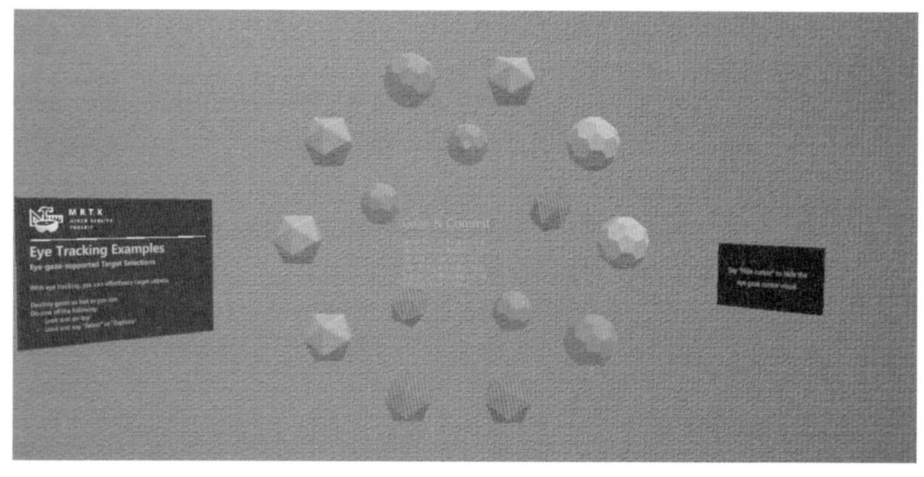

図1-33 視線を利用したオブジェクトの選択

スクロールの例として、見ている方向（ここでは地図の上下左右）に自動でスクロールします（**図1-34**）。地図であれば見ている方向のさらに外側、文章であれば上下（前後）文章を自動で閲覧できます。ただし、視線の操作は慣れていない方が多数ですので、過度な使用には注意が必要です。

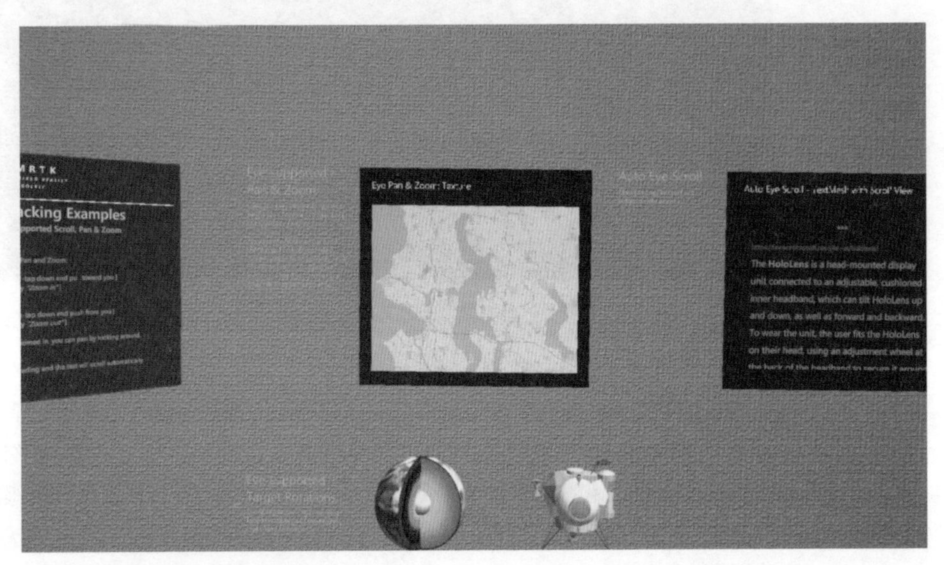

図1-34　**視線を利用した地図の自動スクロール**

環境の認識

6DoF トラッキング	世界規模の位置追跡
空間マッピング	リアルタイム環境メッシュ
Mixed Reality キャプチャ	ホログラムと物理環境の複合写真、複合ビデオ

6DoF（Degrees of Freedom）とはデバイスの自由度で、HoloLens 2はXYZの3次元軸に対して回転と移動の計6つの動きを認識できます。移動を認識できるため、空間を自由に動き回ることができます。同様のデバイスで3DoFがありますが、これはXYZの回転のみの3つの動きを認識でます。3DoFのデバイスではデバイスはその場所のままで向きの変更のみ認識ができます。

HoloLens 2は空間を移動しながら、空間をリアルタイムに3Dスキャンしています。これを空間マッピングと呼び、この空間がRealとVirtualの干渉を生みます（**図1-35**）。

図1-35 HoloLens 2の空間マッピング

Mixed Reality キャプチャはHoloLens 2のカメラを使って、装着している人の見ている映像をVirtualも含めて再現する機能です。HoloLens 2含めてHMD（Head Mounted Device）は装着している人以外、何をしているかわからないという問題があります。Mixed Reality キャプチャを利用して装着者の主観映像を出力することによって、周りの人も状況を理解できます。Mixed Reality キャプチャは録画もできるので、アプリの動作記録にも利用できます。Mixed Reality キャプチャはデバイスポータル（6章を参照）やMiracast（3.2.2を参照）での出力が可能です。

コンピューティングと接続性

SOC	Qualcomm Snapdragon 850 コンピューティング プラットフォーム
HPU	第 2 世代オーダーメイド ホログラフィック処理装置
メモリ	4 GB LPDDR4x システム DRAM
ストレージ	64-GB UFS 2.1
Wi-Fi	Wi-Fi: Wi-Fi 5（802.11ac 2x2）
Bluetooth	5.0
USB	USB Type-C

SoC（System on a Chip：CPUだけではなくGPUなどシステムをまとめて1チップ化したもの）がx86のAtomからARMのSnapdragonに変わりました。使う側からは違いを感じませんが、x86とARMにはアプリの互換性がないため、いままで利用しているアプリはARMに対応する必要があります。これはHoloLens 1用に利用・開発していたアプリはそのままではHoloLens 2で利用できないということを意味していま

す。HoloLens 1のアプリをHoloLens 2に対応するにはアプリの再ビルドが基本になりますが、ストアからインストールしたアプリは開発元の対応を待つ必要があり、自社などで開発しているアプリは単純にHoloLens 2で動作させるだけであれば再ビルドで動作しますが、UIが大幅に変更されたため、操作体系をどこまでHoloLens 2に対応させるかという議論が必要になります。

HPU（Holographic Processing Unit）はHoloLens 2の6DoFトラッキングや空間マッピングを行うための専用プロセッサです。HoloLens 1には第1世代のHPUが搭載されており、HoloLens 2では新しいバージョンのHPUが搭載されています。

メモリは4GBとなり、HoloLens 1の2GBから倍の容量が搭載されました。アプリから利用可能なメモリ量も900MBから2GBに増加しているので、いままで以上にメモリを使ったアプリの利用が可能です。

ストレージはHoloLens 1と変わらず64GBです。カメラの解像度向上に伴ってMixed Reality キャプチャの画像、動画のサイズも増加しています。ストレージの残量には気を付けましょう。

Wi-FiはHoloLens 1と同様の802.11 acであるWi-Fi 5です。Bluetooth はHoloLens 1のBluetooth 4.1 LEからBluetooth 5.0になっています。

USBはType-C形式となりました。USB-PDに対応したため高速な充電が可能です。またHoloLens 1にはなかったUSBホスト機能を持っているため、USBキーボードやUSBメモリなどのUSB機器を接続できます。ただし、全てのデバイスが利用可能ではないので、HoloLens 2上でデバイスが認識するかどうかは個別に確認が必要です。詳しくは「4.2 USBやBluetoothデバイスの利用」を参照してください。

サイズ

シングル サイズ	
メガネの上に装着可能	
重量	566 g

HoloLens 2は本体以外を必要としないシングルサイズで、メガネをかけたままでも装着できます。重量は566g とHoloLens 1の579g とあまり変わっていませんが、重量バランスの改善によって軽く感じます。

処理能力

バッテリー駆動時間	2 ～ 3 時間（連続使用の場合）
充電	USB-PD（急速充電の場合）
冷却	パッシブ（ファン非搭載）
リチウム電池搭載	

バッテリー駆動時間はHoloLens 1と変わらず2-3時間ほどですが、充電がUSB-PDのため高速に充電ができます。ACアダプタは18W出力となっていますので、市販のUSB-PDバッテリーでの充電も可能です。

参照

HoloLens 2の規格についての詳細は下記も参照してください。

HoloLens regulatory information
https://support.microsoft.com/ja-jp/help/13761/hololens-regulatory-information

1.3.6 購入方法

2020年5月現在でHoloLens 2の購入は正規リセラー（大塚商会、JBS、SB C&Sの3社）からのみとなっています。

HoloLens 2で予定されている購入オプションは3種類ありますが、現状では「HoloLens 2（デバイスのみ）」のみとなっています（**表1-1**）。

選択基準としては、商用利用も含めて自由なものが「HoloLens 2（デバイスのみ）」になります。これはデバイス買い切りで用途に制限がありません。

「HoloLens 2 with Remote Assist」はRemote Assistが1シート付属しており商用利用も可能ですが、価格がユーザーあたり月に$125となり、ユーザー数ごとに費用が発生します。

表1-1 HoloLens 2の価格とオプション（https://www.microsoft.com/ja-jp/hololens/buy）

	HoloLens 2 with Remote Assist	HoloLens 2 （デバイスのみ）	HoloLens 2 Development Edition
HoloLens 2 デバイス （1 デバイス）	○	○	○
Dynamics 365 Remote Assist （1 シート）	○		
保証	○	○	○
商用目的の使用権限 （デバイスのみ）	○	○	
Azure クレジット 500 米国ドル分 （Mixed Reality サービスを含む）			○
Unity Pro および PiXYZ プラグイン（3 か月間無料）			○
デバイス購入制限			ユーザーごとに1台
参考小売価格 （MSPR）	$125/ユーザー，月	$3,500/デバイス 約38万円（税抜）	$3,500/デバイス または$99/月

最後の「HoloLens 2 Development Edition」は開発者用で、商用利用ができない代わりにAzure クレジット$500分や、Unity ProおよびPiXYZプラグイン3か月分の無料クーポンが付いています。購入方法も$3,500一括または$99の分割が選択できます。

パッケージの内容は下記になります（**図1-36**）。

- HoloLens 2デバイス
- キャリーケース
- オーバーヘッドストラップ
- マイクロファイバークロス
- 充電器（USB Type-C/PD 18W）
- USB Type-Cケーブル

図1-36　HoloLens 2パッケージ

1.3.7 Trimble XR10

HoloLens 2への期待値が高い建設業や製造業向けに、ヘルメット一体型HoloLens 2が準備されています。米Trimble（トリンブル）のXR10は、ヘルメットに最適化されカスタマイズされたHoloLens 2です（**図1-37**）。

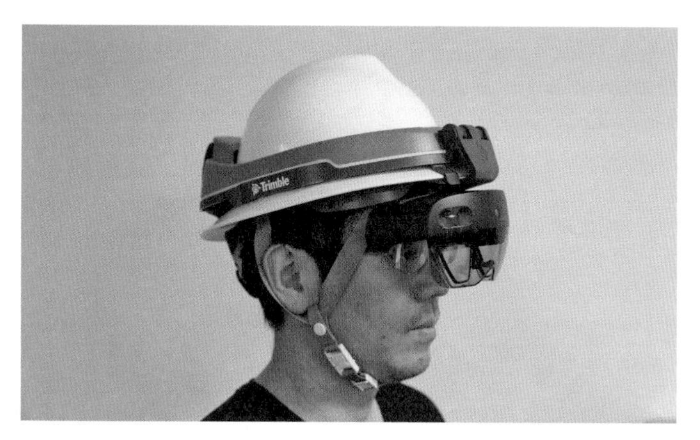

図1-37 Trimble XR10

HoloLens 2と同じようにフリップアップもでき、回転軸がヘルメット部分にあるので、大きく上まで跳ね上がるようになっています（**図1-38**）。

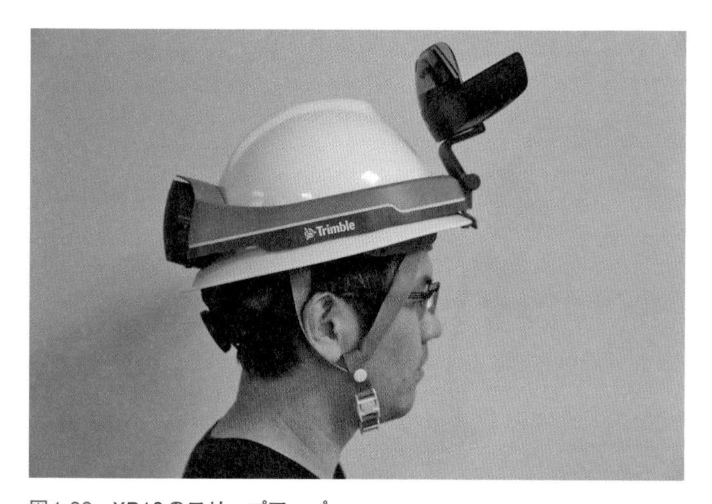

図1-38 XR10のフリップアップ

参照

ニコン・トリンブル（日本）のXR10サイト

https://www.nikon-trimble.co.jp/TrimbleXR10/

XR10のデータシート（仕様）

https://drive.google.com/file/d/1gO7gelO3KHLC_4h6FD_siLCPKsCaoRxB/view

付属品はヘルメット一体型Hololens2本体（骨伝導ヘッドセット付）、充電器、USB Type-Cケーブル、専用ヘルメットアダプター、専用ケースです（**図1-39**）。

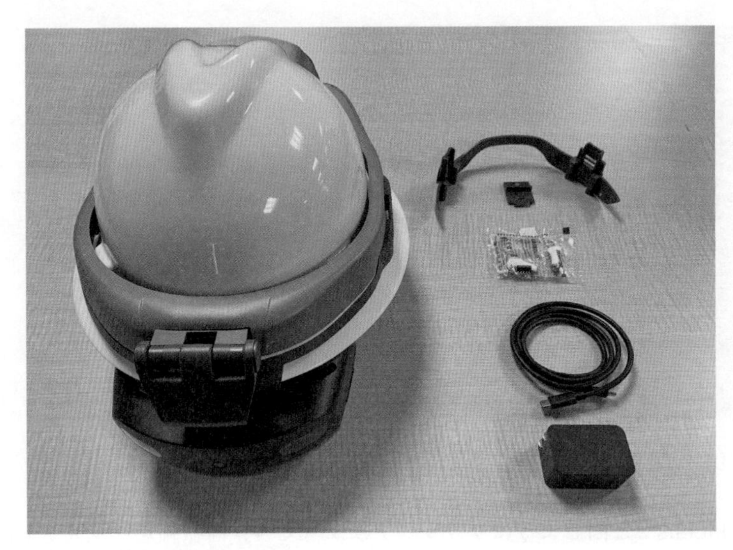

図1-39　XR10の内容

ケースはリュックになっており、そのまま背負うことができます（**図1-40**）。

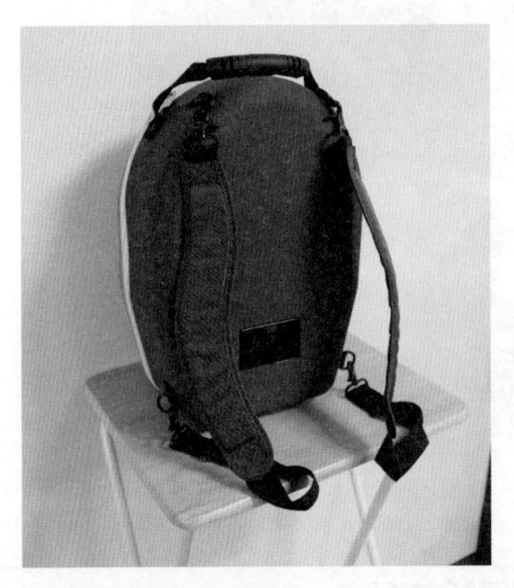

図1-40　XR10のケース

XR10のHoloLens 2の基本仕様は、通常のHoloLens 2とほぼ変わりません。違いとしてスピーカーが内蔵されていないため、Bluetooth接続の骨伝導イヤフォンが付属しています（データシート中の「Mobilus mobiWAN_TR bone-conductive Bluetooth headset」）。骨伝導のため、通常のHoloLens 2と同じように耳をふさがずにアプリからの音を聞けます。

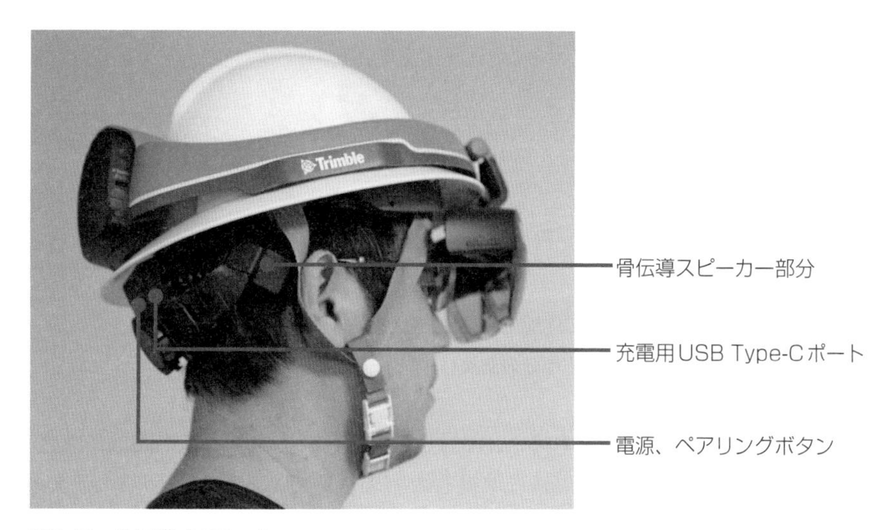

図1-41　**骨伝導イヤフォン**

ヘルメットはMSA社の「V-Gard® Full Brim Hard Hats」相当（https://jp.msasafety.com/c/V-Gard%C2%AE-Full-Brim-Hard-Hats/p/000060001300001010?&locale=ja&default=1）です。ヘルメットとHoloLens 2は取り外し可能となっています。ヘルメットとHoloLens 2を装着するツメのパーツとヘルメット前方部分のパーツは交換部品が付いています（**図1-42、1-43**）。

注意

解説のために分解しています。ユーザー側での着脱は、ツメの破損やHoloLensユニットを破損するリスクがあります。

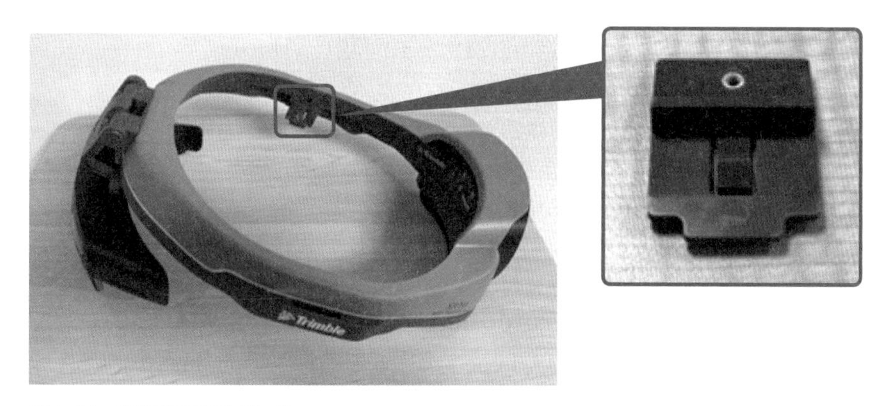

図1-42　**接続部の交換パーツ**

図1-43　ヘルメット前方部分の交換パーツ

日本向けに発売されるXR10は、あごひもの追加など日本向けに調整されており、下記項目についてJIS規格に準拠した審査機関である公益社団法人産業安全技術協会の審査をクリアした状態で出荷されます（**図1-44**）。

1. 飛来・落下物用保護帽で。同時に墜落時保護用として申請
2. 墜落時保護用保護帽で同時に飛来・落下物用としての申請
3. 絶縁用保護具　帽子（電気保護用ヘルメット）

参照

公益社団法人産業安全技術協会
https://www.tiis.or.jp/

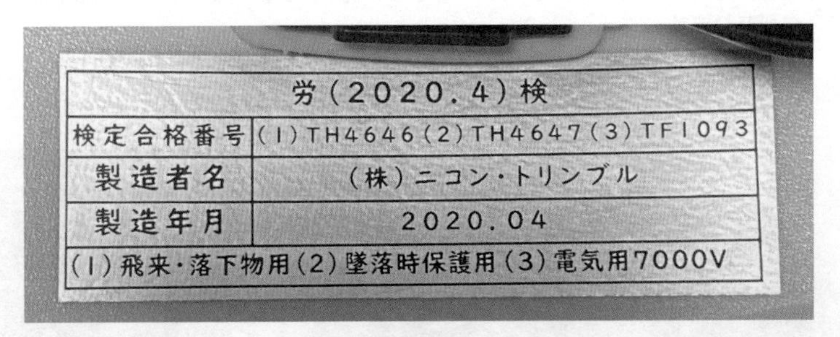

労（2020.4）検	
検定合格番号	（1）TH4646（2）TH4647（3）TF1093
製造者名	（株）ニコン・トリンブル
製造年月	2020.04
（1）飛来・落下物用（2）墜落時保護用（3）電気用7000V	

図1-44　日本向けXR10の検定合格内容

Hardhat Impact Protection: ヘルメットの安全基準

ANSI/ISEA Z89.1-2014 Type 1, Class E (OSHA Compliant) || CSA Z94.1 || EN 397:2012 + A1:2012 || AS/NSZ 1801 || GB2811-2017

XR10ではType1およびClass Eの基準を満たしています。

ANSI Z89.1 - Industrial Head Protection
https://blog.ansi.org/2016/06/ansiisea-z891-industrial-head-protection/

Hard hat (Wikipedia)
https://en.wikipedia.org/wiki/Hard_hat

■ Intrinsic Safety:

UL Class I, Division 2; UL 121201 & CSA C22.2 NO. 213

UL規格はアメリカ保険業者安全試験所が策定する製品の安全規格です。XR10はUL規格ではClass Ⅰ およびDivision 2となっています。

ULについて・UL規格全般
https://japan.ul.com/faq-landing/1-1-ul%E3%81%AB%E3%81%A4%E3%81%84%E3%81%A6%E3%83%BBul%E8%A6%8F%E6%A0%BC%E5%85%A8%E8%88%AC/

UL規格の概要：米国
https://www.jetro.go.jp/world/qa/04S-040007.html

FAシステム機器 UL認証
https://www.fa.omron.co.jp/product/certification/ul/fa.html

FAシステム機器 CSA認証
https://www.fa.omron.co.jp/product/certification/csa/fa.html

■ Visor Basic Impact Certification:

ANSI Z87.1-2015; CSA Z94.3-07, EU EN 166, AS/NZS 1337.1

ANSIのアイウェアに対する安全規格です。光の屈折や高圧衝撃、高速衝撃などに対するテストをクリアしています。

Revision of ANSI/ISEA Z87.1 - Eye and Face Protection Devices
https://blog.ansi.org/2015/08/revision-of-ansiisea-z871/

参照

ANSI Z87.1 – 世界で最も厳しいアイウエア規格
https://repmart.jp/blog/military-terms/ansi-z87-1/

Ingress Protection Rating

IP規格は防水保護構造および保護等級となっており、HoloLens 2はIP50となっています。「5」の部分が防塵、「０」の部分が防滴を表します。

数字と照合すると、防塵が「粉塵からの保護」、防滴が「保護なし」となっています。

参照

International Protection
https://ja.wikipedia.org/wiki/International_Protection

重さ

重さはXR10単体で0.79kg、ヘルメットおよびmobiWAN_TR（骨伝導イヤフォン）込みで1.25kgになります。

動作およびストレージの温度、湿度要件

HoloLens 2の動作およびストレージの温度、湿度要件についても明記されています。

	下限	上限
動作温度	+10℃	+27℃
ストレージ温度	-20℃	+60℃
動作、ストレージ湿度 RH（Relative Humidity：相対湿度）	8%	90%

1.4 MR（Mixed Reality）概要

MR（Mixed Reality）の概要について紹介します。MRを理解することでHoloLens 2の活用方法がより具体的にイメージできるようになります。

1.4.1 MR（Mixed Reality）とは

MR（Mixed Reality:複合現実感）にはさまざまな定義がありますが、Microsoftのドキュメントおよび本書の中では次のように定義しています（**図1-45**）。

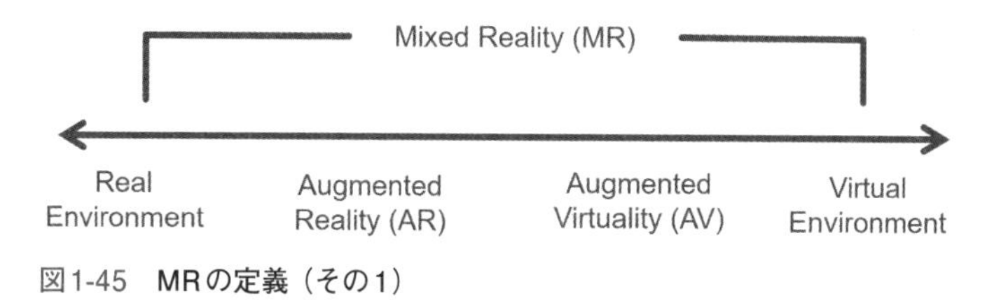

図1-45 MRの定義（その1）

Mixed RealityはRealからVirtualまでの連続した領域で、そのなかでのVirtualの度合いによってAR（Augmented Reality: 拡張現実感）やVR（Virtual Reality: 仮想現実、人工現実感）に分かれます。VRから少し現実に寄ったところはAV（Augmented Virtuality: 拡張仮想感）という表現もあります。

参照

Mixed Realityとは
https://docs.microsoft.com/ja-jp/windows/mixed-reality/mixed-reality

筆者が講演などで説明をする場合には、下記のような図を用います（**図1-46**）。これは2017年に開催されたGoogle社 の開発者向け会議であるGoogle I/Oで紹介されていた図を書き起こしたものです。RealからVirtualまでの連続した領域の中で人間が感じ取れるものを100とした場合に、RealとVirtualは100か0ではなく連続した度合いになります。この度合いによってARやAV、VRに変わっていきます。そのため、ARといってもReal度合いが高いものからVirtual度合いが高いものまでさまざまな表現があるとしています。

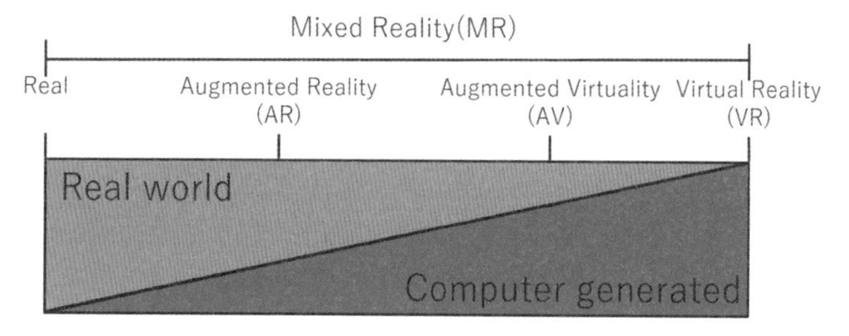

図1-46 MRの定義（その2）

たとえば建設業で使われるBIM（Building Information Modeling）では、MRを積極的に活用し始めています。BIMのデータのどの部分を使うかによってRealとVirtualの度合いが変わっていきます（**図1-47**）。HoloLens 2の活用を考える際には、RealとVirtualの組み合わせの度合いを含めて考えるとよいでしょう。

参照

下記のリンクにBIMを使用したMRの説明を動画にしています。
https://www.youtube.com/watch?v=3hWrw_m73nw

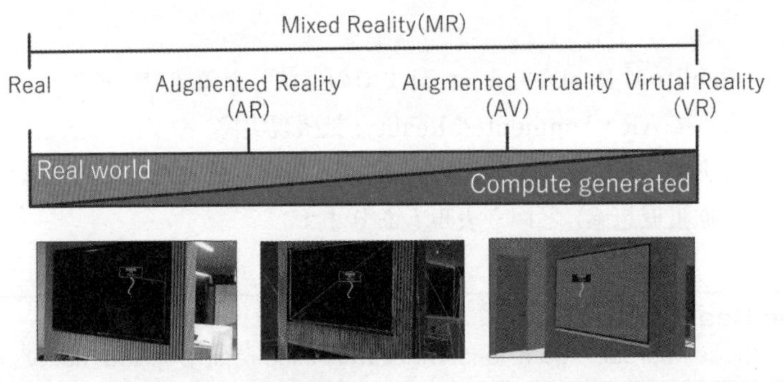

図1-47　BIMでのMRの利用度合い

第2章 HoloLens 2のセットアップ

この章では、HoloLens 2のセットアップ手順とデバイス管理について解説します。まず、手動でのセットアップ手順とプロビジョニングパッケージを使用した自動セットアップの手順を解説します。次にセットアップ後のデバイス管理としてMDM（Mobile Device Management）のIntuneを紹介し、最後にHoloLens 2のリセットについて解説します。

2.1 事前の準備

HoloLens 2のセットアップにはWi-Fiと、組織アカウント（Microsoft 365のアカウント）または個人アカウント（Microsoftアカウント）が必要です。会社利用の場合は、組織アカウントのほうがDynamics 365 Remote AssistやDynamics 365 Guidesとのアカウント連携が可能なので便利です。個人所有や組織アカウントが使用できない場合、社内のネットワークに入れない場合には、個人アカウントでセットアップを行います。

HoloLens 2のセットアップに必要なもの

- Wi-Fi
- 組織アカウントまたは個人アカウント

HoloLens 2のセットアップにかかる時間は10分ほどです。空間の認識を行うため、広い場所や壁などから距離をとった場所で行いましょう。セットアップ中にはWi-Fiのパスワード、アカウントのメールアドレスとパスワード、PINを入力するので、USB接続のキーボードを準備しておくとよいでしょう（HoloLens 2でのUSBキーボード接続については「4.2.2 USBキーボード、マウス」を参照）。

2.2 セットアップ

ここからはHoloLens 2のセットアップを順に説明します。HoloLens 2の電源スイッチを押して電源を入れるとWindowsマークが表示されるので、それを指先で押します(図2-1)。最初のジェスチャです。

ハチドリが現れます。手のひらを上に向けて動かすとハチドリがついてくるので、少し遊んでみましょう(図2-2)。

しばらくすると画面下部にボタンが現れます。このボタンを指先で押すと次へ進みます(図2-3)。

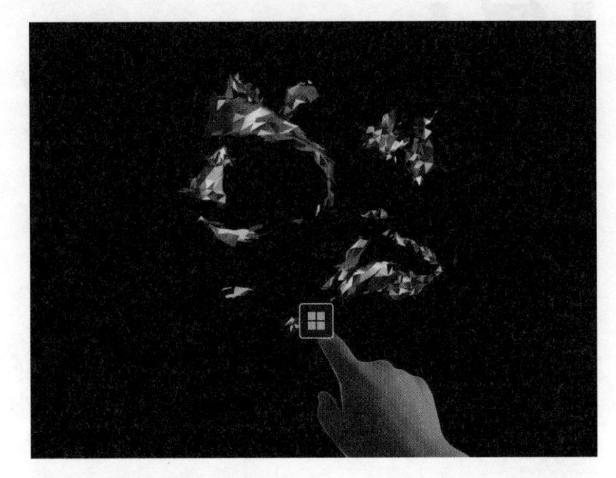

図2-1 最初のジェスチャ

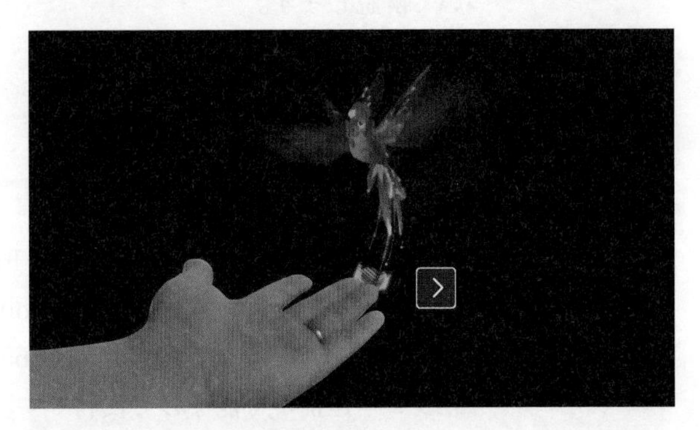

図2-2 ジェスチャの練習をする

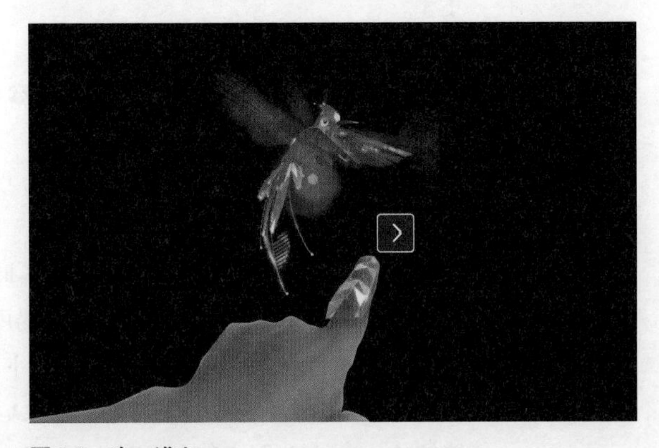

図2-3 次へ進む

言語の設定を行います（図2-4）。

既定は英語で、下へスクロールすると日本語があります。使用する言語を選択して次へ進みます（図2-5）。

続いて地域の設定です。言語で選択した地域が選択されています。使用する地域を選択して次へ進みます（図2-6）。

図2-4　言語の設定

図2-5　日本語を選択

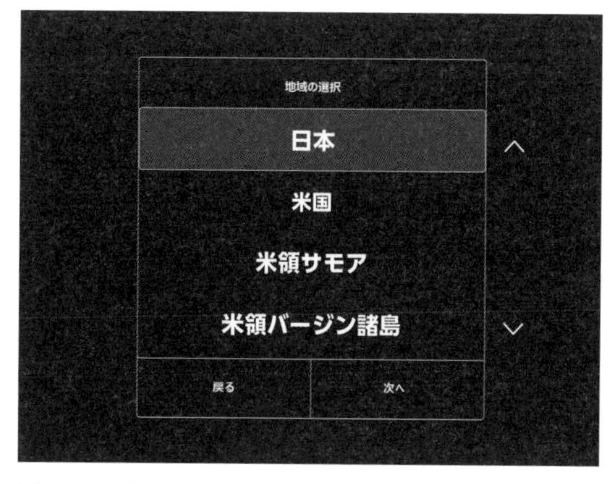

図2-6　地域の設定

アイトラッキングの調整を行います。四隅がすべて見えることを確認して次へ進みます（図2-7）。

説明に従い、次へ進みます（図2-8）。

アイトラッキングの調整は目の前に表示される宝石を目で追います（図2-9）。このとき、視線のみ動かして頭は動かさないようにしましょう。

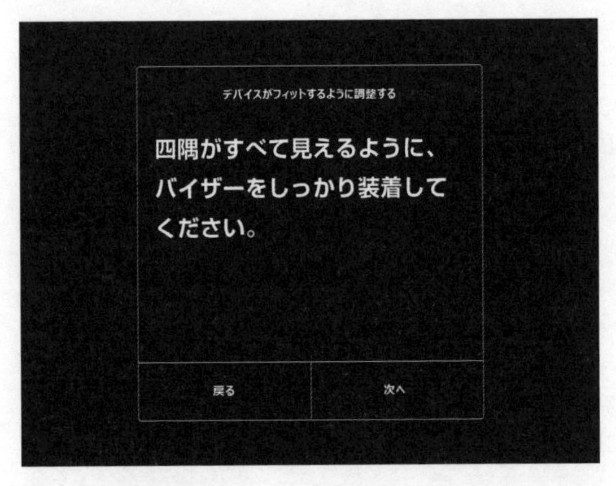

図2-7　視線の調整

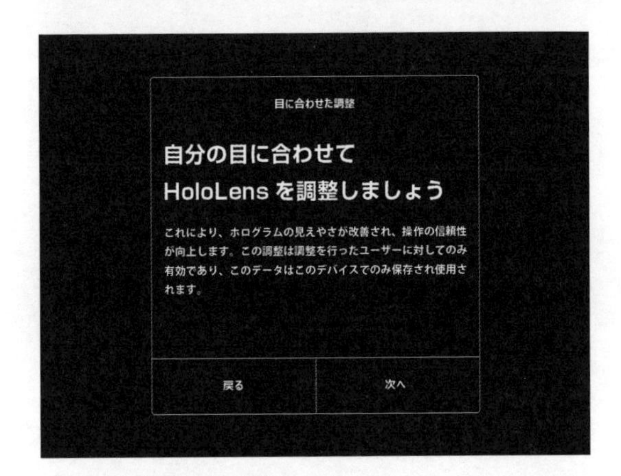

図2-8　視線の調整を進める

図2-9　視線の調整を行う

続いてネットワークの設定を行います。接続するW-Fiを選択して次へ進みます（図2-10）。

続いてWindowsのライセンス契約に同意します（図2-11）。

ここからアカウントの設定になります。組織アカウントでセットアップする場合は「職場または学校が所有しています」を、個人アカウントでセットアップする場合は「自分が所有しています」を選択して次へ進みます（図2-12）。

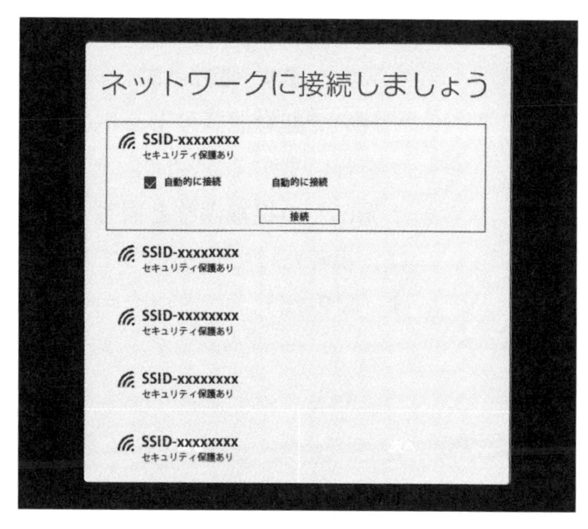

図2-10　Wi-fiを設定する

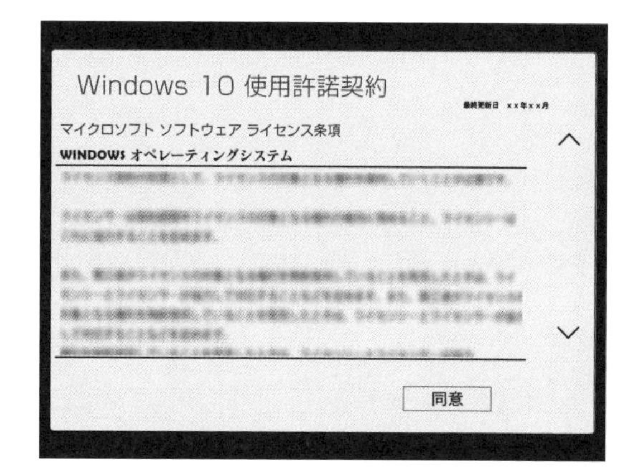

図2-11　Windowsのライセンス規約に同意する

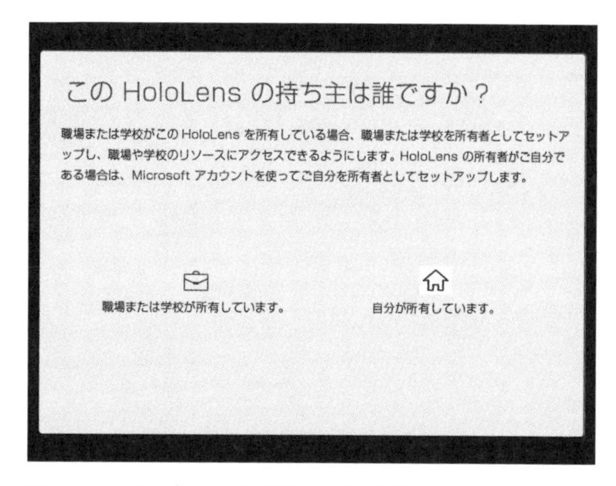

図2-12　アカウントの種類を選択する

ユーザー名およびパスワードを入力します（図2-13）。

続いて虹彩認証のセットアップを行います（図2-14）。

先ほどの視線調整と同じように、視線だけで点を追って見ます（図2-15）。

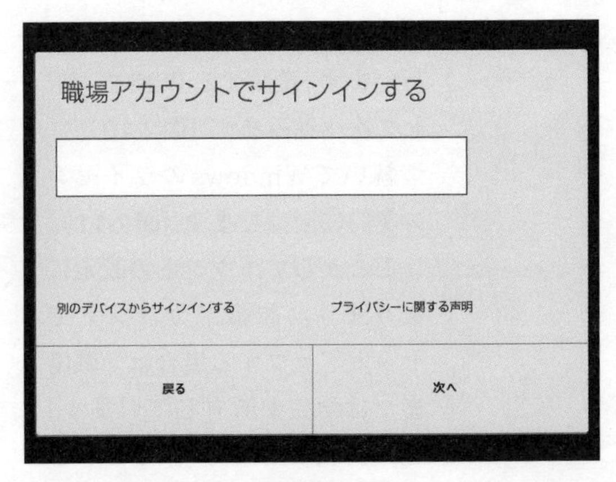

図2-13　アカウントの設定を行う

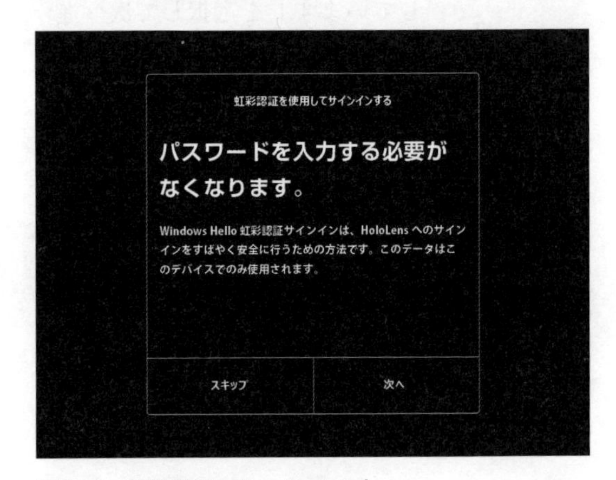

図2-14　虹彩認証のセットアップ

図2-15　虹彩認証のためのキャリブレーションを行う

続いてPINを設定します（図2-16）。PINは端末固有の暗証番号で、Windows Hello（ここでは虹彩認証）とセットで行います。PINは端末内のみに保存されるため、仮に流出しても認証に影響を及ぼしにくくなります。既定では6桁の数字ですが、英字、記号などを入れることも可能です。

二要素認証を設定している場合は、ここで認証が行われます（図2-17）。

認証が終わったらPINの設定を行います（図2-18）。

図2-16　PINを設定する

図2-17　二要素認証

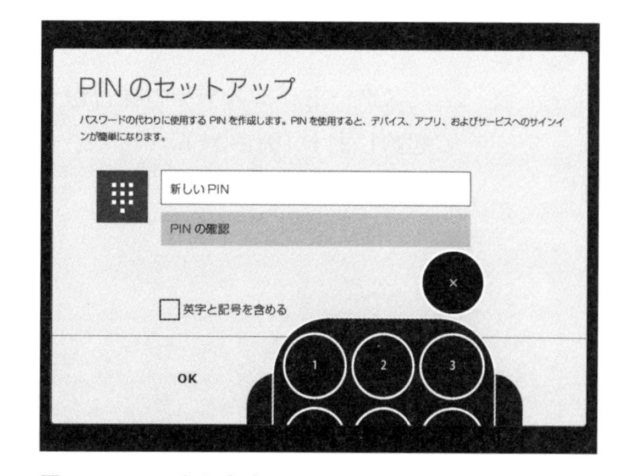

図2-18　PINを入力する

セットアップが完了しました（図2-19）。

最後に音声認識と診断データ送信の可否を設定します（図2-20）。

図2-19　セットアップの環境

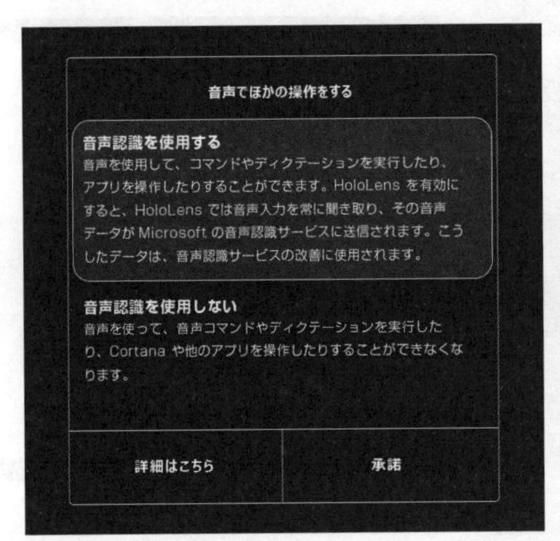

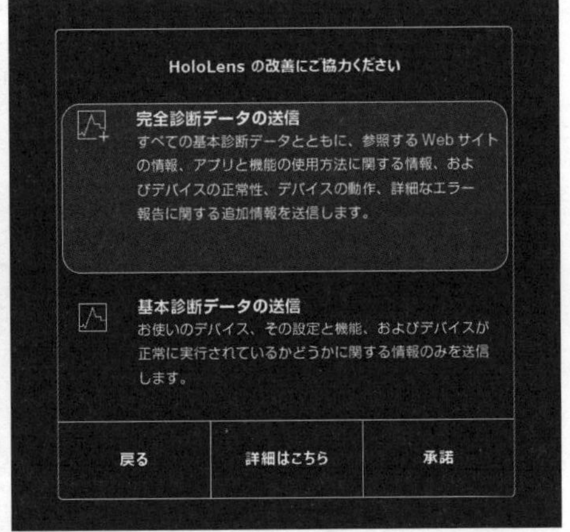

図2-20　データ利用の承認

スタートジェスチャの練習が起動します（図2-21）。

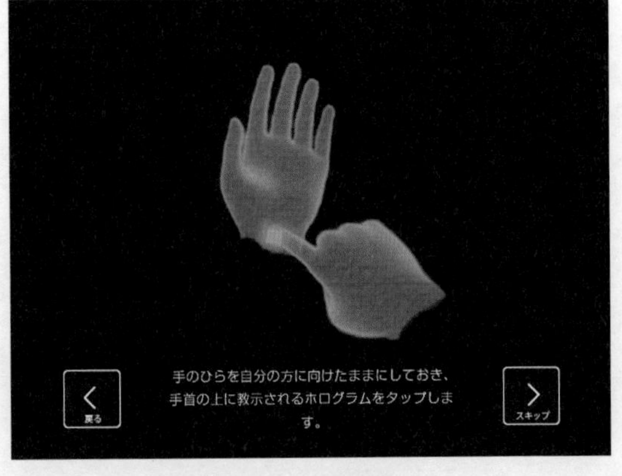

図2-21　スタートジェスチャの練習

HoloLens 2の世界へようこそ！（図2-22）

なお、セットアップ中にタイムゾーンの設定がないため、時刻が日本時間になっていません。[設定] アプリから自国の設定を行ってください。

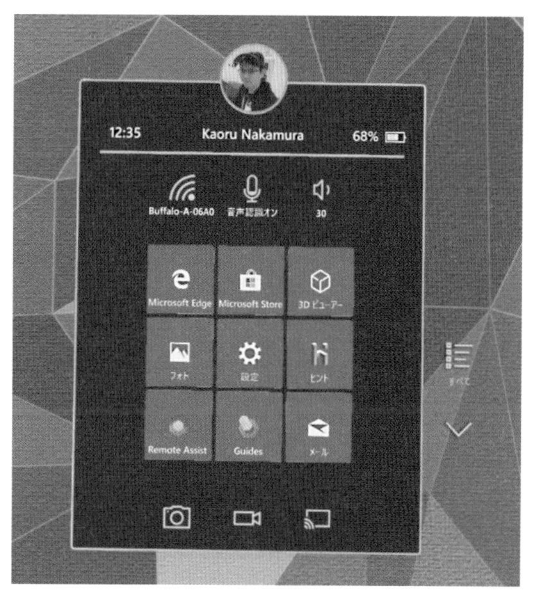

図2-22　HoloLens 2の世界が利用できる

2.3 プロビジョニングファイルを利用したセットアップ

数台のセットアップであれば手動でもよいですが、台数が増えた場合にセットアップを自動化する手段があります。Windows Configuration Designerというツールを使用して、セットアップする項目をプロビジョニングファイルという設定ファイルに書き出し、そのファイルをセットアップするHoloLens 2にコピーして開始します。セットアップに必要な情報はプロビジョニングパッケージにすべて入ってるため、セットアップ時の入力は不要で、1台のセットアップ時間も数秒で完了します。

プロビジョニングファイルの作成にはWindows 10のPCにてMicrosoftストアからWindows Configuration Designerをインストールします。Windows Configuration Designer（構成デザイナー）は「Windowsアセスメント & デプロイメント キット（Windows ADK）」からもインストール可能ですが、こちらはHoloLens 1のみとなっています。

参照

プロビジョニングパッケージを使用してHoloLensを構成する
https://docs.microsoft.com/ja-jp/hololens/hololens-provisioning

Windows Configuration Designer
https://www.microsoft.com/ja-jp/p/windows-configuration-designer/9nblggh4tx22?rtc=1&activetab=pivot:overviewtab

図2-23 Windows Configuration Designer

2.3.1 プロビジョニングファイルの作成

ここからはWindows Configuration Designerを利用したプロビジョニングパッケージの作成と、それを使用したHoloLens 2のセットアップについて解説します。Windows 10のPCにてWindows Configuration Designerを起動すると、プロビジョニングファイルを作成できるデバイス一覧が表示されるので、[Provision HoloLens devices] を選択します（**図2-24**）。

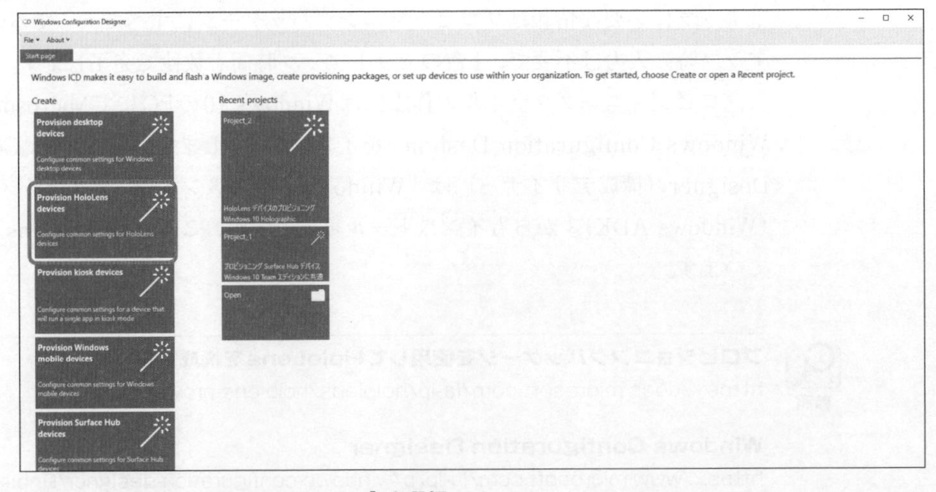

図2-24 [Provision HoloLens devices] を選択

HoloLens 1またはHoloLens 2の選択が表示されるので、[Provision HoloLens 2 devices] を選択します (図2-25)。

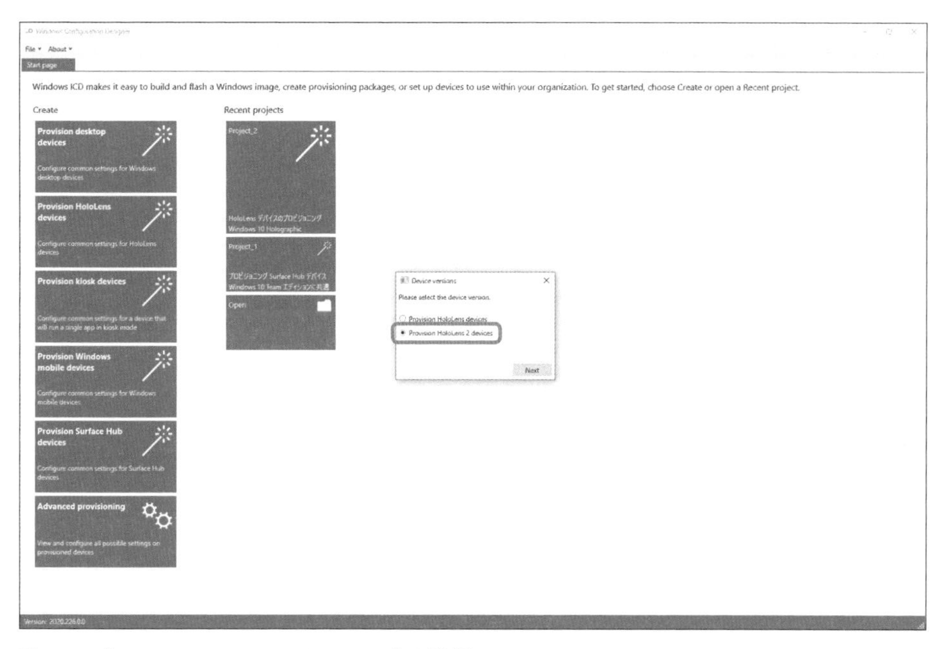

図2-25 [Provision HoloLens 2 devices] を選択

プロビジョニングファイルのプロジェクト名およびプロジェクトフォルダーの設定を行います (図2-26)。任意の名称を入力してください。

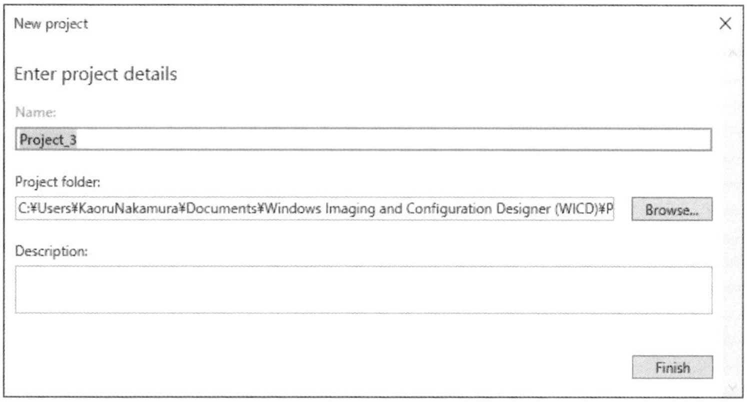

New project
Enter project details
Name:
Project_3
Project folder:
C:¥Users¥KaoruNakamura¥Documents¥Windows Imaging and Configuration Designer (WICD)¥P
Browse...
Description:
Finish

図2-26 プロジェクト名やプロジェクトフォルダーを設定

プロビジョニングファイルの設定項目を入力していく画面が表示されます (図

2-27)。

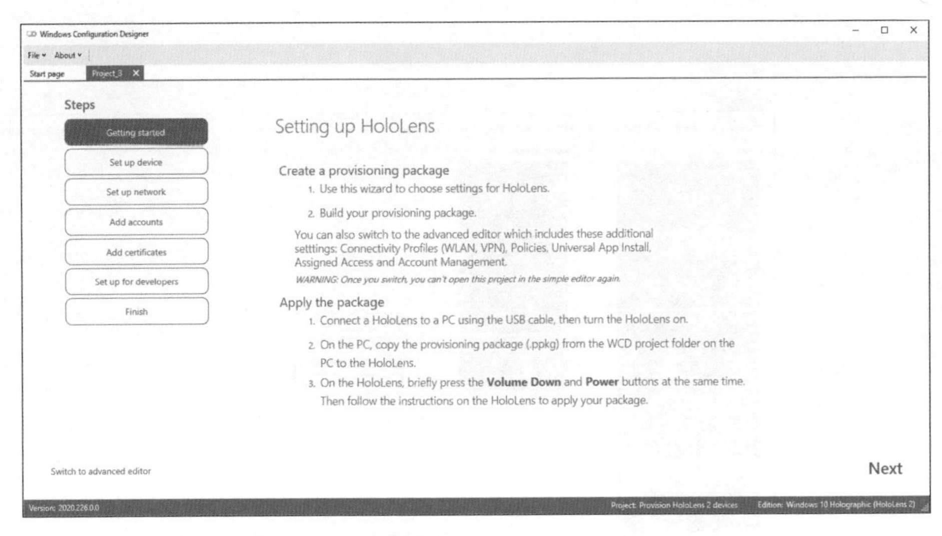

図2-27 **プロビジョニングファイルの設定画面**

セットアップ時のジェスチャ操作やアイトラッキングの調整、Wi-Fiセットアップをスキップするかどうかの選択と、地域、タイムゾーン、言語の選択を行います(図2-28)。自動セットアップするためジェスチャ操作、アイトラッキング、Wi-Fiの設定をスキップします。

地域などの設定は使用する環境に合わせて設定してください。

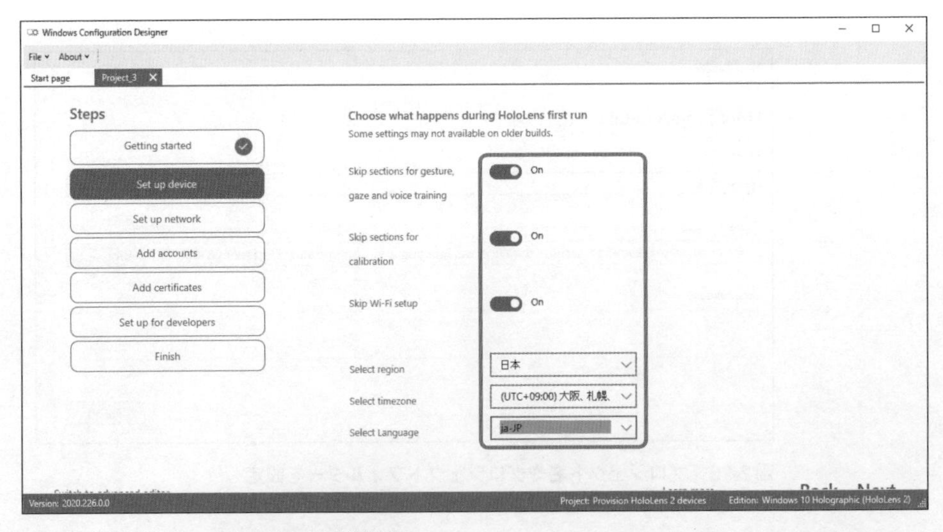

図2-28 **セットアップ時の各種項目を設定**

項目	動作
Skip sections for gesture, gaze and voice training	Onにするとジェスチャ、音声のトレーニングをスキップする
Skip sections for calibration	Onにすると視線調整をスキップする
Skip Wi-Fi setup	OnにするとWi-Fiの設定をスキップする
Select region	地域を選択する
Select timezone	タイムゾーンを選択する
Select Language	言語を選択する

Wi-Fiの設定

次にWi-Fiの設定を行います（図2-29）。SSID、認証種別、パスワードを入力します。

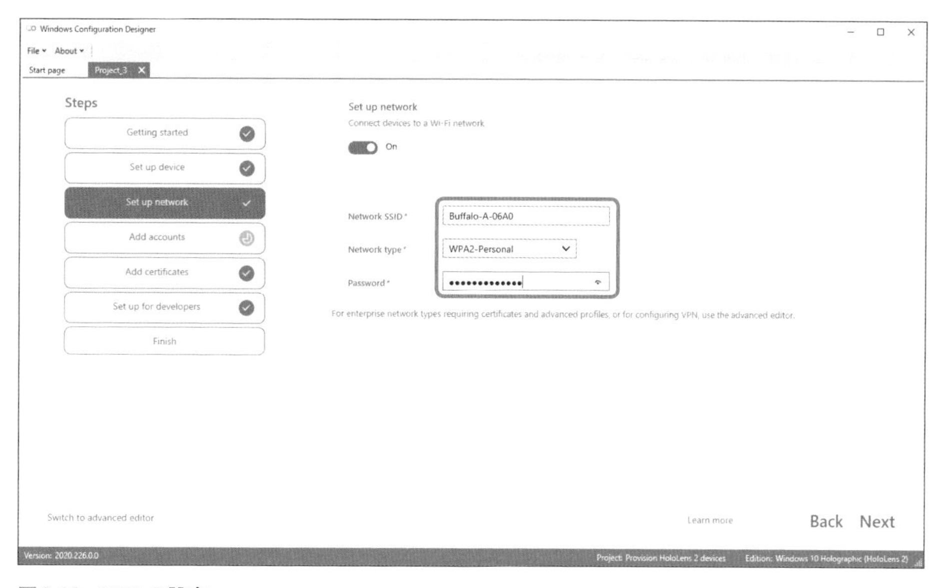

図2-29　WiFiの設定

項目	動作
Network SSID	接続するSSIDを入力する
Network type	認証種別（オープン、WPA2-Personal）を選択する
Password	認証種別でWPA2-Personalを選択した場合にWi-Fiのパスワードを入力する

アカウントの設定

続いてセットアップするアカウントを設定します（図2-30）。アカウントは、Azure AD、ローカルアカウント、アカウントの設定なしのどれかを選択します。

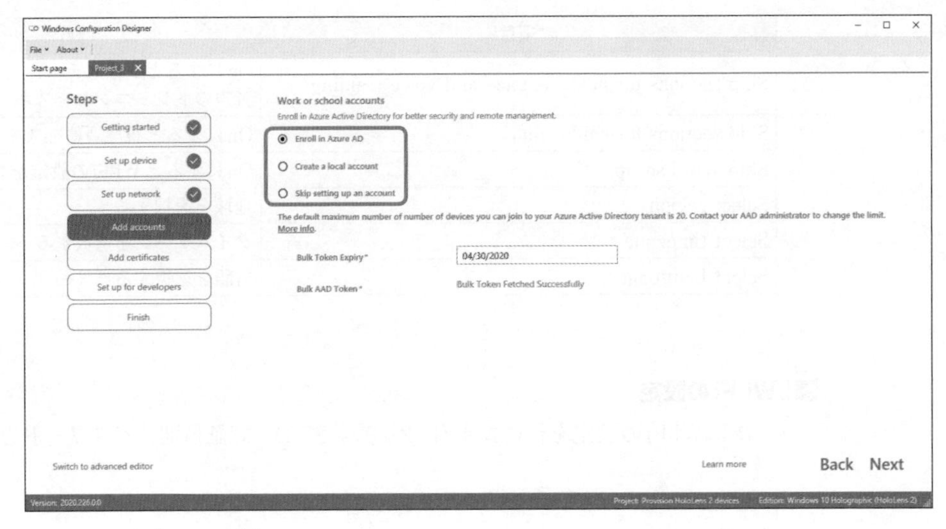

図2-30 アカウントの設定

Enroll in Azure AD	Azure AD でセットアップする
Create a local account	ローカルアカウントでセットアップする
Skip setting up an account	アカウントの設定をスキップする（初回サインイン時に入力する）

Azure ADでの設定

Azure ADの設定は一括トークン（Bulk Token）で行います。このトークンの有効期限の設定と一括トークンの取得を行います。なお、Azure ADでのセットアップ時にWi-Fi接続に失敗して自動セットアップが中断してしまう場合があります。その場合は、USB接続の有線LANアダプターを使用して有線ネットワークに接続するとセットアップが正常に終了します。

筆者の環境ではAzureADでのセットアップ時にWindows 10の利用許諾で止まる場合がありました。このときWi-Fiの設定がされておらず、許諾にW-Fiが必要という状態になります。この場合、音量小ボタンと電源ボタンを同時に押して離すとネットワーク設定に戻ることができるので、そこから手動で設定を行ってください。

ローカルアカウントでの設定

ローカルアカウントでセットアップする場合はユーザー名とパスワードを入力します（**図2-31**）。

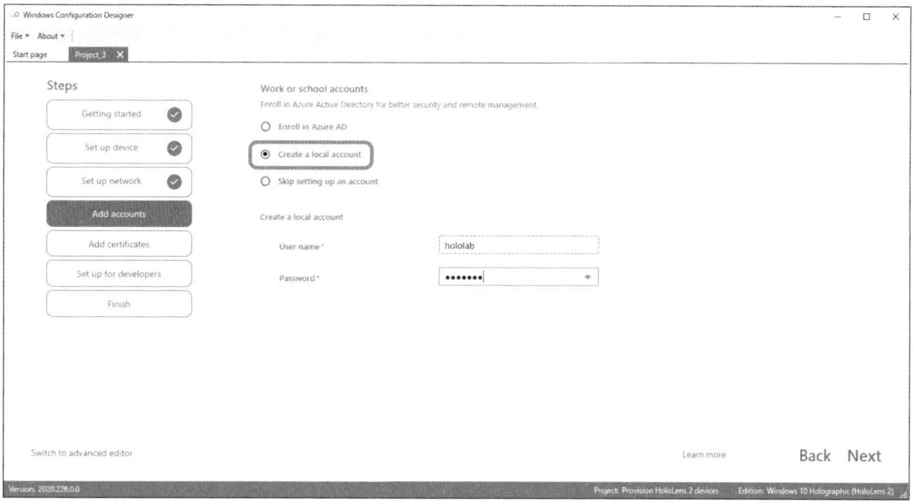

図2-31 ローカルアカウントでセットアップ

認証ファイルの設定

Wi-Fiなどカスタマイズされた認証を追加する場合にはここから行います（図2-32）。必要なければそのまま次へ進みます。

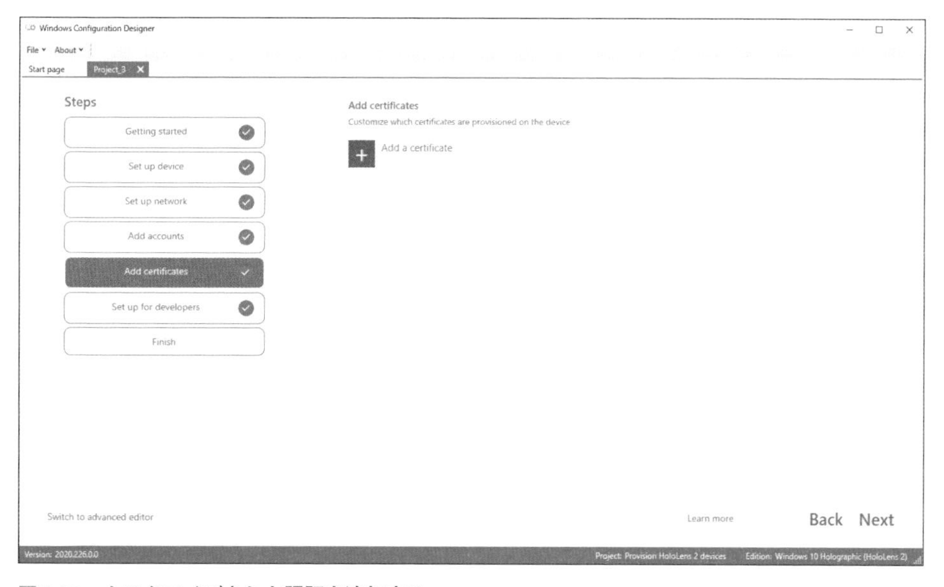

図2-32 カスタマイズされた認証を追加する

開発者モードの設定

開発者モードおよびデバイスポータルの有効化を行います（図2-33）。

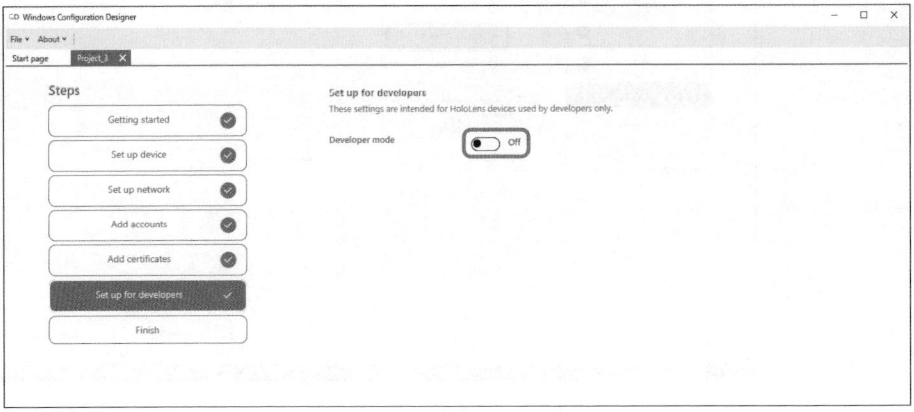

図2-33　開発者モードおよびデバイスポータルを有効化する

開発者モードとデバイスポータルを有効にした場合は、デバイスポータルのユーザー名とパスワードをここで設定します（図2-34）。なお、プロビジョニングパッケージから開発者モードを有効にした場合、アプリ開発時に必要なペアリングボタンが有効にならない場合があるので、そのときは設定アプリから一度開発者モードを無効にして、再度有効にすることでペアリングボタンも有効になります。

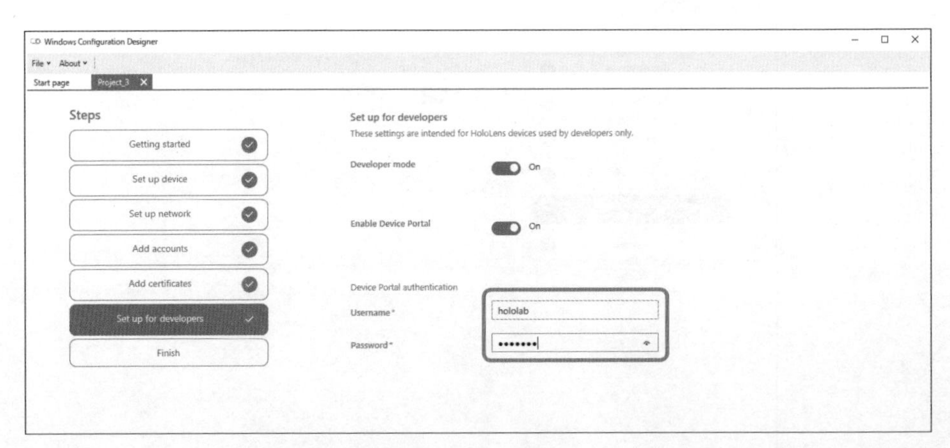

図2-34　デバイスポータルのユーザー名とパスワードを設定

プロビジョニングパッケージの作成

全ての項目が入力できたら、［Create］を選択します（図2-35）。

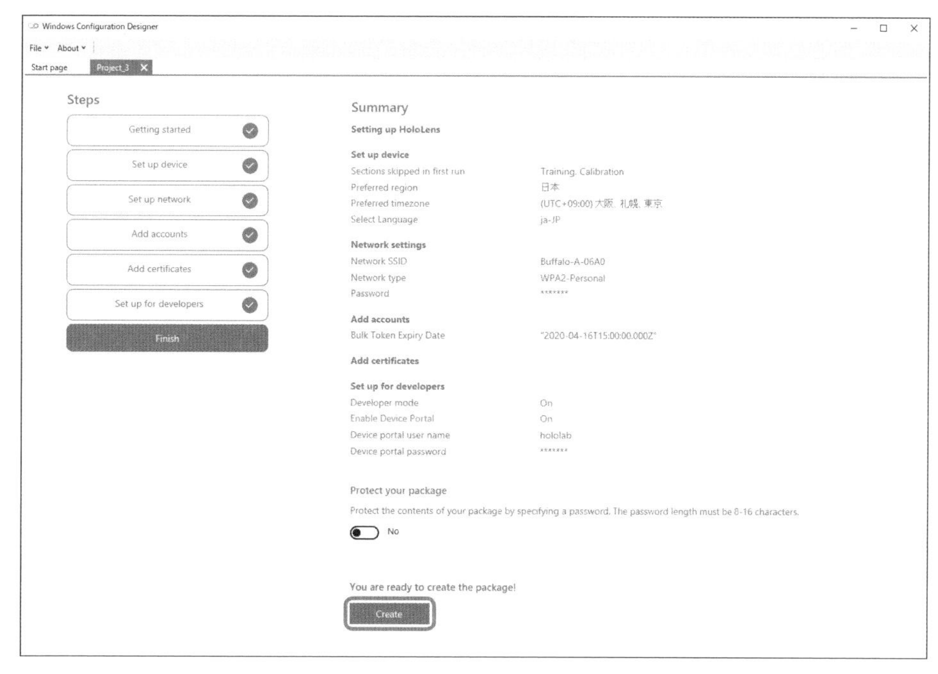

図2-35 ［Create］を選択

プロビジョニングファイルの作成に成功すると、ファイルが作成されたパスが表示されます（図2-36）。これはリンクになっており、選択すると該当フォルダーが開きます。

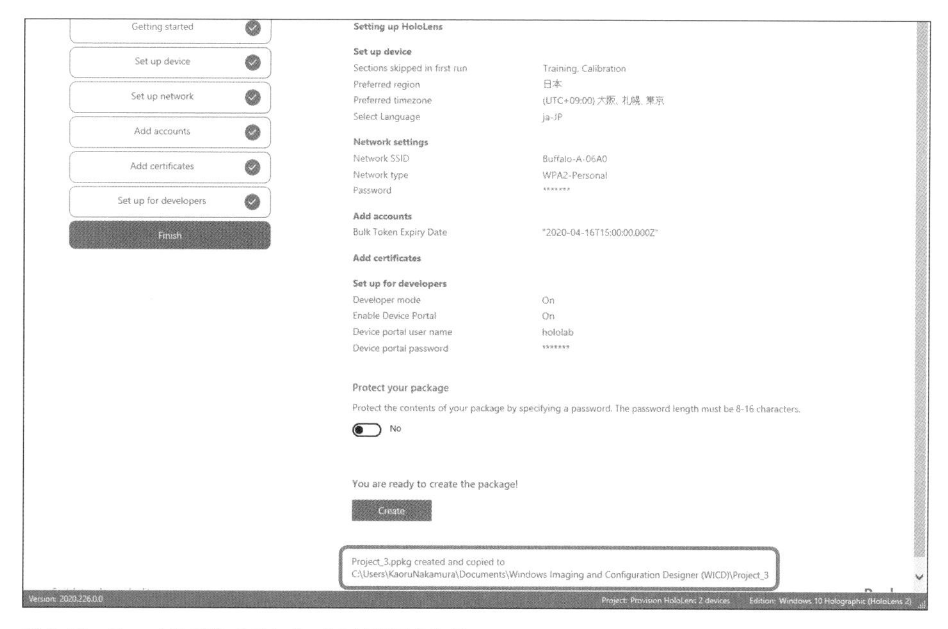

図2-36 ファイルが作成されたパスが表示される

Ppkgファイルが HoloLens 2に使用するプロビジョニングファイルです（**図2-37**）。

Project_3

ファイル　ホーム　共有　表示

PC › ドキュメント › Windows Imaging and Configuration Designer (WICD) › Project_3

名前	更新日時	種類	サイズ
customizations.xml	2020/04/12 18:03	XML ドキュメント	4 KB
ICD.log	2020/04/12 18:03	テキスト ドキュメント	8 KB
Project_3.cat	2020/04/12 18:03	セキュリティ カタログ	1 KB
Project_3.icdproj.xml	2020/04/12 18:03	XML ドキュメント	1 KB
Project_3.ppkg	2020/04/12 18:03	RunTime Provisio...	12 KB
SettingsMetadata.xml	2020/04/12 17:57	XML ドキュメント	73 KB
TemplateState.data	2020/04/12 18:03	DATA ファイル	16 KB

図2-37　**生成されたプロビジョニングファイル**

2.3.2 プロビジョニングファイルを使用したHoloLens 2のセットアップ

次に作成したプロビジョニングパッケージを使用してHoloLens 2をセットアップします。セットアップの最初の画面が表示されたら、HoloLens 2をPCと接続します。すでにセットアップが終わっているHoloLens 2をプロビジョニングファイルで再度セットアップするには、一度リセットします（**図2-38**）。最初のWindowsマークは押さないように注意しましょう。

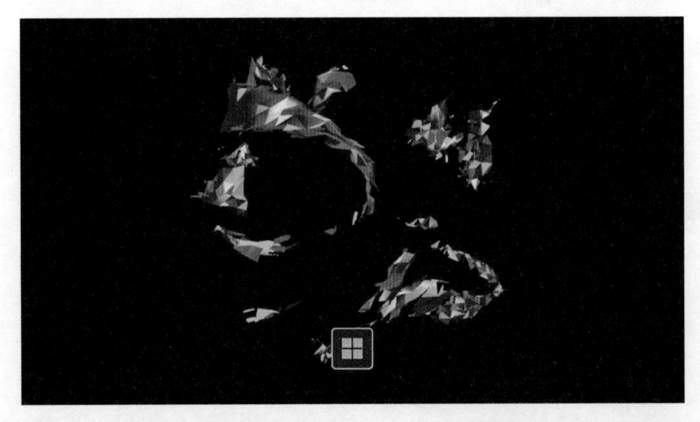

図2-38　**リセットする**

エクスプローラーにHoloLens 2が表示されるので、Internal Storageに作成したppkgファイルをコピーします（**図2-39**）。OSバージョン2004以降は、HoloLens 2に接続したUSBメモリからのプロビジョニングパッケージの適用がサポートされます。

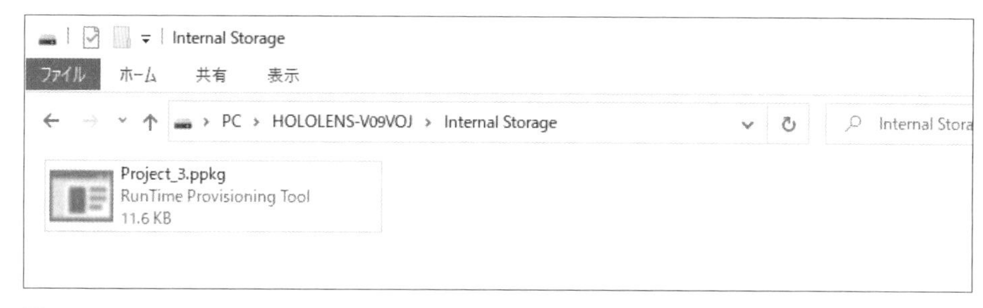

図2-39　Internal Storageに作成したppkgファイルをコピーする

コピーができたらHoloLens 2の音量小ボタンと電源ボタンを同時に短く押して離します（図2-40）。プロビジョニングファイルパッケージからのインストールを許可するウィンドウが表示されるので、［Confirm］を選択して進みます（図2-41）。

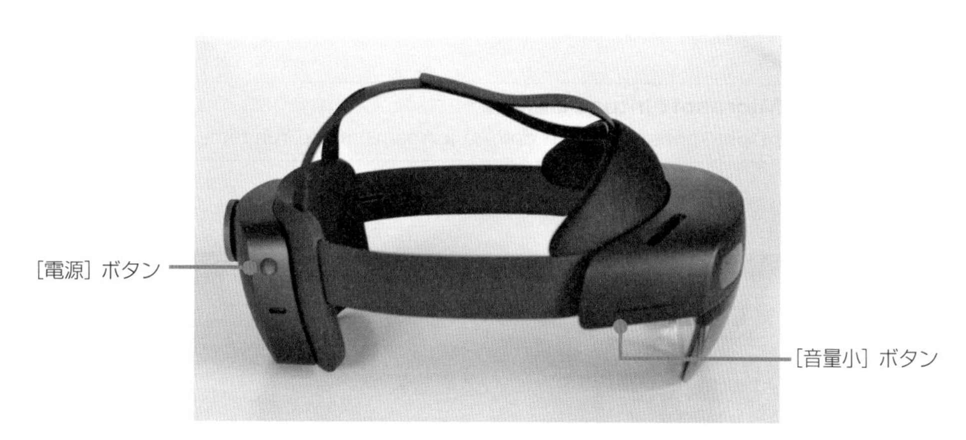

図2-59　音量大ボタンと電源ボタンを同時に押す

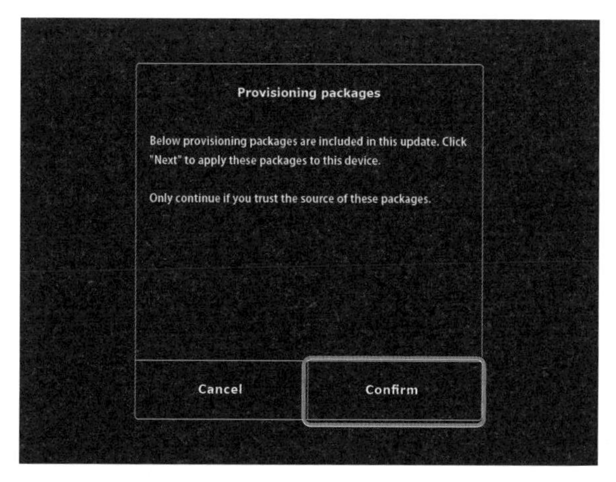

図2-41　［Confirm］を選択

セットアップが完了してサインイン画面が表示されたら完了です。なお、自動セットアップした場合はキーボードに日本語が設定されない場合がありますので、設定アプリから確認してください。

2.4 MDM (Mobile Device Management) を使用したHoloLens 2の管理

セットアップ後の運用について、MDM (Mobile Device Management) を使用することで複数のHoloLens 2のデバイス設定やアプリを一括で管理できます。MDMのソフトウェアはいくつかありますが、ここではMicrosoft社のIntuneを使用します（図2-42)。IntuneはWindowsのみならずiOSやAndroidにも活用できます。Intuneは今後「Microsoft Endpoint Manager」に統合される予定になっています。

参照

Microsoft Intuneの新機能
https://docs.microsoft.com/ja-jp/mem/intune/fundamentals/whats-new

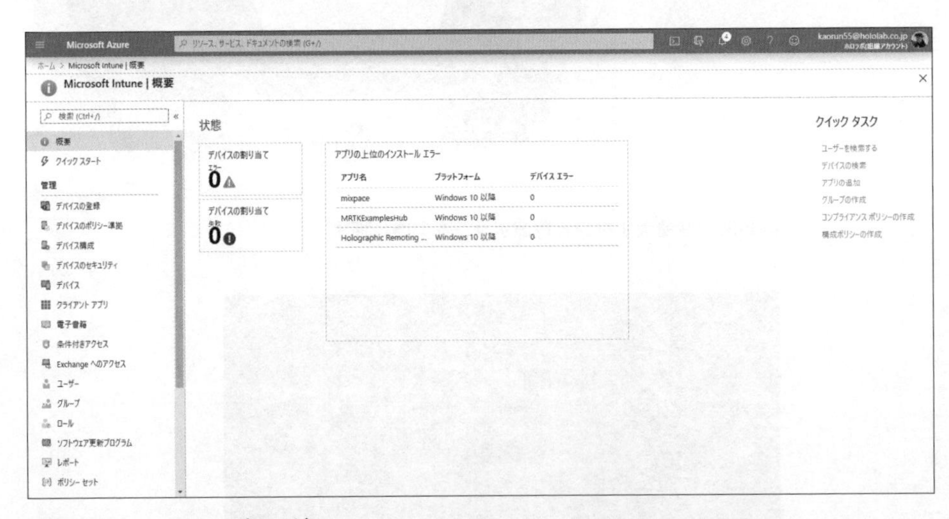

図2-42　Intuneのトップページ

参照

MDMでのHoloLensの登録
https://docs.microsoft.com/ja-jp/hololens/hololens-enroll-mdm

Microsoft Intuneの基本
https://docs.microsoft.com/ja-jp/mem/intune/fundamentals/

Intuneの利用にはユーザーごとにライセンスが必要です。Microsoft 365管理センターから「Microsoft Intune」を選択して購入します（図2-43）。

図2-43　Intuneライセンスの購入

MDMを適用するユーザーにライセンスを割り当てたら、Azure PortalからIntuneのページに移動し、[デバイス登録マネージャー] からユーザーを追加します（図2-44）。

図2-44　デバイス登録マネージャー

次はHoloLens 2から組織アカウント（Azure Active Directory；Azure AD）でIntuneへ接続します。使用しているAzure ADがPremiumであればデバイスの自動登録ができますが、Premiumでない場合には［設定］アプリの［アカウント設定］から手動で登録します（図2-45）。

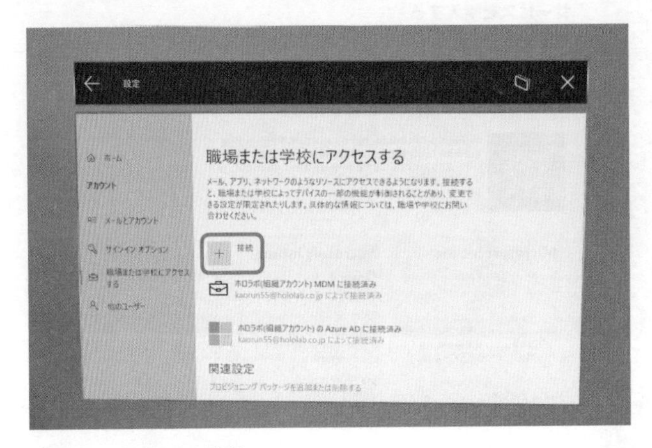

図2-45　MDMへの登録

Intuneへの登録が完了すると、Azure Portal側のデバイスにHoloLens 2が表示されます（図2-46）。

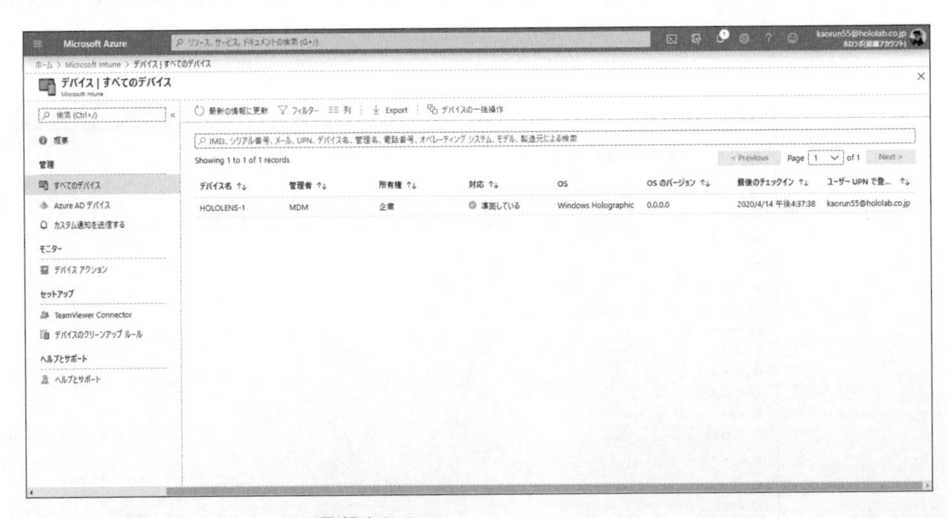

図2-46　IntuneにHoloLens 2が登録される

［デバイスの構成］の［プロファイル］からHoloLens 2の動作に関する設定を行えます（図2-47）。

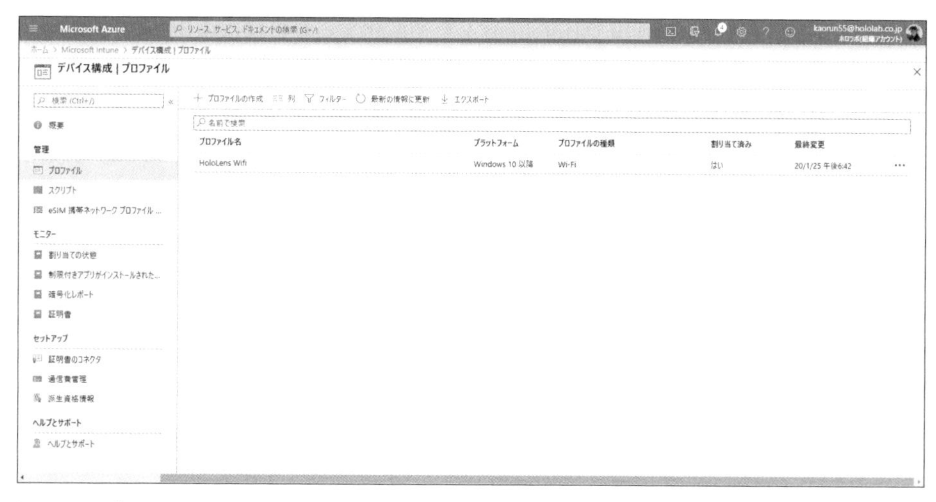

図2-47　プロファイルの設定

［クライアントアプリ］の［アプリ］から、既定でインストールするアプリを指定できます（図2-48）。ストアのアプリだけでなく、ストア公開していない開発パッケージのアプリも登録できます。ここに必須インストールの設定で登録されたアプリは、HoloLens 2をセットアップした後にIntuneへ接続すると自動的にインストールされます。

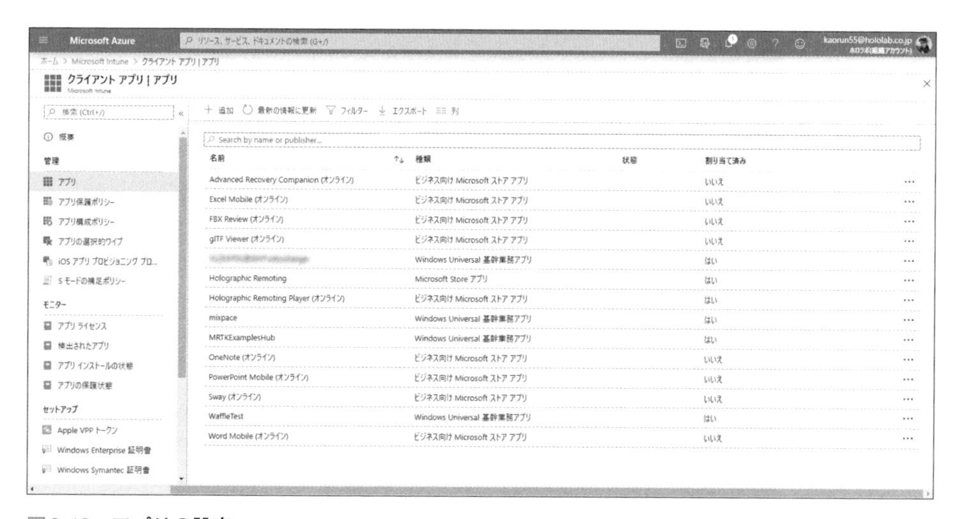

図2-48　アプリの設定

2.5 HoloLens 2のリセット（OSの再インストール）

何らかの理由でHoloLens 2を初期化する場合は次の3つの手順があります。

- HoloLens 2の［設定］アプリの［回復］を実行する。
- Windows 10 PCから［Advanced Recovery Companion］を使用してOSイメージを書き込む
- Windows 10 PCから［Advanced Recovery Companion］を使用してOSイメージを書き込む（フラッシュモード）

たとえば借用しているHoloLens 2の返却時や展示前のリセットなど、通常は［設定］アプリの［回復］からのリセットで十分です。一方、HoloLens 2が起動しなくなるなど、［設定］アプリが使用できないような状況になった場合は、［Advanced Recovery Companion］アプリを使用してPCからリセット行います。

［Advanced Recovery Companion］アプリでのリセットには2種類あり、通常はHoloLens 2の電源を入れてPCに接続して［Advanced Recovery Companion］の指示に従います。もう1つは、HoloLens 2がロックされている場合などのような［Advanced Recovery Companion］がリセットを行えない場合です。このような場合は、HoloLens 2をフラッシュモードで起動し［Advanced Recovery Companion］からリセットを行います。（**図2-49**）。

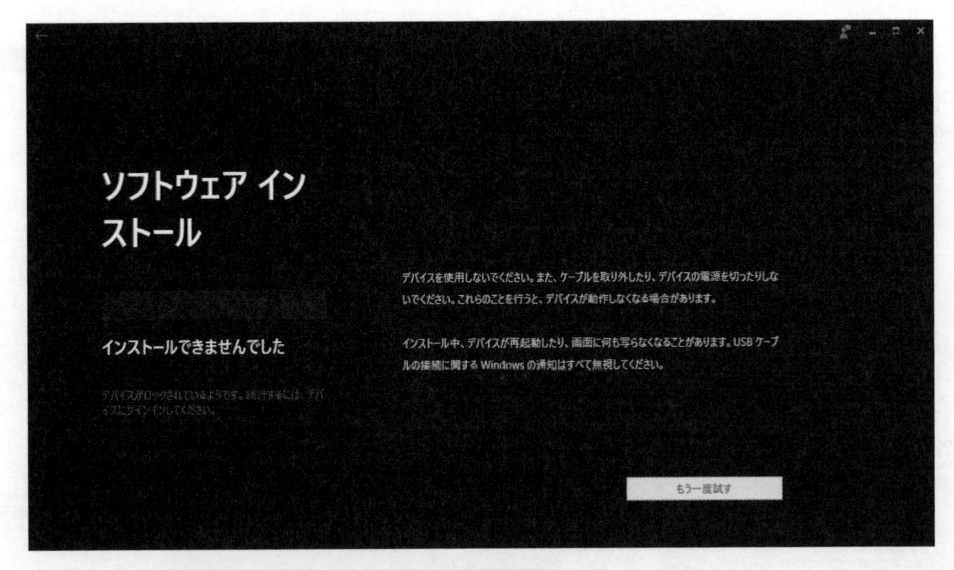

図2-49　「フラッシュモード」でのリカバリーが必要な場合
（「Advanced Recovery Companion」アプリの画面）

HoloLens を再起動、リセット、または回復する
https://docs.microsoft.com/ja-jp/hololens/hololens-recovery#hololens-2

HoloLens の更新プログラムの管理
https://docs.microsoft.com/ja-jp/hololens/hololens-updates

Advanced Recovery Companion Microsoft Corporation
https://www.microsoft.com/store/productId/9P74Z35SFRS8

2.5.1 HoloLens 2の［回復］からリセットを行う

［設定］アプリの［回復］からリセットを行います（図2-50）。［設定］アプリについては「3.3 設定アプリを使用する」を参照してください。

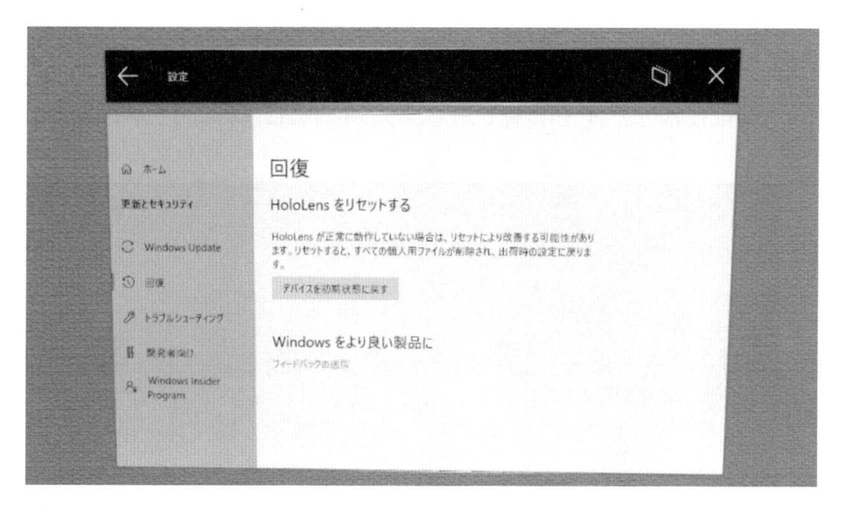

図2-50 ［設定］アプリの［回復］

2.5.2 ［Advanced Recovery Companion］を使用したOSの再インストール

HoloLens 2とPCをUSBケーブルで接続して［Advanced Recovery Companion］アプリを起動すると、リカバリーが開始されます（図2-51）。

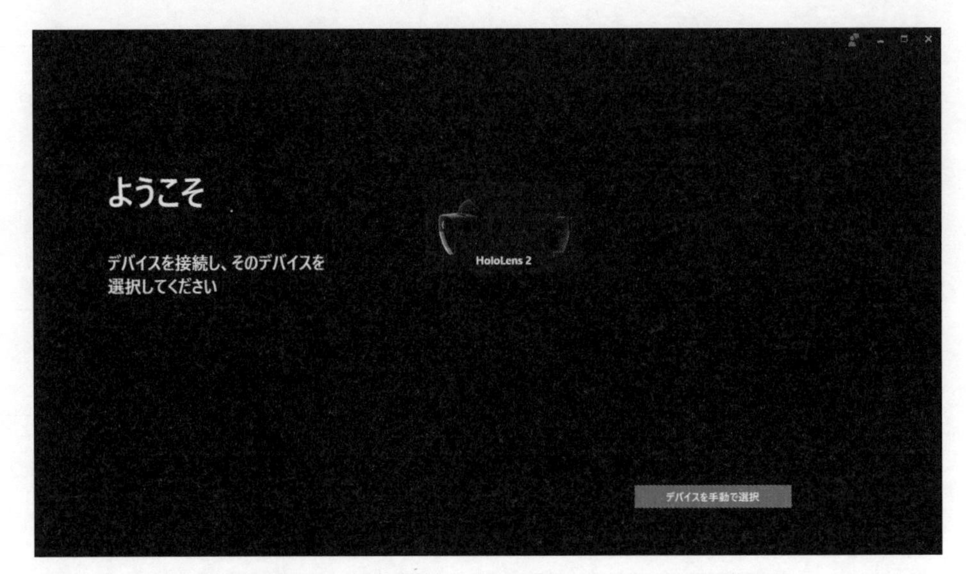

図2-51 「Advanced Recovery Companion」アプリの起動

HoloLens 2とPCが接続できていない場合には次のように表示されます（図2-52）。

図2-52 HoloLens 2の接続待ち

HoloLens 2とPCが接続できているが、PC側からの検出ができない場合には次のように表示されます（図2-53）。

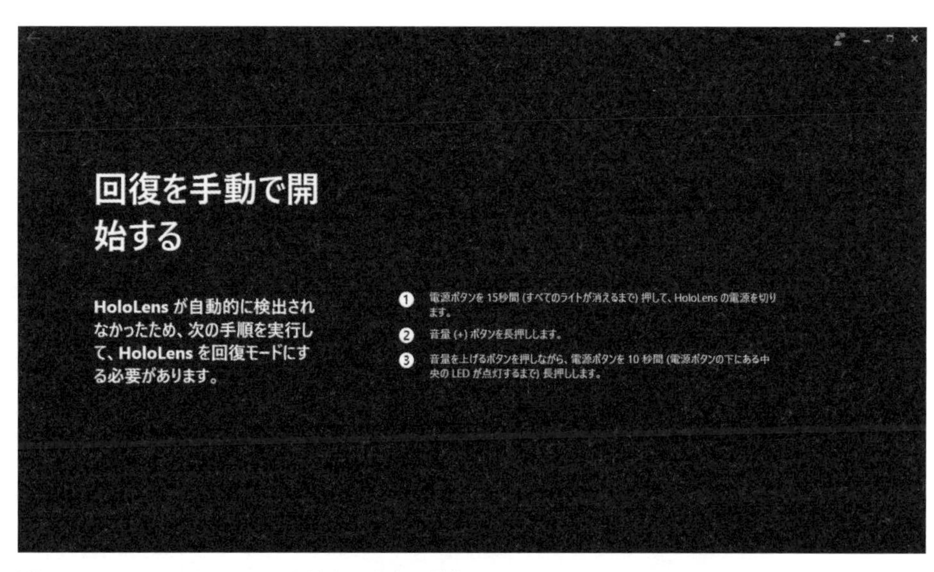

図2-53　HoloLens 2がPCから検出できない状態

接続が確認できるとリカバリーするOSバージョンが表示されます。通常は［ソフトウェアをインストール］を選択して利用可能なバージョンのOSイメージをダウンロードしてインストールします。手元にある特定のバージョンのOSイメージを使用する場合には［手動によるパッケージの選択］を選択します（図2-54）。

図2-54　デバイス情報の表示とインストールするパッケージの選択

あとはダウンロード、インストール、再起動を待ちます（図2-55～2-57）。

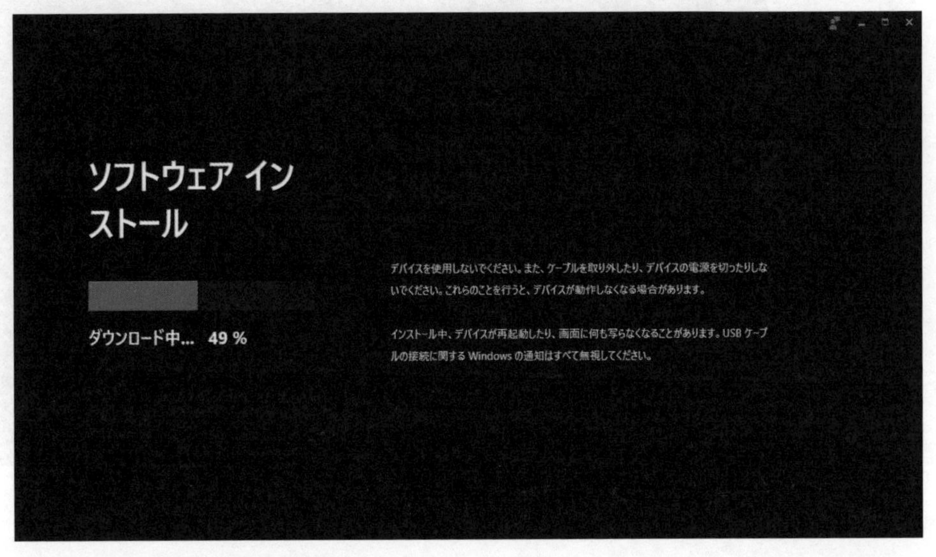

図2-55　OSイメージのダウンロード

図2-56　OSのインストール

図2-57　OSのインストール完了

以上でリカバリーは完了で、再度セットアップを行います。

Note

［Advanced Recovery Companion］を使用してダウンロードされたOSイメージは下記に置かれます（［AppData］フォルダー以下を拡張子「*.ffu」で検索するとよい）。ファイルサイズは大きいですが、ダウンロードの時間を省けるので必要であればコピーして保存することも可能です。保存したOSイメージファイルはインストールするパッケージの選択時に手動で選択が可能です。

C:¥Users¥<ユーザー名>¥AppData¥Local¥Temp¥ARC¥Downloads¥<ユニークID>

2.5.3 ［Advanced Recovery Companion］を使用したOSの再インストール（フラッシュモード）

［Advanced Recovery Companion］アプリでのリカバリー中に図2-58のようなメッセージが表示された場合は、リカバリーを続行することができません。HoloLens 2にサインインできなくなった場合などは、HoloLens 2をフラッシュモードにしてリカバリーを行います。

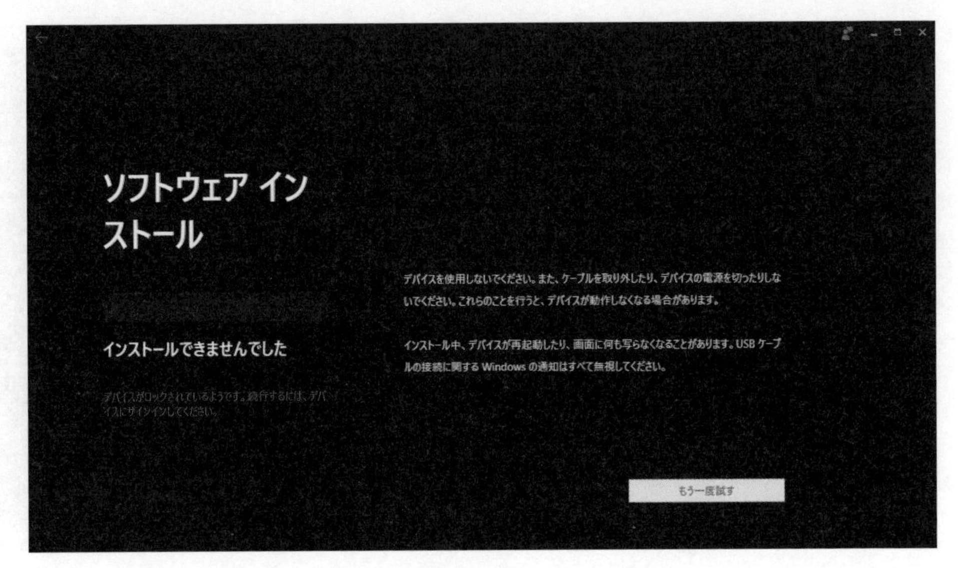

図2-58 **リカバリーを続行できないというメッセージ**

HoloLens 2をフラッシュモードにするには下記の手順を行います。

- HoloLens 2を起動した状態で音量大ボタンと電源ボタンを電源が切れるまで（音量ボタンの音がしなくなるまで）同時に押し続ける（図5-59）。
- 電源が切れたら電源ボタンのみ離す（音量大ボタンは押したまま）。
- HoloLens 2が再起動する。

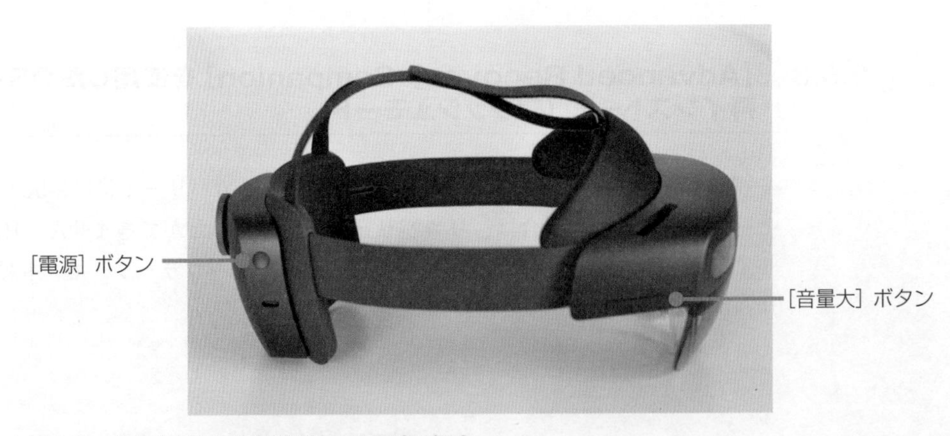

図2-59 **音量大ボタンと電源ボタンを同時に押す**

電源ランプの3番目（真ん中）のみ点灯している状態（図2-60）になれば、フラッシュモードになっています。HoloLens 2が起動しない場合には、音量大ボタンを押したままもう一度電源ボタンを押してください。

図2-60　フラッシュモードでの起動状態

これでフラッシュモードが確認できたので、［Advanced Recovery Companion］アプリにて再度リカバリーを行います。フラッシュモードになったHoloLens 2をPCに接続すると、デバイスマネージャーに「Microsoft HoloLens Recovery」と表示されるので（図2-61）、こちらでも確認ができます（通常時は「Microsoft HoloLens」と表示されています）。

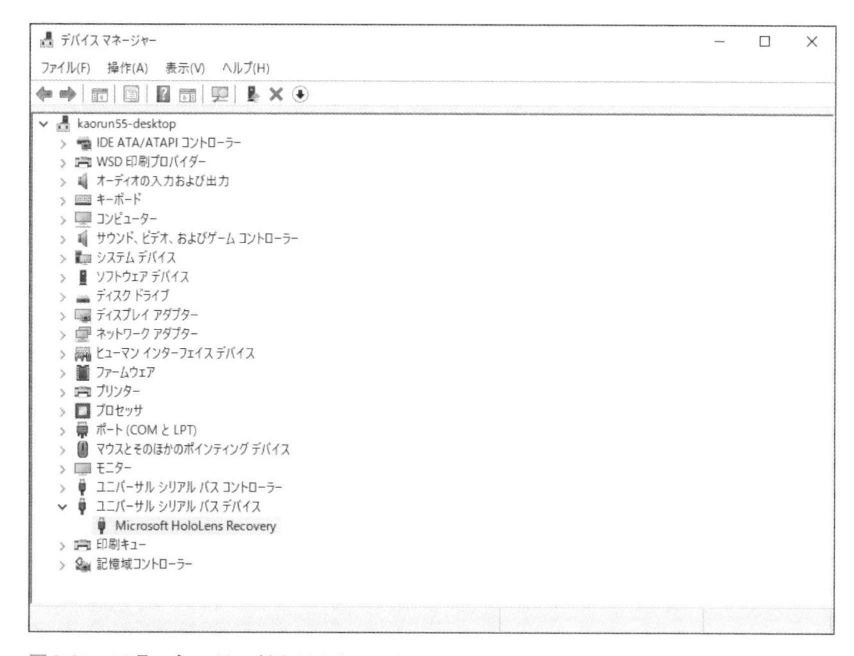

図2-61　フラッシュモードのHoloLens 2

2.5.4 Insider Preview版を適用する

HoloLens 2用の早期ビルド版であるInsider PreviewのOSイメージも［Advanced Recovery Companion］アプリで書き込みができます。HoloLens 2をInsider Preview適用可能な状態にして、下記参照リンク先よりInsider Preview版のOSイメージをダウンロードし、FFUファイルを［Advanced Recovery Companion］で書き込みます。HoloLens 2をInsider Preview適用可能状態にするには、「3.3 設定アプリを使用する」の「Windows Insider Program」を参照してください。

参照

Microsoft HoloLensのInsider Preview
https://docs.microsoft.com/ja-jp/hololens/hololens-insider

Insider PreviewのOSイメージの直リンク
https://aka.ms/hololenspreviewdownload

2.5.5 Windows Autopilot

OSバージョン2004にて、Windows Autopilotへの対応が発表されました。Windows Autopilotはデバイスのセットアップ中にユーザーの資格情報（Azure AD）を元に組織内での設定を自動的に行う機能です。

参照

Windows Autopilot for HoloLens 2の評価ガイド
https://docs.microsoft.com/ja-jp/hololens/hololens2-autopilot

Windows Autopilotの概要
https://docs.microsoft.com/ja-jp/windows/deployment/windows-autopilot/windows-autopilot

第3章 HoloLens 2の基本的な使い方

本章ではHoloLens 2の操作方法、静止画の撮影、動画の撮影、Miracast、設定の使い方について解説します。

3.1 ジェスチャや音声を使った操作

HoloLens 2のスタートメニューについて説明します。HoloLens 2はスタートメニューを起点にアプリの操作を行いますので、この表示、非表示は一番使用する操作となります。スタートメニューの表示を覚えたのち、さまざまなジェスチャを覚えていきましょう。

3.1.1 スタートメニューの表示方法

HoloLens 2はスタートメニュー（図3-1）を起点に操作を行うので、初めにスタートジェスチャを覚えましょう。

スタートジェスチャには2種類あります。両手を使う方法と片手を使う方法です。両手の方が操作はしやすいですが、両手がふさがっているときには片手でもジェスチャ操作ができると便利です。両手がふさがっている場合には、音声コマンドで操作することもできます。

図3-1　スタートメニュー

Note

HoloLens 2 の操作方法
https://docs.microsoft.com/ja-jp/hololens/hololens2-basic-usage

スタートメニューの両手ジェスチャ

スタートメニューの両手ジェスチャは、まず片手（左右問わず）を顔の前に出します。すると手首の部分にWindowsロゴが表示されます。その状態でもう片方の人差指をWindowsロゴにタッチすると、スタートメニューが開きます（図3-2、3-3）。閉じる時も同様の動作です。

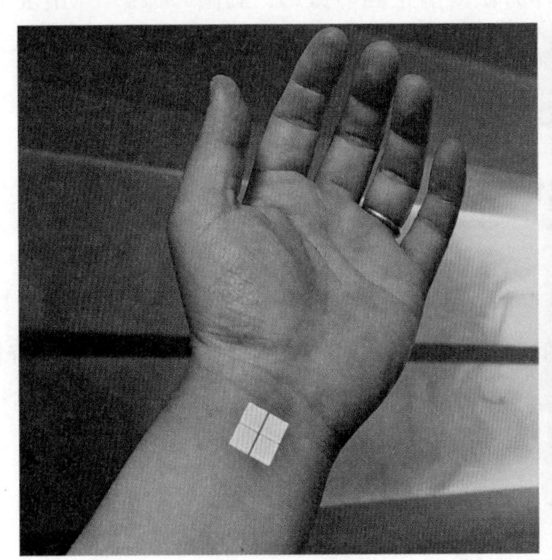
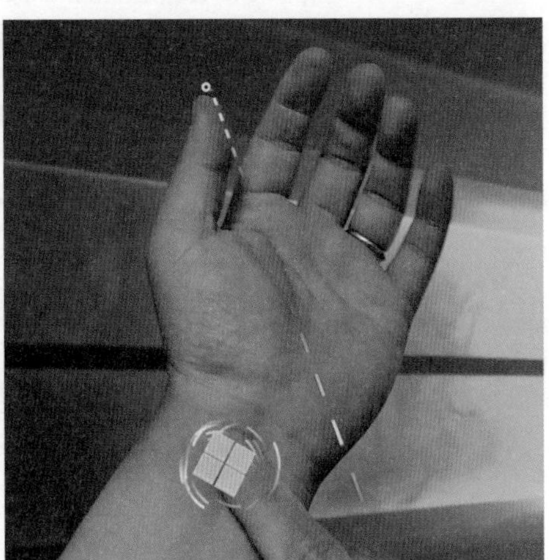

図3-2　両手のスタートジェスチャ

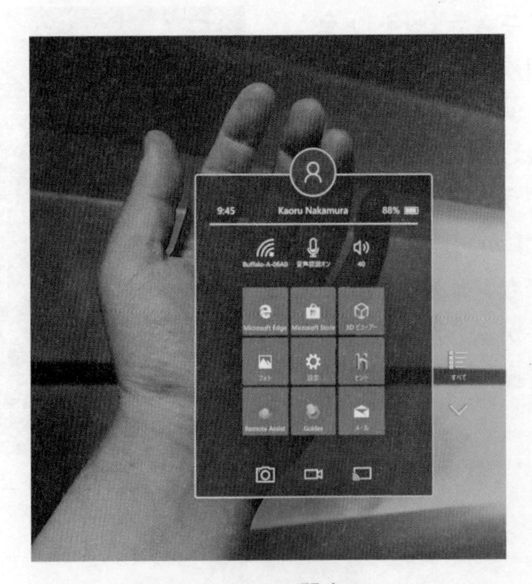

図3-3　スタートメニューが開く

スタートメニューの片手ジェスチャ

スタートメニューの片手ジェスチャは、まず片手（左右問わず）を顔の前に出します。すると手首の部分にWindowsロゴが表示されます。その状態でWindowsロゴを見ると、ロゴの周りが光るので、そのタイミングで親指と人差し指を閉じます（図3-4）。これでスタートメニューが開きます（図3-5）。閉じる時も同様の動作です。

なお、この操作は視線が手首を見ていることを認識する必要があるため、視線調整を行い操作者の視線を追跡できる状態以外では反応しない場合があります。

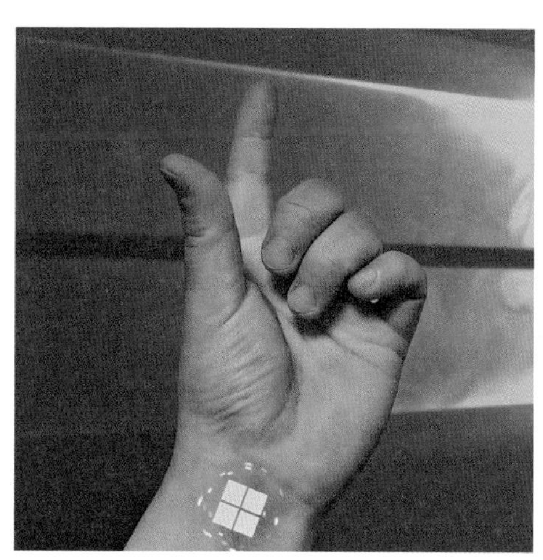

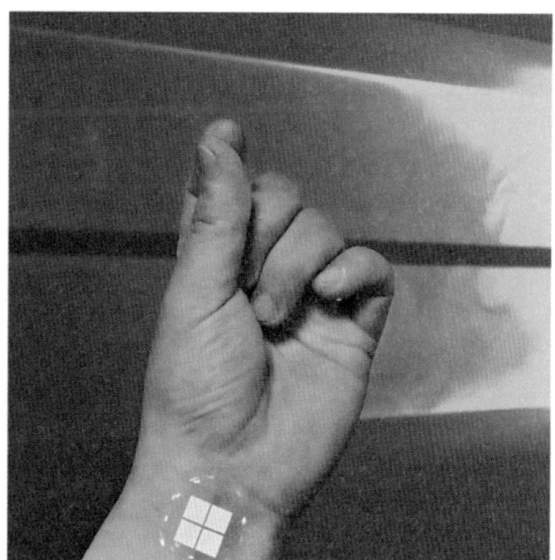

図3-4 片手のスタートジェスチャ

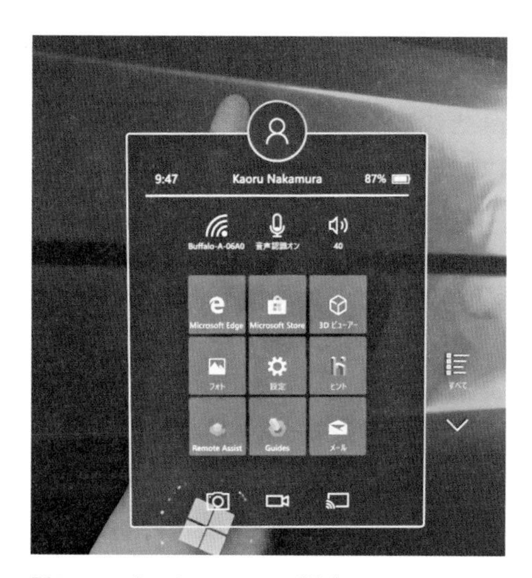

図3-5 スタートメニューが開く

スタートメニューの音声コマンド

音声コマンドの場合は何もないところで「スタートに移動」と発声すると表示し、スタートメニューを見ながら「閉じる」と発声すると閉じます（図3-6）。

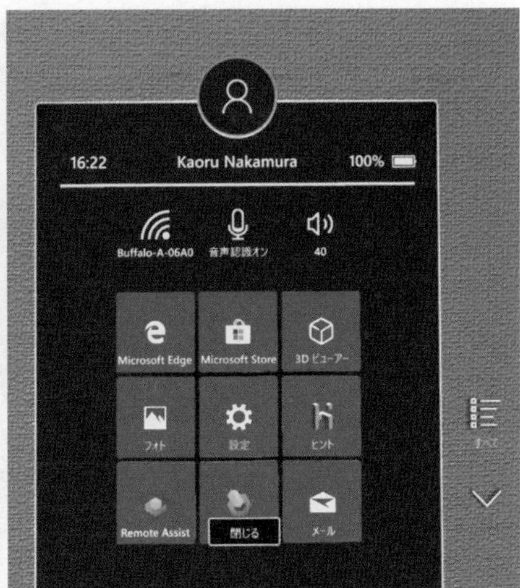

図3-6　音声コマンドでスタートメニューを開閉する

3.1.2 手で直接操作する

HoloLens 2で手を使ったジェスチャ操作には2種類があります。操作対象に対して近くの操作（Near Interaction）と遠くの操作（Far Interaction）です。近くと遠くの境目は約50cmまたは約30cmで、OSやアプリによって決まります。

近くの操作は手でホログラムに直接触れて操作します。HoloLens 2では手のひらおよび5本の指を認識、利用してより自然な操作（指先で押すタッチ操作、つかむ操作、スマートフォンのようなスクロールやピンチ操作）ができます（図3-7、図3-8）。タッチ操作では5本の指を認識しますが、それぞれを操作対象とすると誤動作が起こりやすくなるため、人差し指のみが操作対象になります。

参照

手で直接操作

https://docs.microsoft.com/ja-jp/windows/mixed-reality/direct-manipulation

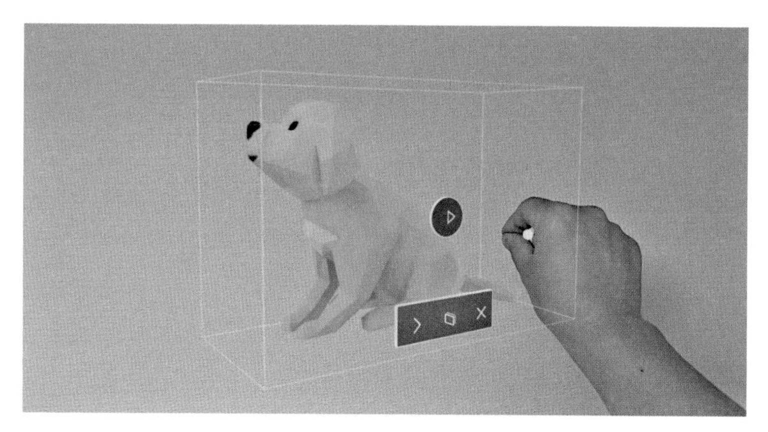

図3-7 片手で触れる

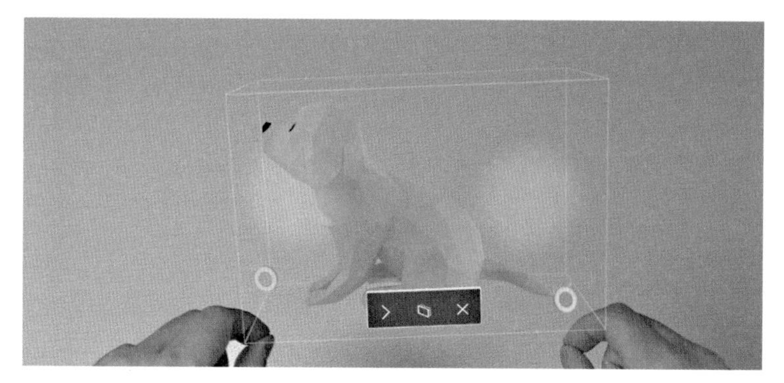

図3-8 両手で触れる

Note

HoloLens 2の操作における感覚の工夫

HoloLens 2には触ったときの感触がないため、光と音で現実感を増やします。懐中電灯のように操作対象のホログラムに近づくにつれ対象が光るようになったり、ボタンを押したら音が鳴ったりします。このように、操作が行われているかどうかを視覚や聴覚などの触覚以外で補足しています。

操作対象が遠い操作はハンドレイと呼ばれる手から伸びるポイントと、コミットと呼ばれる選択動作で行います。

ポイント状態は手のひらを開いている状態（図3-9）、コミット状態は親指と人差し指をくっつけている状態（図3-10）となります。ポイント状態で操作対象のホログラムを選択し、コミットすることで選択状態となります。

参照

手を使ったポイントとコミット

https://docs.microsoft.com/ja-jp/windows/mixed-reality/point-and-commit

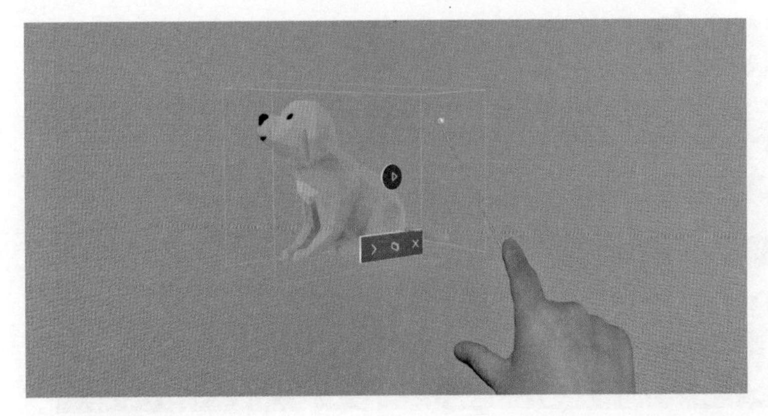

図3-9　ポイント

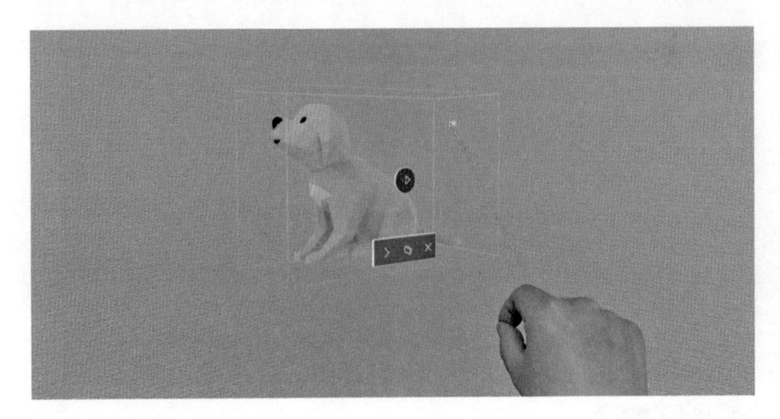

図3-10　コミット

3.1.3 音声コマンド

HoloLens 2は音声でも操作ができます。「選択」と発声することで視線カーソルが表示され、頭の動きでカーソルを移動できます（図3-11）。選択したい項目にカーソルを当ててもう一度「選択」と発声すると選択されます。

どんな音声コマンドがあるか、何を発声すればよいかは、選択部分にカーソルを当てたり「音声操作の項目」と発声することでコマンドが表示されます。

参照

HoloLens で音声を使う
https://docs.microsoft.com/ja-jp/hololens/hololens-cortana

図3-11　音声コマンドで選択を開始する

OSバージョン2004以降ではCortana（コルタナ）の音声コマンドがシステムに移行しており、より使いやすくなっています（OSバージョン1903以前のOSで同様の音声コマンドは、Cortanaにて行います）。なお、一部の音声コマンドは日本語に反応せず、英語のみ反応するものがあります。

表3-1　音声コマンドの概要

音声コマンド	動作
「デバイスを再起動」	デバイスを再起動するかどうかを確認するダイアログが表示されます。 「はい」と言うと再起動、「いいえ」と言うとキャンセルされます。
「デバイスを シャットダウン」	デバイスの電源を切るかどうかを確認するダイアログが表示されます。 「はい」と言うと再起動、「いいえ」と言うとキャンセルされます。
「明るさを上げる」/ 「明るさを下げる」	ディスプレイの明るさを10%（最大値100のうち10）上げるまたは下げます。
「音量を上げる」/ 「音量を下げる」	音量を10%（最大値100のうちの10）上げるまたは下げます。
「自分のIP」	HoloLens 2のローカルネットワーク上での現在のIPアドレスが表示されます。
「写真を撮る」	実際に見ているもののMixed Reality写真を撮ります（反応せず）。
「ビデオを撮る」	Mixed Realityビデオの録画を開始します。
「ビデオの停止」	Mixed Realityビデオを録画している場合は停止します（反応せず）。

参照

HoloLens 2のOSバージョン2004（OSビルド 10.0.19041.1103）からCortanaの機能がシステム音声コマンドへ移行されています。また2020年5月現在、バージョン2004で新しいCortanaは日本語をサポートしていません。
https://docs.microsoft.com/en-us/hololens/hololens-release-notes

3.2 スタートメニュー

3.2.1 概要

スタートメニューはHoloLens 2の中心になります。ここから設定を含む各種アプリを起動や、静止画・動画の撮影、Miracastの接続などを行います。

スタートページからアクセスできる機能は図3-12のようになります。

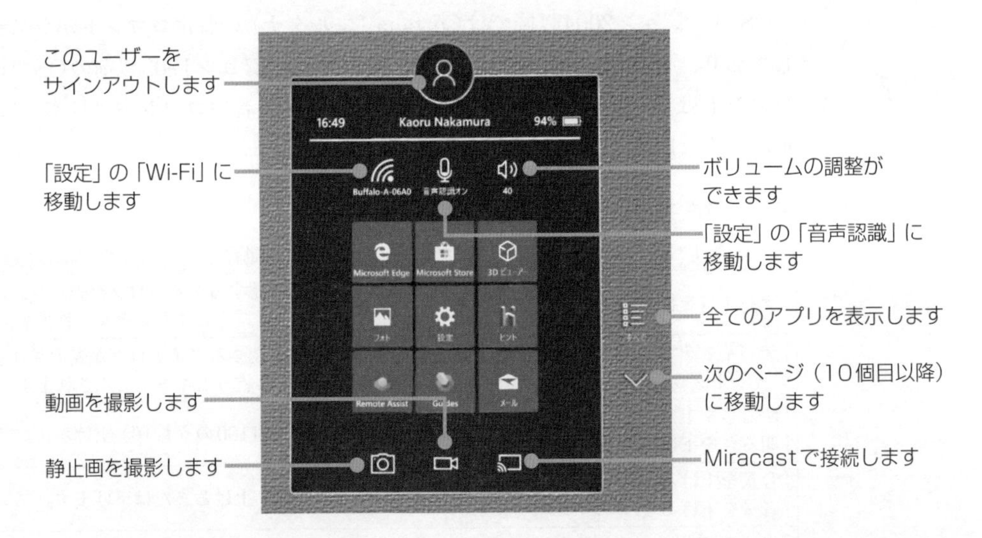

図3-12　スタートメニューでの操作

3.2.2 HoloLens 2での撮影

次にHoloLens 2での静止画や動画の撮影、第三者に様子が伝えられるようにMiracastで無線配信する方法を解説します。

Mixed reality の写真とビデオを作成する
https://docs.microsoft.com/ja-jp/hololens/holographic-photos-and-videos

共通した注意事項として、ドキュメントにもある下記3点に注意が必要です。

1. Mixed realityキャプチャを使う場合、HoloLensのフレームレートは30Hzに半減します。
2. ビデオの最大録画時間は5分です。
3. 写真/ビデオカメラが別のアプリで既に使用されている場合、ライブストリーミング中、またはシステムリソースが少ない場合は、写真やビデオの解像度が低くなることがあります。

1のフレームレートが30Hzに半減とは、通常ではHoloLens 2は60Hz（1秒間に60回の描画更新を行う）で動作しています。これによって、使用者にストレスなくホログラムを表示しています。30Hzに半減すると、それだけ前後のフレームでの差が大きくなり、自然さを感じにくくなります。

2については動画の録画時間は最長5分なので、長時間の録画はできません。またHoloLens 2は64GBのストレージを持っていますが、動画は1080p（画面アスペクト比16:9、有効垂直解像度1080本、ノンインターレース）のFull HDで撮影されるので、ストレージを圧迫しやすいことに注意してください。動画を大量に撮影したあとは、ストレージ容量のチェックが必要です。

3について、動画の撮影にはHoloLens 2のカメラを使用しますが、アプリと共用になります。アプリ側でもカメラを使用する場合、うまく撮影できなかったり、どちらかが干渉することがあります。撮影の前には、対象のアプリや動作で撮影ができるかどうか確認しましょう。

静止画の撮影

図3-13 ［カメラ］ボタン

スタートメニューから［カメラ］ボタン（図3-13）を選択すると静止画の撮影ができます。シャッター音は鳴らず、操作後少し経ってから記録されるので、撮影後の画像を確認しておくとよいでしょう。静止画はHoloLens 2の右側にある音量ボタンの大小を同時に押すことによっても撮影できますが、真横から押すためHoloLens 2がずれたり、押しづらかったりするので、スタートメニューまたは後述するデバイスポータルからの撮影も併用するとよいでしょう。

スタートメニューから［カメラ］ボタンを選択し、エアタップで撮影を行います（図3-14）。1枚撮影を行うと再度撮影待ちになり、再度エアタップすると2枚目の撮影ができます。撮影を終了する場合はスタートジェスチャを行います。

図3-14 静止画の撮影を行う

動画の撮影

図3-15 ［ビデオ］ボタン

スタートメニュー下真ん中の［ビデオ］ボタン（図3-15）を選択すると動画の撮影ができます。静止画と同様に、動画についても音量ボタンの大小同時長押しで撮影を開始できます。こちらもスタートメニューまたはデバイスポータルからの撮影と併用するとよいでしょう。

スタートメニューおよび音量ボタンから動画を撮影した場合は、HoloLens 2内のOSやアプリからの音と外部からマイクで取り込んだ音の両方が記録されます。マイクからの外部の音を記録したくない場合には、デバイスポータルからの録画を行います。

スタートメニューから［ビデオ］ボタンを選択し、エアタップすると録画を開始します（図3-16）。

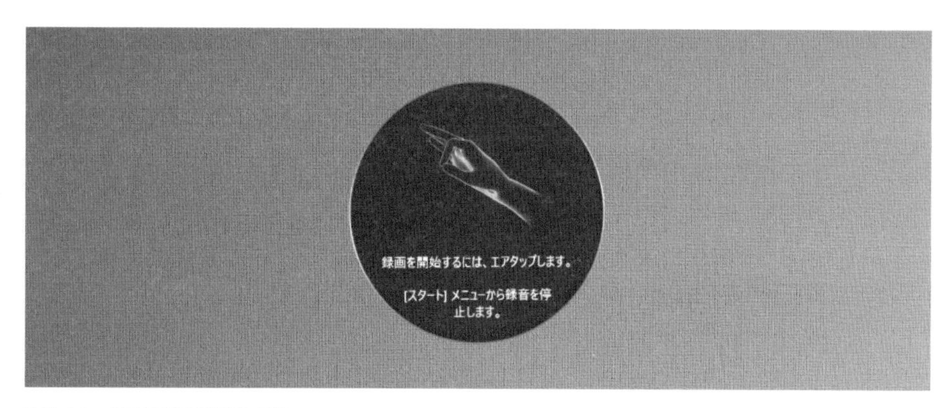

図3-16 動画撮影を開始する

録画を終了する場合には、再度スタートメニューを表示し、［ビデオ］ボタンを選択します（図3-17）。

図3-17　動画撮影を終了する

Miracastでの接続と配信

HoloLens 2はMiracastと呼ばれる無線でのディスプレイ伝送の機能を持っており、Miracast受信端末やWindows 10 PCに動画をストリーミングで配信ができます。Windows 10 PCの場合はプリインストールされている［接続］というアプリを使用することでHoloLens 2からのMiracastを受信できます。このPCからモニターやプロジェクターに出力することで、HoloLens2装着者以外でも装着者が何をしているのかを見ることができます。

Windows 10 PCの準備

Windows 10 PC側で［接続］アプリはスタートメニューから起動します（図3-18）。

図3-18　Windows 10 PCで［接続］アプリ を起動する

アプリを起動すると、接続するためのPC名（ここでは「Nakamura-PC」）が表示されます（図3-19）。

図3-19　Windows 10 PC上での［接続］アプリ

HoloLens 2から接続

HoloLens 2で[接続]ボタンを選択します(図3-20)。接続先の一覧が表示されるので、その中から接続するPC(ここでは「Nakamura-PC」)を選択します(図3-21)。

図3-20 [接続]ボタン

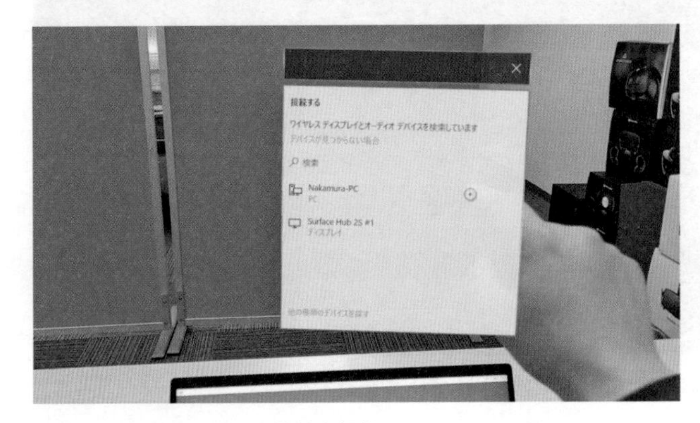

図3-21 HoloLens 2から接続を行う

接続が完了すると、HoloLensのカメラ映像とホログラムが合成された映像がPCの接続アプリに表示されます(図3-22)。

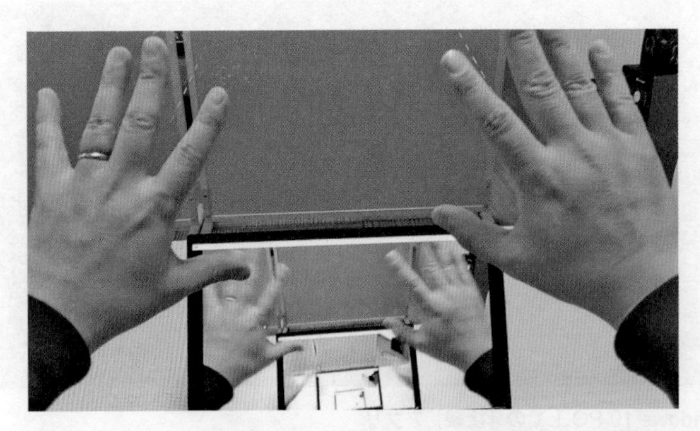

図3-22 HoloLens 2から見ている景色がWindows 10 PCに送られている様子

3.2.3 HoloLens 2をWindows PCに接続する

HoloLens 2とWindows PCを付属のUSB Type-Cケーブル（またはサードパーティー製のUSB Type-CとType-Aのケーブルなど）で接続すると、HoloLens 2はストレージモードとなり、内部のフォルダーをPCからエクスプローラーなどで閲覧でき、(HoloLens 2内のエクスプローラーと同じように）ユーザーフォルダー以下の読み書きができます。なお、この接続にはドライバのインストールなど特別な操作は不要です。

リセットの際など内部データのバックアップが必要な際には、このフォルダーをすべて保存しておくとよいでしょう。

たとえばカメラやビデオで撮影した動画、静止画は[Pictures] - [Camera Roll] フォルダーに保存されます（図3-24）。これらをWindows PCのエクスプローラーからコピーすることができます。

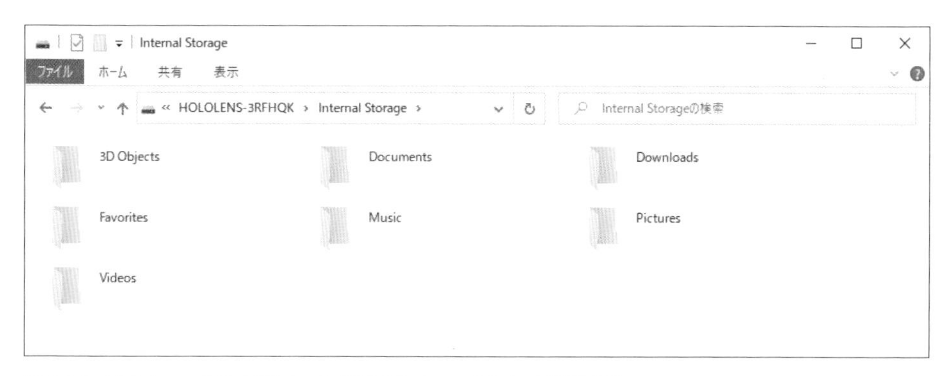

図3-23 HoloLens 2の内部フォルダをWindows PCから閲覧する

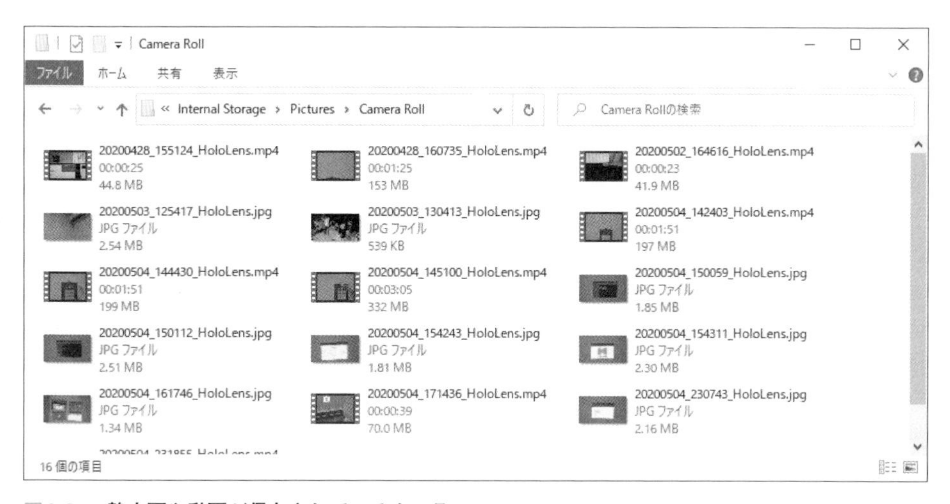

図3-24 静止画や動画が保存されているカメラロール

3.2.4 キーボードの使い方

HoloLens 2で文字を入力する場合は次の3つの方法があります。

- HoloLens 2内のソフトウェアキーボードをジェスチャで入力する
- USBやBluetooth接続のキーボードで入力する
- デバイスポータルのVirtual Inputから入力する

ここでは「HoloLens 2内のソフトウェアキーボード」について解説します。USBキーボードは「4.2.2 USBキーボード、マウス」を、デバイスポータルのVirtual Inputは「6.1.9 System」の「Virtual Input」の項目を参照してください。

ソフトウェアキーボードは、サインインやEdgeでのURL入力時など、文字の入力が必要な場合に自動で表示されます。ソフトウェアキーボードが表示されている場合に、USBキーボードやVirtual Inputが有効になります。

既定では英字と記号・数字キーボードが表示され（図3-25）、キーボードの追加により日本語などサポートされている言語のソフトウェアキーボードに切り替えができます。ソフトウェアキーボードの追加は「3.3.6 事項と日付」の「言語」を参照してください。

ソフトウェアキーボードが表示されたら手指のジェスチャでキーを選択して入力します。そのほかの操作として、左右のハンドル部分をつかむとソフトウェアキーボードの移動ができます。またソフトウェアキーボード左下の切り替えキーで記号・数字

図3-25 ソフトウェアキーボード（英語）と切り替えボタン

キーボード（図3-26）や日本語キーボード（図3-27）へ切り替えができます。

図3-26　記号・数字キーボード

日本語キーボードの設定がされている場合、キーボード切り替えボタンを押すと日本語が入力できます。ソフトウェアキーボードではIMEも有効なので普段のWindows PCのように入力が可能です。IMEはジェスチャ入力のみとなり、USBキーボードで動作しないので英数字および、ひらがなのみの入力となります（Virtual InputはWindows PC上での変換になるので、この限りではありません）。

図3-27　日本語キーボード

3.2.5 アプリの起動と終了

アプリの起動は、スタートメニューから使用したいアプリを選択します(図3-28)。最初のタイルにない場合は、右の［すべて］からすべてのアプリを表示してアプリを探します(図3-29)。

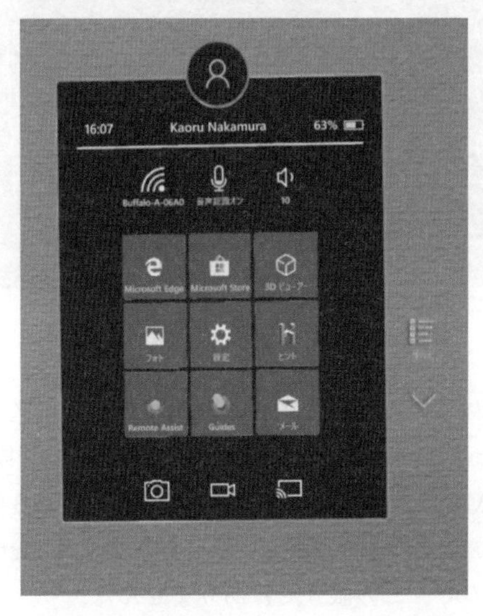

図3-28 スタートメニューからアプリを選択

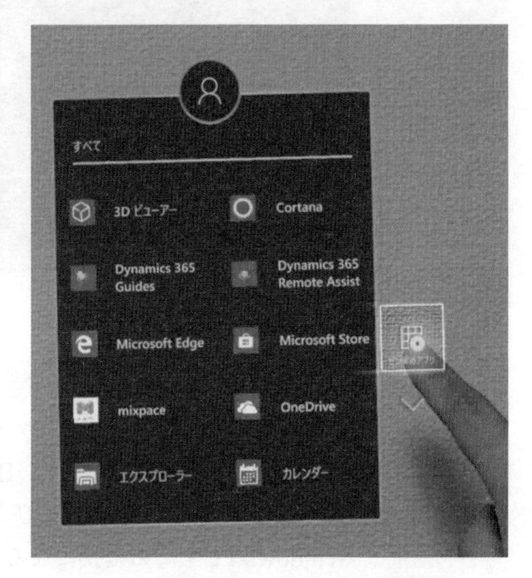

図3-29 すべてのメニューからアプリを選択

起動可能なアプリについて、2Dアプリのみの場合、空間上いくらでも起動が可能です。ただし、同時にアクティブになるウィンドウは3つまでで、それ以降は2Dアプリを立ち上げるたびに最初にアクティブになったウィンドウから順に非アクティブになります(図3-30)。

3Dアプリの場合は一度に起動できるアプリは1つですが、3Dアプリの中で2Dアプリを1つだけ起動することができます(図3-31)。さらにもう1つ2Dアプリを起動すると、先に起動されていた2Dアプリは終了します。

また3Dアプリ(A)の起動中に、別の3Dアプリ(B)を起動すると、3Dアプリ(A)は閉じられて3Dアプリ(B)が起動します。なお、3Dアプリ(A)にバックグラウンド動作の許可が与えられている場合には、3Dアプリ(A)は3Dアプリ(B)の背後で動作している状態になります。たとえばDynamics 365 Remote Assistはバックグラウンド動作を利用しており、遠隔配信している状態で別のアプリに切り替えて、そのアプリの状況を配信することが可能になっています。

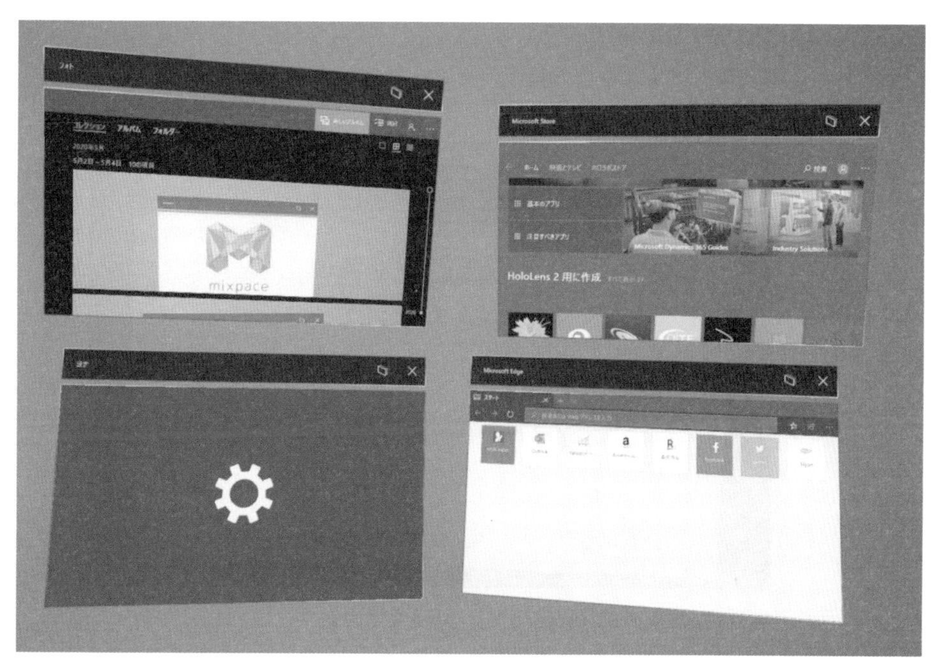

図3-30　2Dアプリを複数開いた状態（左下が非アクティブになっている）

図3-31　3Dアプリの実行中に2Dアプリを起動する

アプリの終了について、［設定］アプリや［Edge］アプリのような2Dアプリと、Dynamics 365 GuidesやDynamics 365 Remote Assistのような3Dアプリで終了方法が異なるので、それぞれ解説します。

2Dアプリの終了

2Dアプリは右上の終了ボタンを選択します（図3-32）。

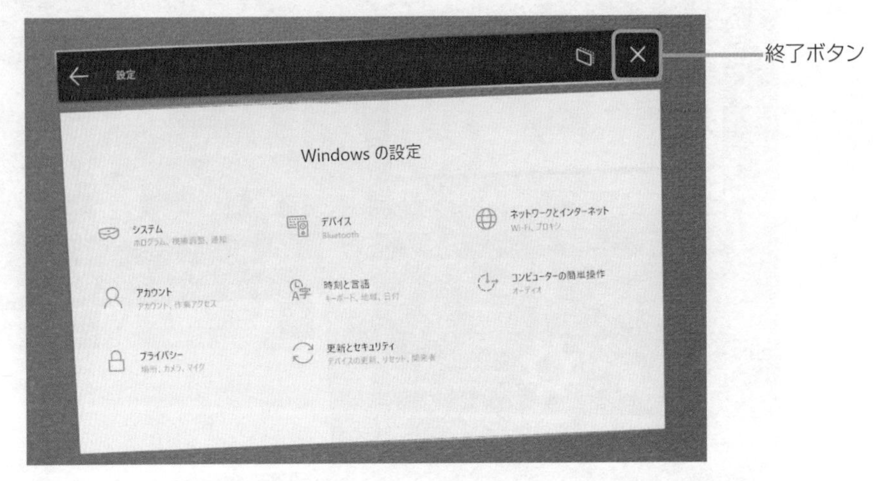

図3-32 終了ボタンを選択してアプリを終了する

3Dアプリの終了

続いて3Dアプリです。3Dアプリを起動した後にスタートメニューを表示します（図3-33）。

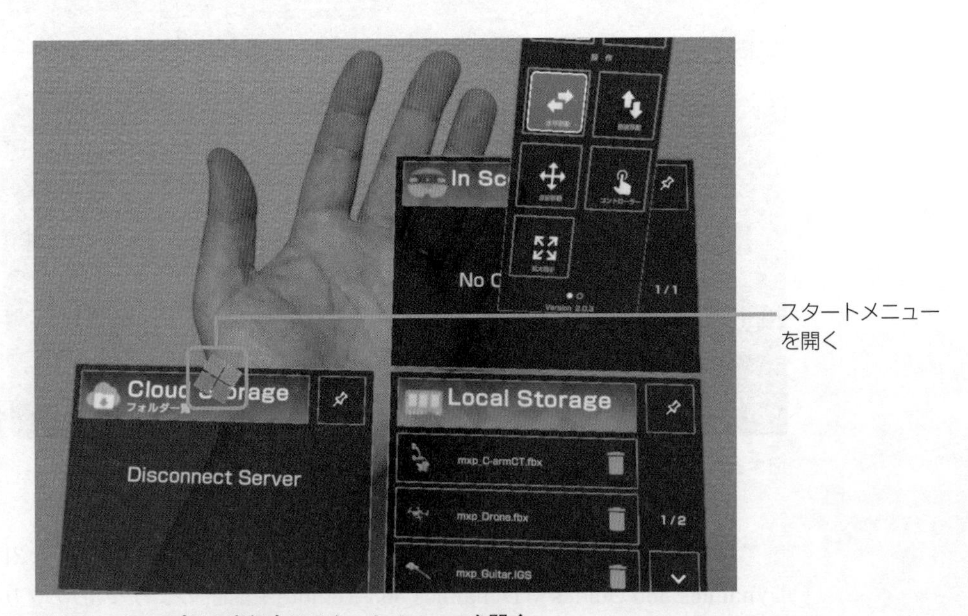

図3-33 3Dアプリの実行中にスタートメニューを開く

アプリ起動中はスタートメニューの下部に［ホーム］ボタンがあるので、それを選択します（図3-34）。

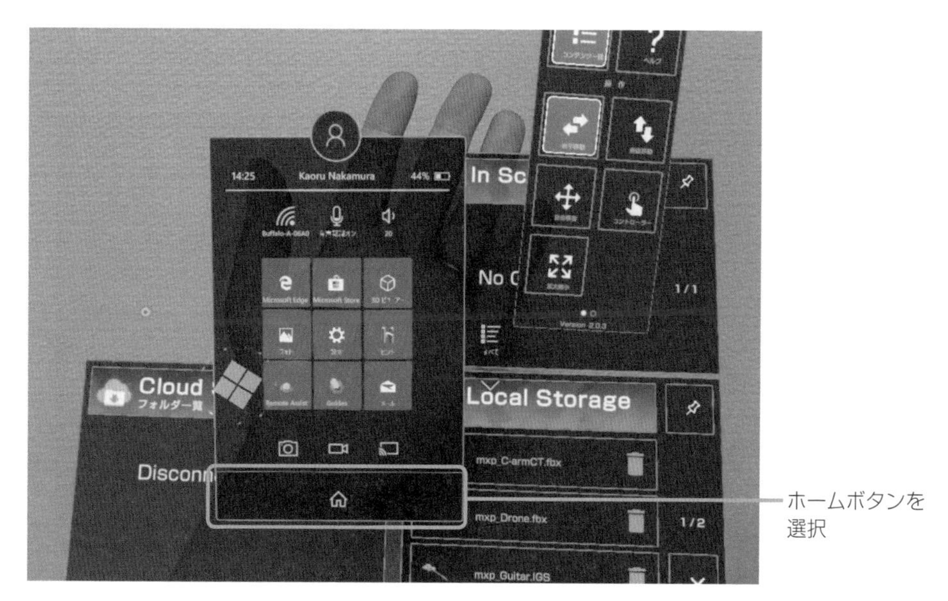

図3-34　ホームボタンを押してアプリを終了する

すると3Dアプリが終了し、アプリのウィンドウが表示された状態に戻ります（図3-35）。アプリとしてはこの2Dウィンドウが終了されるまで休止中の状態になるので、3Dアプリを完全に終了させるには2Dウィンドウの右上の終了ボタンを選択して終了させます。

図3-35　3Dアプリのウィンドウを終了する

3Dアプリの起動中に別のアプリを起動する

HoloLens 2では3Dアプリの起動中に別の2Dアプリを起動することもできます。先ほどと同じく、3Dアプリの起動中にスタートメニューを表示して別のアプリを起動します。

図3-36 3Dアプリ起動中に2Dアプリ（Edge）を起動する

たとえば3Dアプリの起動中に2DアプリであるEdgeを起動します（図3-36）。これによってアプリ起動中にインターネットや社内ネットワークの情報やシステムにアクセスすることができるようになります。社内システムなどHoloLens 2のアプリと直接接続することが難しい場合は、このような形で連携することも考えられます。

3.2.6 サインイン、サインアウト

HoloLens 2を複数のユーザーアカウントで使用する場合のアカウント切り替えについて解説します。サインアウトは、アカウントのサインインオプションでサインインを求める設定の場合に有効になるので、サインアウトができない場合は設定を確認してください（「3.3.5 アカウント」を参照）。

サインアウトはスタートメニューから行います。スタートメニュー上部のユーザーアイコンを選択すると、サインアウトの確認が表示されます。

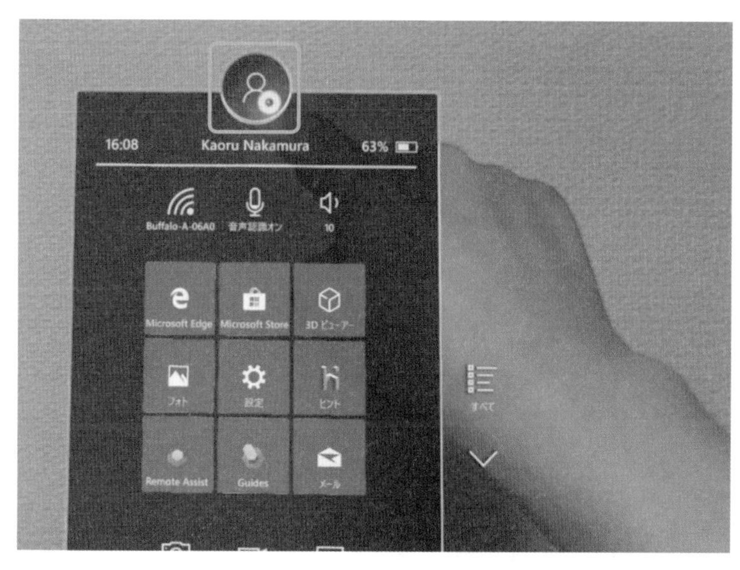

図3-37 サインアウトを選択する

サインアウトの確認ダイアログで［サインアウト］を選択すると、現在のユーザーからサインアウトし、サインイン画面が表示されます（図3-38）。

図3-38 サインアウトを行う

サインイン画面では、いままでのユーザーが表示されています（図3-39）。ユーザーを変更する場合には、右側の［他のユーザー］を選択してサインイン情報を入力します。Windows Helloを使用した虹彩認証でサインインしている場合には、複数アカウントでのサインインが可能になります。

それ以外のサインイン方法では、最後にサインインしたユーザー情報のみ残る場合があるので注意してください。

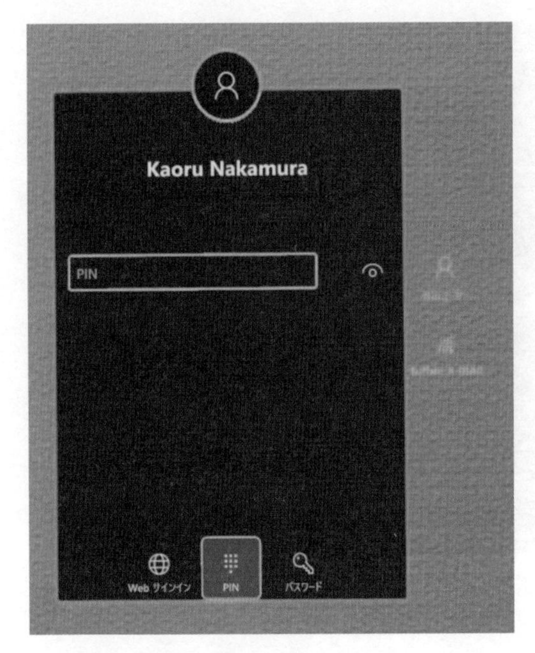

図3-39 サインイン画面

3.3 [設定] アプリを使用する

HoloLens 2のさまざまな設定を行う［設定］というアプリについて解説します。Windows PCに近い細かい設定ができるので、一度全体に目を通しておくとよいでしょう。

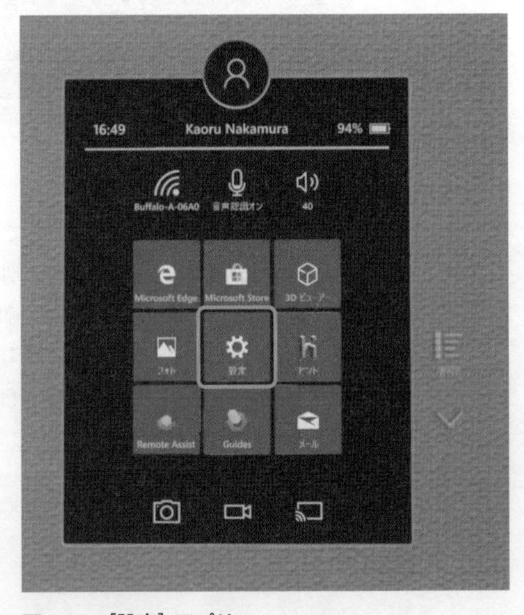

図3-40 ［設定］アプリ

3.3.1 [設定] アプリを起動する

スタートメニューよりアプリを起動すると設定項目が表示されます(図3-41)。それぞれの概要は表3-2の通りです。

図3-41 設定アプリ

表3-2 [設定] アプリの大項目

項目	概要
システム	OSに関する情報やホログラムの配置、視線調整などの設定ができます。
デバイス	Bluetoothなどに関する設定ができます。
ネットワークとインターネット	Wi-FiやVPS、プロキシに関する設定ができます。
アカウント	アカウント設定、Azure ADに関する設定ができます。
時刻と言語	リージョンや言語、キーボードに関する設定ができます。
コンピューターの簡単操作	音声操作に関する設定ができます。
プライバシー	Webカメラやマイクなどプライバシーに関する設定ができます。
更新とセキュリティ	Windows Updateや開発者モードなどの設定ができます。

3.3.2 システム

バージョン情報

HoloLens 2のデバイス名(ここから変更可能)やシリアル番号、OSのバージョンなどが確認できます(図3-42)。OSバージョンによって機能が変わってくるため、複数台のHoloLens 2を扱う場合や新しい機能を扱う場合などはバージョン番号を確認するとよいでしょう。

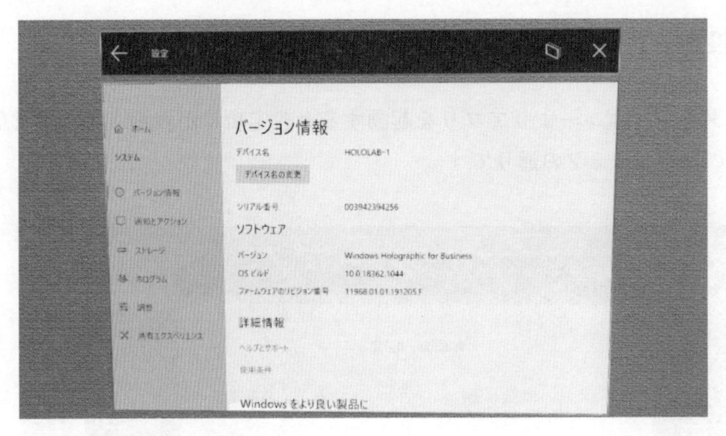

図3-42　バージョン情報

なお、WindowsのストレージBitLocker暗号化機能であるBitLockerについて、HoloLens 2では常に有効になっており、ストレージは暗号化されている状態になっています。このためメニューなどにBitLockerの表記はありません。

参照

HoloLens の暗号化を有効にする
https://docs.microsoft.com/ja-jp/hololens/hololens-encryption

通知とアクション

OSからの通知に関する設定です（図3-43）。不要な通知を切ることができます。

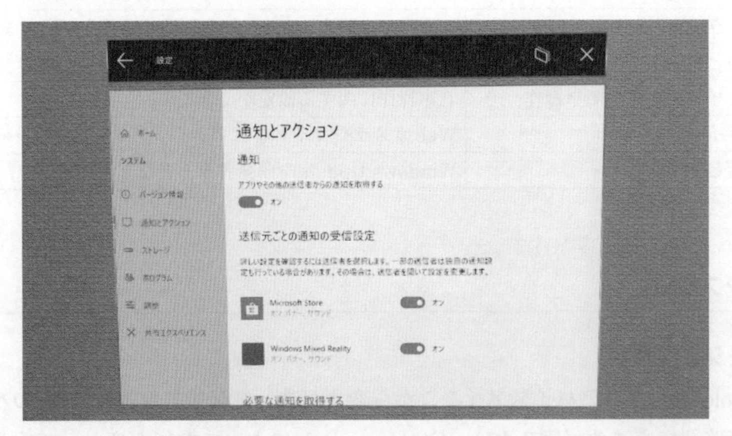

図3-43　通知とアクション

ストレージ

HoloLens 2内のストレージ容量を確認できます（図3-44）。

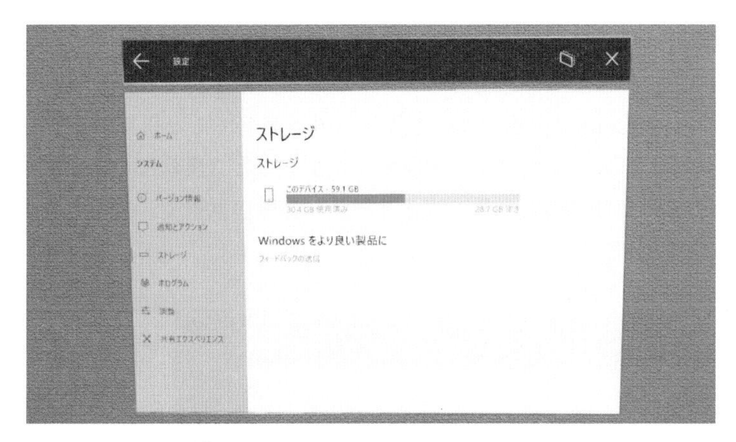

図3-44　ストレージ

ホログラム

ホログラム（主にウィンドウやアイコン）を削除します（図3-45）。HoloLens 2でウィンドウやアイコンをすべて消す（終了させる）までアプリが終了状態にならない場合があります。アプリを何度か起動しても初期状態に戻らない場合には、一度すべてのホログラムを削除するとよいでしょう。

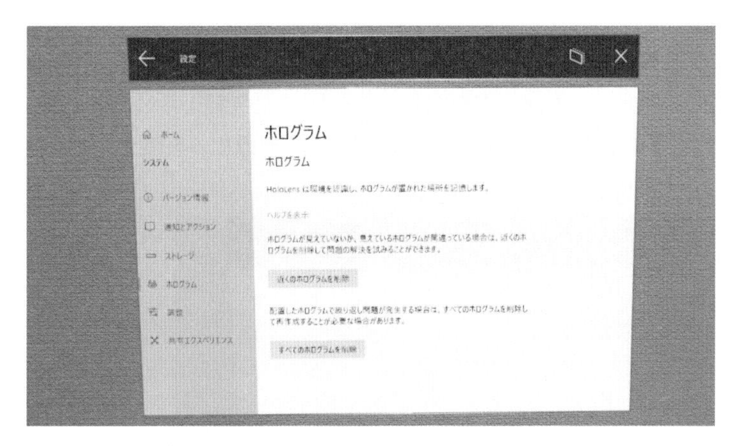

図3-45　ホログラム

調整

アイトラッキングのための調整（キャリブレーション）を行います（図3-46）。［視線調整の実行］から調整アプリを起動できます。

視線調整をすることでIPD（瞳孔間距離）が設定される、アイトラッキングが高精度に動作するようになる、片手のスタートジェスチャが利用できる状態になります。

通常はHoloLens 2を視線調整した人以外が装着すると視線調整を行う確認が表示されますが、下のトグルスイッチをオフにすることで無効にできます。ただし、視線調整をしないとIPDの不一致によるユーザー体験の低下や、アイトラッキングの性能低下につながります。

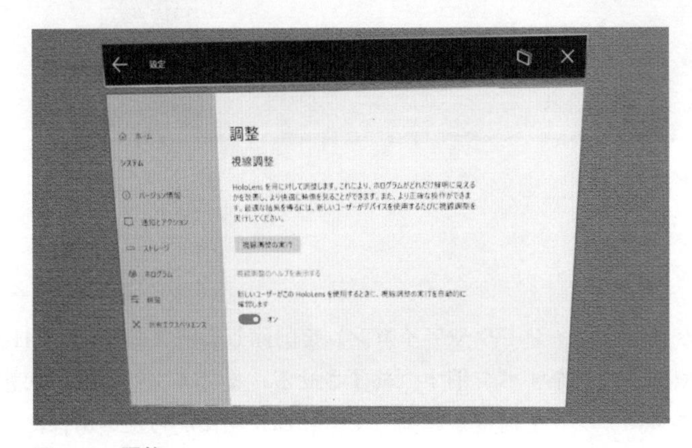

図3-46　調整

共有エクスペリエンス

Windows標準の近距離共有機能のオン/オフを切り替えられます（図3-47）。共有機能をオンにすることで、近くのWindows 10 PCと近距離での無線データ転送ができます。こ

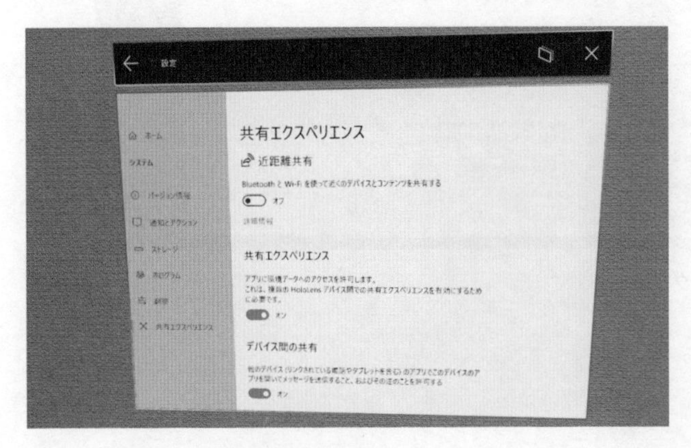

図3-47　共有エクスペリエンス

の機能を使うことで、PCとHoloLens 2との間で簡単にファイルの送受信ができます。

色

2020年4月のOSアップデート（10.0.18362.1059）により、HoloLens 2はダークモード（黒いウィンドウ）が既定となりました。従来の白いウィンドウに戻すための設定が追加されています（図3-48）。

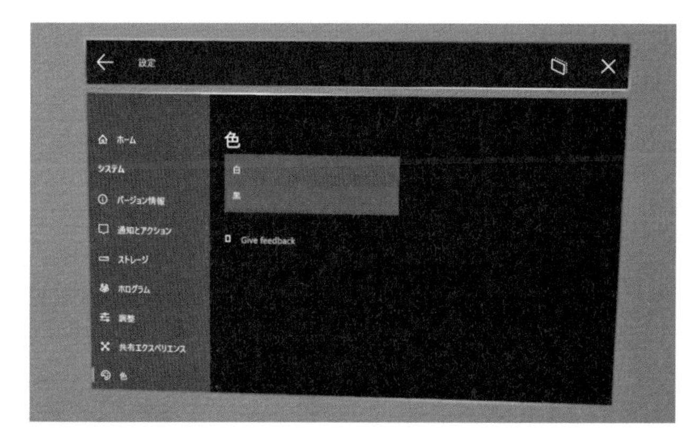

図3-48 ダークモードによる黒背景と、白背景に戻す設定

3.3.3 デバイス

デバイス

Bluetoothやその他のHoloLens 2でサポートしているデバイスの接続設定やペアリングの削除ができます（図3-49）。

図3-49 デバイス

3.3.4 ネットワークとインターネット

Wi-Fi

Wi-Fiのオン/オフの切り替え、接続する無線LANの設定ができます(図3-50)。なお、OSバージョン2004(ビルド10.0.19041.1103)ではWi-Fiのオン/オフ切り替えがなくなっています。

図3-50 Wi-Fi

VPN

VPNの接続設定ができます(図3-51)。

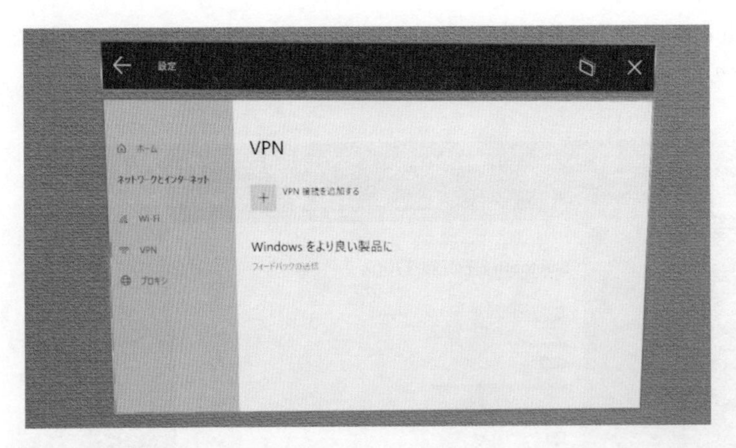

図3-51 VPN

プロキシ

プロキシの設定ができます（図3-52）。

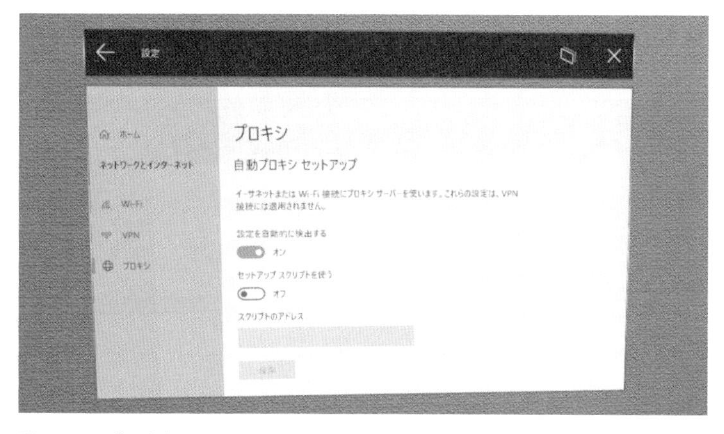

図3-52　プロキシ

3.3.5 アカウント

メールとアカウント

このHoloLens 2で使用されている個人アカウント（Microsoft アカウント）や組織アカウントの一覧が表示されます（図3-53）。

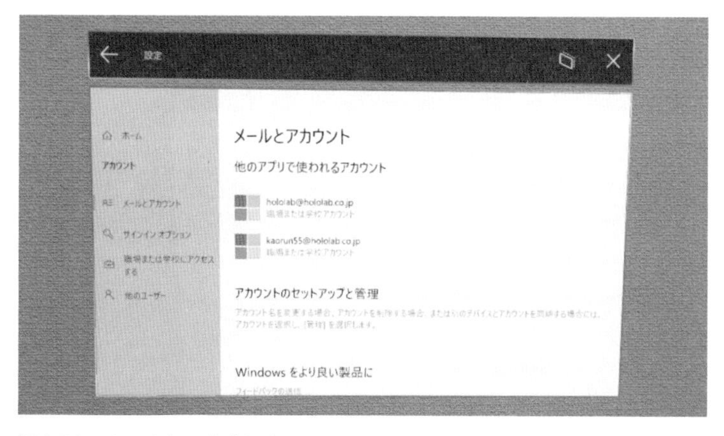

図3-53　メールとアカウント

サインインオプション

デバイスのサインインの方法を設定できます（図-54）。HoloLens 2ではサインイン時にパスワード以外にも虹彩認証、PINでの認証、USBのセキュリティキーでの認証ができます。必要に応じてセキュリティレベルを設定しましょう。

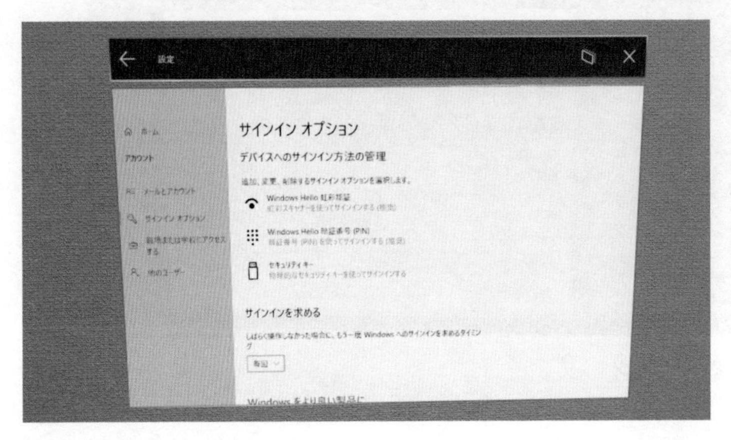

図3-54　サインインオプション

サインインを求めるタイミングを選択することもできます。起動時（スリープからの復帰時）に毎回、再起動時のみ、サインインを求めない、という3種類から選択できます（図3-55）。業務で使う場合には毎回、開発であれば再起動時のみ、展示であればサインインを求めないなど柔軟な設定ができます。なお、サインインを「なし」に設定すると、スタートメニューからのサインアウトが無効になります。

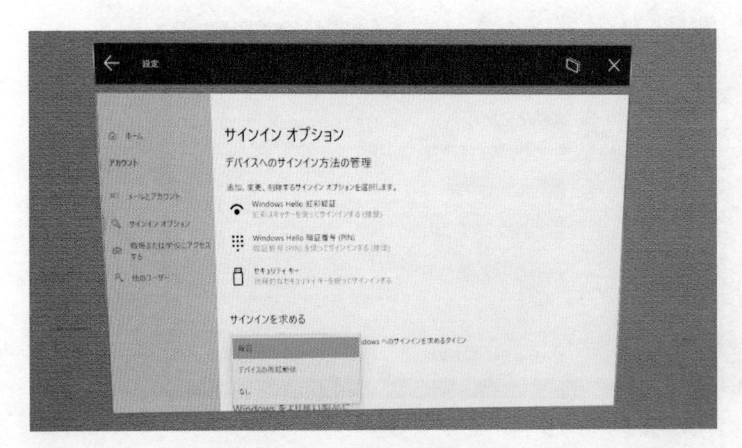

図3-55　サインインを求めるタイミングを変更する

職場または学校にアクセスする

組織アカウントでサインインした場合にAzure ADに接続しているアカウントが表示されます（図3-56）。IntuneのようなMDM（Mobile Device Management）を使用している場合、Azure AD Premiumの契約があれば自動でMDMの接続を行いますが、通常のAzure ADであればMDMへの接続はここから手動で行います。

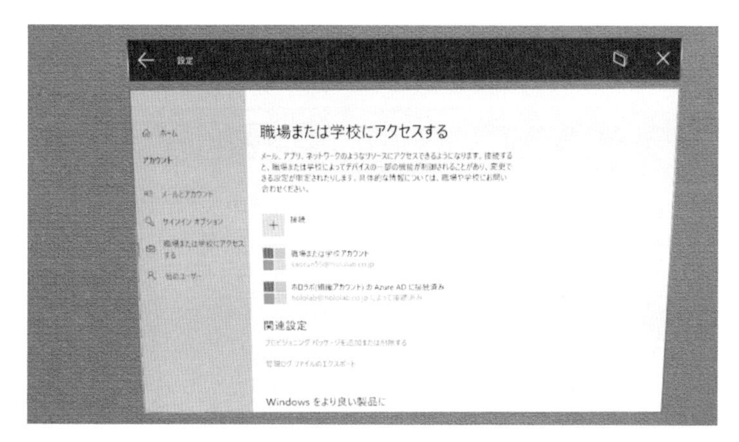

図3-56 職場または学校にアクセスする

他のユーザー

サインインアカウント以外で関連付けられている組織アカウントなどを表示します（図3-57）。

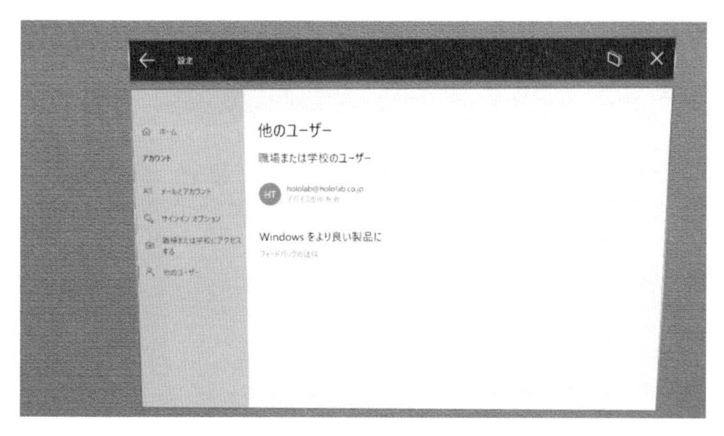

図3-57 他のユーザー

3.3.6 時刻と言語

日付と時刻

タイムゾーン、日付、時刻を設定します（図3-58）。HoloLens 2を手動でセットアップした場合、セットアップ時にタイムゾーンの設定がなく、2020年5月現在でのHoloLens 2にはタイムゾーンを自動設定する機能がないため、最初に手動で設定します。

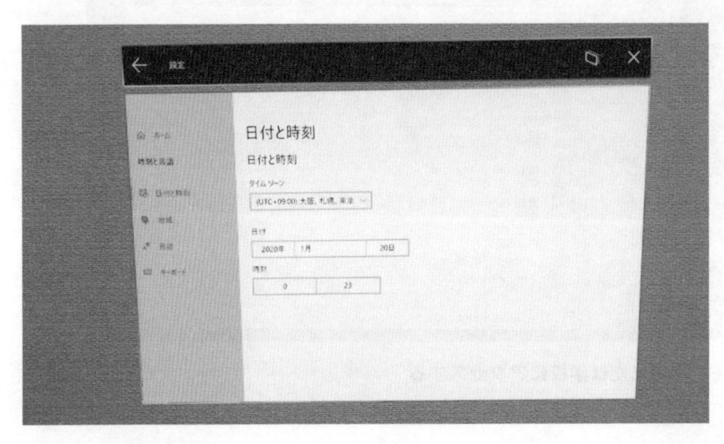

図3-58　日付と時刻

地域

HoloLens 2を使用する地域を選択します（図3-59）。

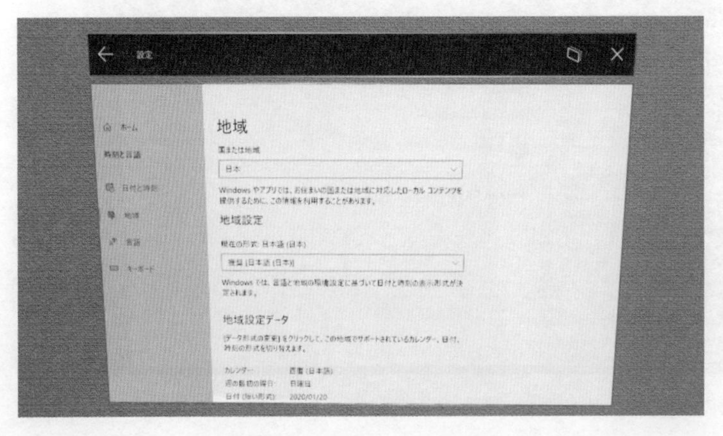

図3-59　地域

言語

HoloLens 2で使用する言語を設定します（図3-60）。

図3-60　**言語**

HoloLens 2でサポートされている言語は下記の通りです。

- 音声コマンドとディクテーション機能、キーボードレイアウト、アプリ内のOCR認識などをサポートする言語
  - 簡体字中国語（中国）
  - 英語（オーストラリア）
  - 英語（カナダ）
  - 英語（英国）
  - 英語（米国）
  - フランス語（カナダ）
  - フランス語（フランス）
  - ドイツ語（ドイツ）
  - イタリア語（イタリア）
  - 日本語（日本）
  - スペイン語（スペイン）

- 音声コマンドやディクテーション機能が含まれない言語
  - 繁体字中国語（台湾および香港）
  - オランダ語（オランダ）
  - 韓国語（韓国）

HoloLens 2でサポートされる言語
https://docs.microsoft.com/ja-jp/hololens/hololens2-language-support

キーボード

各言語に合わせたキーボードを設定できます（図3-61）。セットアップ手順によって日本語キーボードが設定されていない場合はこちらから追加を行います。

図3-61　キーボード

3.3.7 コンピューターの簡単操作

スピーカーからの音声出力をステレオ（左右で別の音を出す）とモノラル（左右で同じ音を出す）で切り替えます（図3-62）。

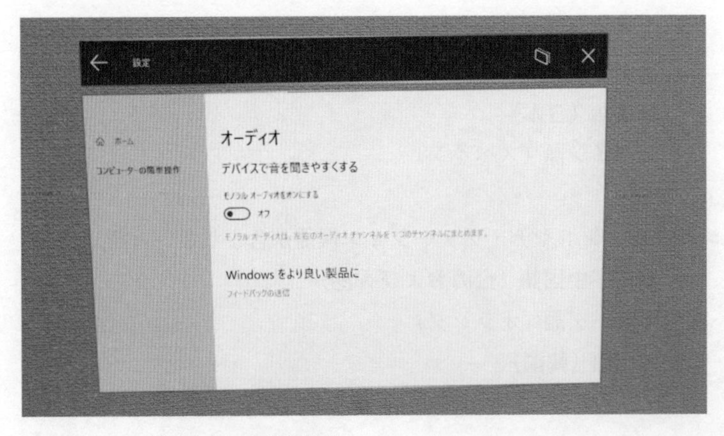

図3-62　コンピューターの簡単操作

3.3.8 プライバシー

各種機能の利用可否について設定します（図3-63）。

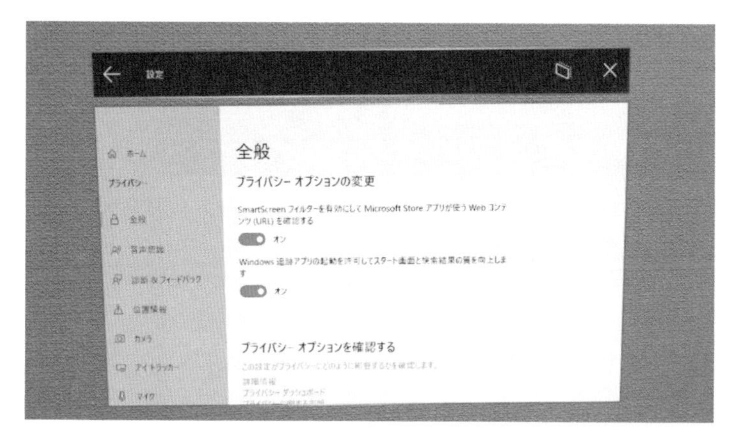

図3-63 プライバシー

3.3.9 更新とセキュリティ

Windows Update

Windows Updateの更新プログラムを確認、インストールできます（図3-64）。セットアップ直後はOSバージョンが古い場合があるので、確認してみましょう。

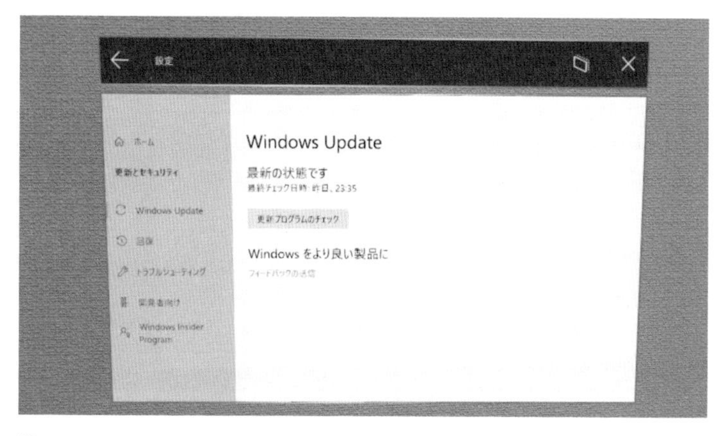

図3-64 Windows Update

回復

HoloLens 2をリセットします（図3-65）。リセットするとHoloLens 2内の静止画や動画を含むファイルはすべて消去されますので、事前に必要なファイルはバックアップしましょう。リセットしてもよい場合は、［デバイスを初期状態に戻す］を選択してHoloLens 2のリセットを行います。

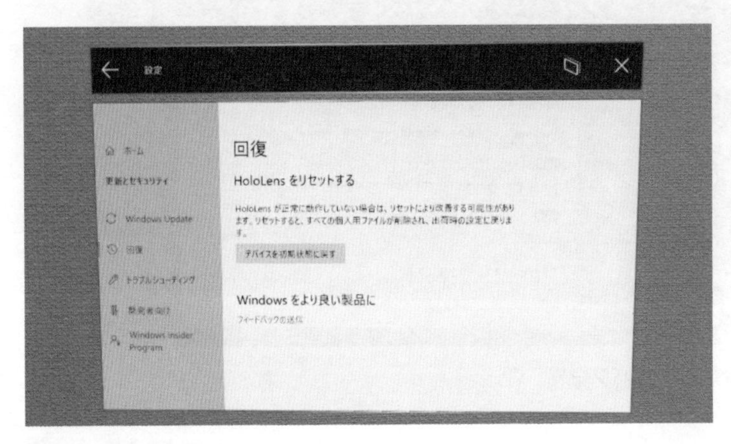

図3-65　回復

トラブルシューティング

ネットワーク、アプリ、組織アカウントについての問題が発生した場合に、自動修復を試みます（図3-66）。

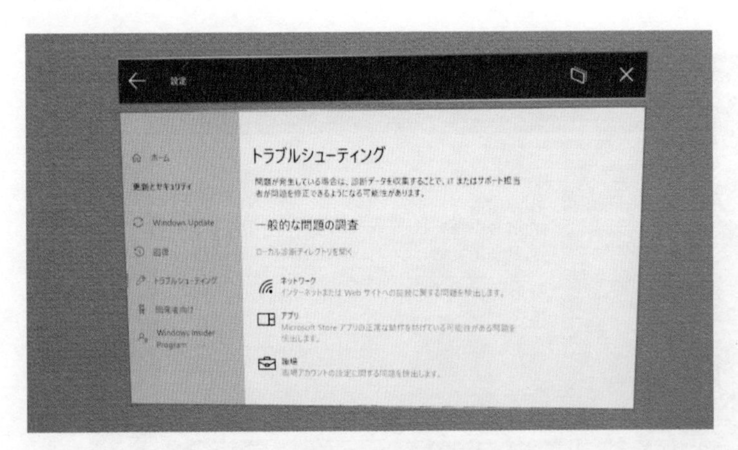

図3-66　トラブルシューティング

開発者向け

デバイスポータルのオン/オフや、Visual Studioから配置を行う場合のペアリングなどに使用します（図3-67）。

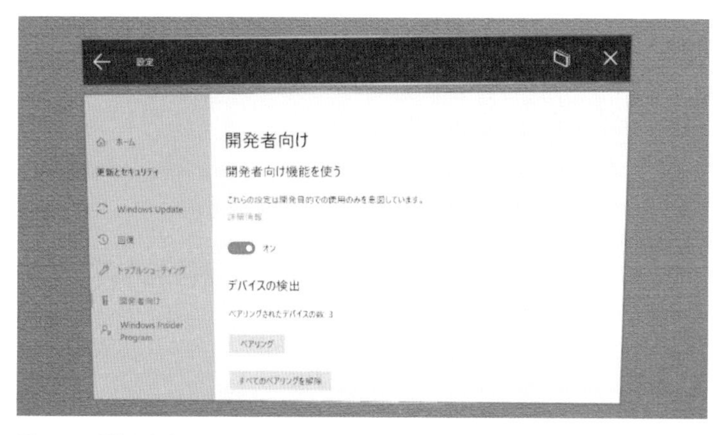

図3-67 開発者向け

Windows Insider Program

Windows OSの次期バージョンを早期にアップデートする場合に利用します（図3-68）。次期バージョンは不安定な場合もありますので、普段利用しない機材で適用するなど十分に注意して利用しましょう。HoloLens 2にInsider PreviewのOSを適用するには、［開始する］を選択して指示に従います。Insider Previewの開始には組織アカウントまたは個人アカウントが必要です。Insider PreviewモードになるとOSの更新が始まります。時間がかかるのでリセットしてもよければ、［Advanced Recovery

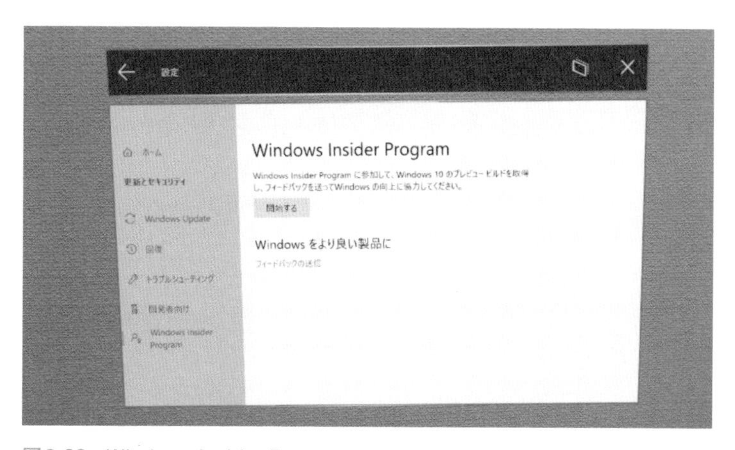

図3-68 Windows Insider Program

Companion］アプリを使用してInsider PreviewのOSをインストールしてもよいでしょう。［Advanced Recovery Companion］アプリでのリカバリーは「2.2.5 HoloLens 2のリセット（OSの再インストール）」を参照してください。

Microsoft HoloLensのInsider Preview
https://docs.microsoft.com/ja-jp/hololens/hololens-insider

第4章 HoloLens 2におけるアプリとデバイスの利用

この章では、インストール済みのアプリやストアからのアプリインストールの方法を解説します。インストール済みのアプリでアプリの使い方を学びつつ、ストアからのアプリインストールの方法と、その起動方法を解説します。また、HoloLens 2から利用できるようになったUSBデバイスについて、Windows 10 PCとのファイル転送についても解説します。

4.1 インストール済みアプリを使用する

セットアップ後にすぐに使用できるアプリを見てみましょう（図4-1）。基本的なPCとして利用できるアプリがあります。

図4-1 ［すべて］メニューで表示されるアプリ

4.1.1 ヒント

図4-2 ［ヒント］アプリのアイコン

［ヒント］はアプリの操作を実際に操作しながら学べるアプリです（**図4-2**）。HoloLens 2を初めて使うときやアプリの操作に迷ったら起動してみましょう（**図4-3**）。

図4-3 ［ヒント］アプリ実行画面

4.1.2 Microsoft Edge

図4-4 ［Microsoft Edge］アプリのアイコン

Microsoft Edgeは標準で搭載されているWebブラウザーです（**図4-4**）。2020年5月現在のHoloLens 2に搭載されているEdgeは旧来のバージョンで、新しいChromiumベースのEdgeではありません。

HoloLens 2では3Dアプリの実行中にEdgeのような2Dアプリを同時に起動できるようになりました。たとえば3Dの作業支援アプリの中でEdgeを起動してイントラネット中のHTMLドキュメントやPDFドキュメント、インターネット上のドキュメントやPowerAppsにアクセスするなどの使い方ができます。Dynamics 365 Guidesでは、各作業タスクの中にブラウザーで閲覧するURLやPowerAppsのURLを入れることで、作業支援モード中にEdgeを立ち上げてアクセスできるようになっています。

QRコードの読み取り

HoloLens 2は起動するとシステム（OS）で常にQRコードを読み取っている状態になっています。たとえば図4-5のQRコード（ホロラボのホームページのURL）をHoloLens 2で見ると、QRコードのURLを認識してEdgeで閲覧できます（図4-6）。

図4-5 QRコード読み取りの例

図4-6 QRコードを認識して、そのURLが表示される

システムで検出可能なQRコードの推奨サイズは一辺が10cm以上となっています。5cm未満のQRコードは認識できず、5cm-10cmまでのQRコードは近くによることで認識が可能になります。10cm以上のQRコードは認識距離と比例するので、実用にあったサイズで使用してください。また、ロゴ付きのQR コードには対応していません。

この機能を使用した例として、機器にサポートURLやPowerAppsのURLを貼っておくことで、該当機器についての情報やメンテナンス手順の表示が可能になります(これをアプリで行おうとすると位置合わせなどの手順が入ってしまいます)。

参照

QRコードの追跡
https://docs.microsoft.com/ja-jp/windows/mixed-reality/qr-code-tracking

WebVR

HoloLens 2のEdgeはWebVRをサポートしています。WebVRとはブラウザー上でVRアプリを動かすためのAPIです。現状、WebVRはWebXRへの置き換えが進んでいるものの、HoloLens 2のEdgeはまだWebXRが動作しない状況のため、過渡期の状況ではありますが、HoloLens 2アプリの1つとして説明しておきます。

既定ではWebVRは無効になっているので有効化します。Edgeのアドレスバーに「about:flags」と入力することでEdgeの設定画面が表示されるので、下部の[Enable WebVR]にチェックをします(**図4-7**)。

WebVRに対応したフレームワークはBabylonやA-Frameなどいくつかありますが、HoloLens 2で動作するものは限られています。現状で動作確認ができているものは非推奨のWebVR APIのみとなっています。**図4-8**のQRコードからWebVR APIのサンプルページ(現在は非推奨:https://webvr.info/samples/04-simple-mirroring.

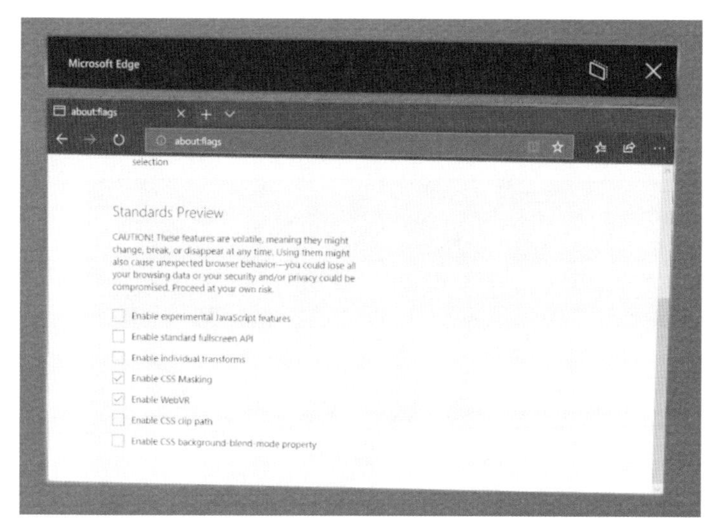

図4-7　WebVRを有効にする

図4-8　WebVR APIのサンプルページを開くためのQRコード

html）を開くと、Edgeが起動します。

右下の［Enter WebVR］を選択するとWebVRモードで起動し（**図4-9**）、3Dモードに切り替わります（**図4-10**）。

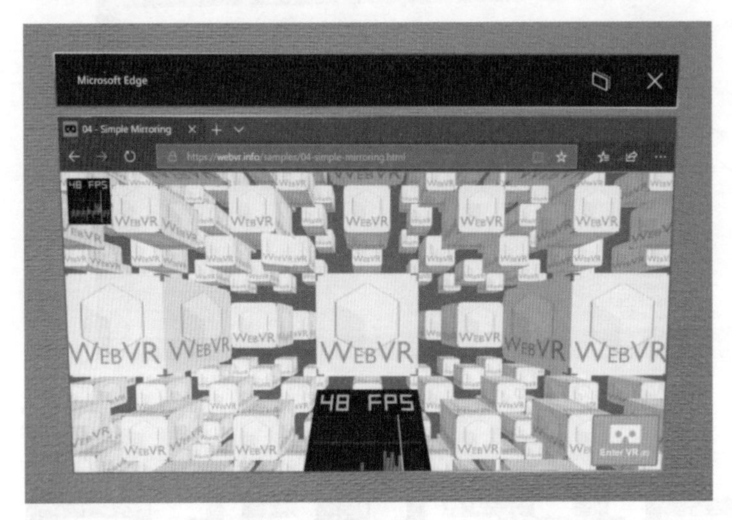

図4-9　**ブラウザーでの動作**

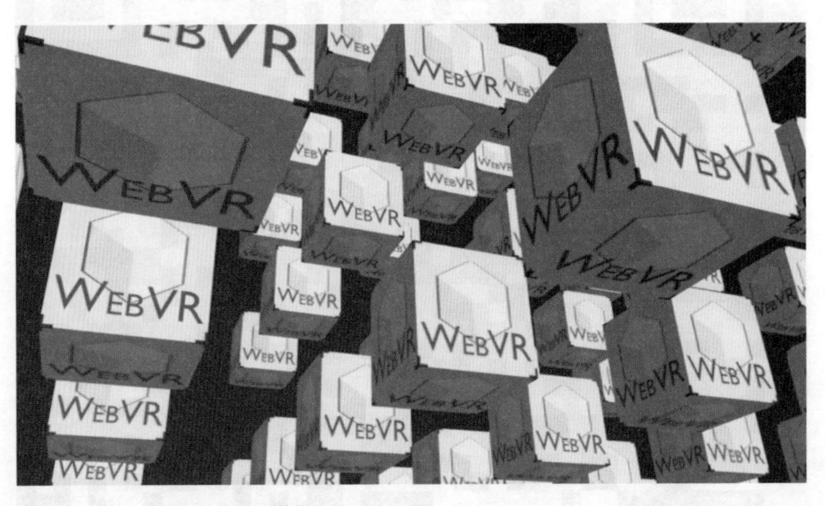

図4-10　**WebVRモードでの動作**

Edgeブラウザー自体の更新（Chromium化）やWebVRからWebXRへの切り替えなどあり、現状での利用範囲は限られていますが、この先環境が整った際の選択肢としては十分に考慮可能なプラットフォームになる可能性があります。

WebVRの概要
https://docs.microsoft.com/ja-jp/windows/mixed-reality/webvr-overview

WebXRの概要
https://docs.microsoft.com/ja-jp/windows/mixed-reality/webxr-overview

4.1.3 3Dビューアー

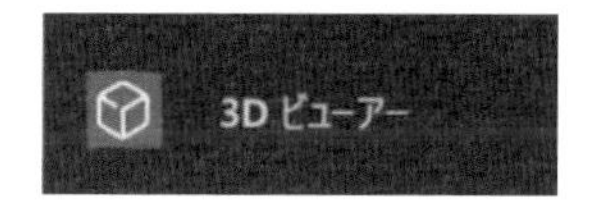

図4-11 ［3Dビューアー］アプリのアイコン

HoloLens 2といえば3Dモデルの表示です。その3Dモデルの表示を一番簡単に体験できるのが［3Dビューアー］です（図4-11）。アプリを起動すると3Dライブラリが表示され、見たい3Dモデルを選択すると表示されます（図4-12）。これらの3Dモデルは選択されたときにダウンロードされるので、HoloLens 2をインターネットに接続しておきます。

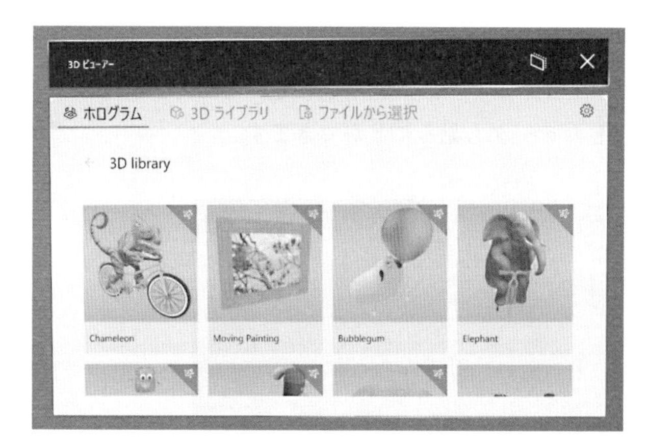

図4-12 3Dモデル一覧画面

表示した3Dモデルをジェスチャで選択すると目の前に表示されます。3Dモデルは移動、回転、拡大・縮小ができ、アニメーションが設定されている場合には再生ボタンを選択することで動き出します（図4-13）。HoloLens 2の特徴として、現実空間のその場に3Dモデルを配置でき自由な位置や方向から確認することができます。これがHoloLens 2の特性を表した体験になります。

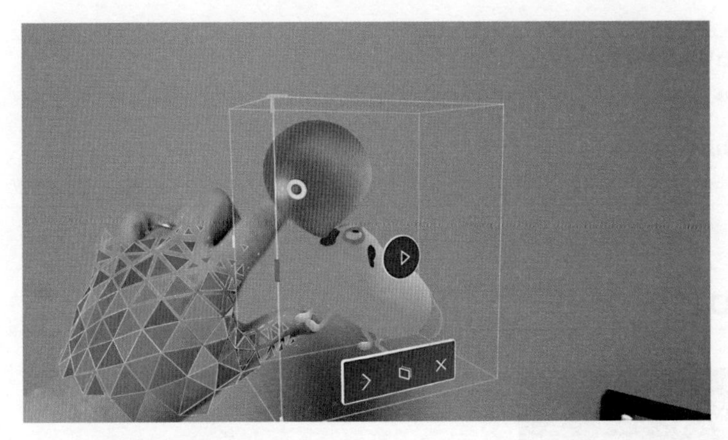

図4-13　3Dモデルを操作する

4.1.4 フォト

図4-14　［フォト］アプリのアイコン

［フォト］アプリを使うとHoloLens 2で撮影した静止画や動画を見ることができます（**図4-14**）。フォトフォルダー以下を閲覧しているので、アプリや外部からフォトフォルダーに保存したデータも見ることができます。

図4-15　静止画像を閲覧する

「複合現実に配置する」というボタンを押すと静止画が飛び出して空間に配置できるようになります（**図4-16**）。この空間は記憶されるので作業記録を並べておくと便利です。

図4-16 「フォト」アプリから静止画像を複合現実空間に配置する

4.1.5 OneDrive

図4-17 ［OneDrive］アプリのアイコン

［OneDrive］アプリを使って、HoloLens 2にサインインしたアカウントのOneDriveにアクセスできます（**図4-17**）。PCやWebと完全に同期されており、ファイルの送受信に便利です（**図4-18**）。

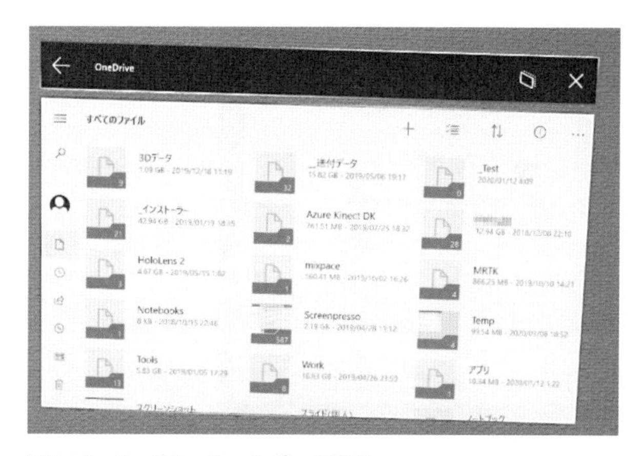

図4-18 OneDriveフォルダーの閲覧

4.1.6 エクスプローラー

図4-19 ［エクスプローラー］アプリのアイコン

［エクスプローラー］を使ってHoloLens 2上のストレージを閲覧できます（図4-19、4-20）。PCのWindows 10と同じように操作できますが、ユーザーフォルダー以下のみアクセス可能です（OSエリアは不可）。

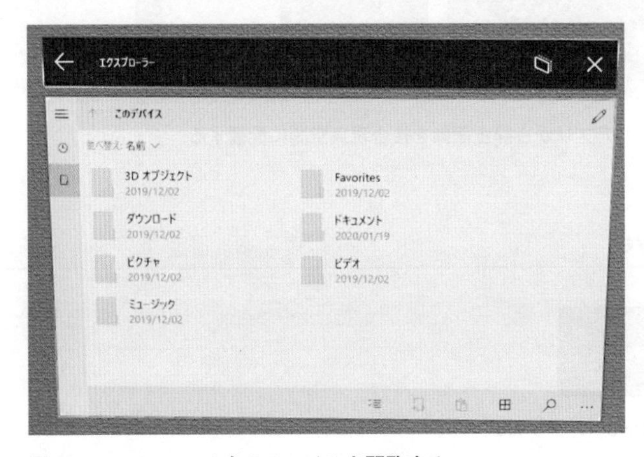

図4-20 HoloLens 2内のファイルを閲覧する

HoloLens 2ではUSBで接続したストレージ（USBメモリやUSBハードディスク）も認識するので、それらの中身の閲覧、コピーができます（図4-21）。

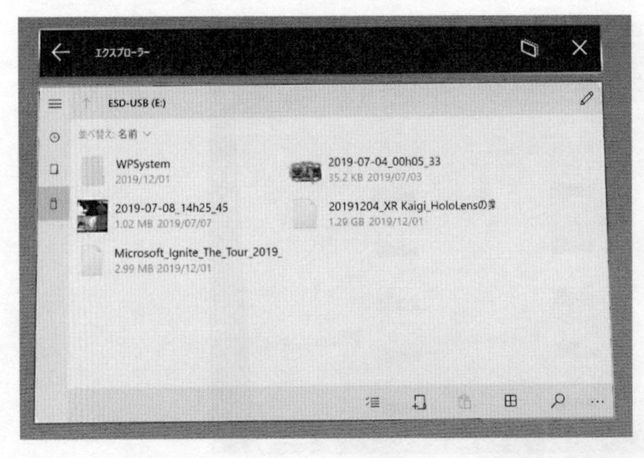

図4-21 HoloLens 2に接続されたUSBメモリの内容を閲覧する

4.1.7 メール

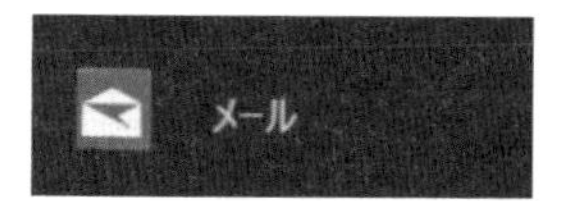

図4-22 ［メール］アプリのアイコン

HoloLens 2には標準の［メール］アプリがインストールされています（図4-22、4-23）。キー入力しづらい課題はありますが、そこが解決すればのぞき見できない環境として使えるようになるでしょう。

図4-23 メールを閲覧する

アカウントはサインインした組織/個人アカウントでのメールのほかに、Googleや、iCloud、POP、IMAPのアカウントを設定できます（図4-24）。

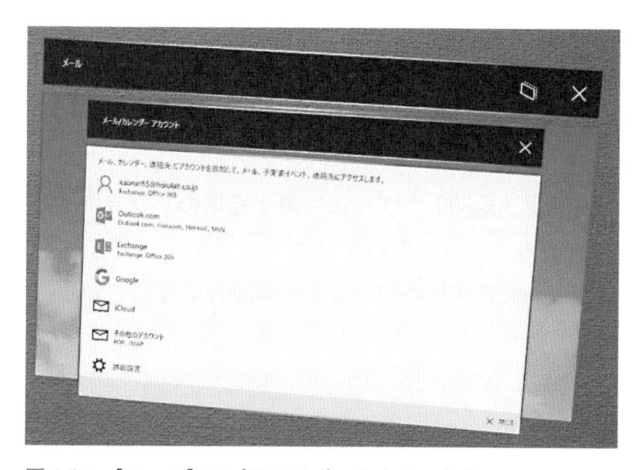

図4-24 ［メール］アプリのサポートするアカウント

4.1.8 カレンダー

図4-25 ［カレンダー］アプリのアイコン

［カレンダー］アプリも現状では閲覧に向いているアプリです（**図4-25**）。メールと同じアカウントでサインインし、予定を見ることができます（**図4-26**）。

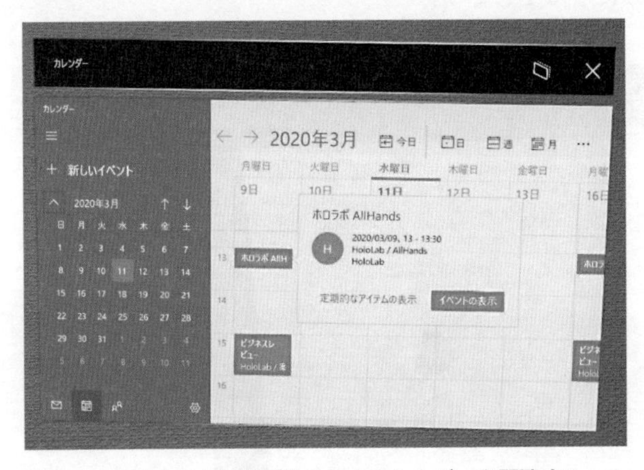

図4-26 アカウントに紐づけられたカレンダーを閲覧する

4.1.9 Dynamics 365 Remote Assist

図4-27 ［Dynamics 365 Remote Assist］アプリのアイコン

［Dynamics 365 Remote Assist］アプリは遠隔支援用のアプリです（**図4-27**）。プリインストール済みの有償のアプリのためサブスクリプション契約が必要です。特徴や使い方は「第5章 Dynamicsアプリの使い方」を参照してください。

4.1.10 Dynamics 365 Guides

図4-29　[Dynamics 365 Guides] アプリのアイコン

[Dynamics 365 Guides] アプリは作業支援用のアプリです（図4-29）。Remote Assist同様プリインストール済みの有償のアプリのため、サブスクリプション契約が必要です。こちらも特徴や使い方は「第5章 Dynamics アプリの使い方」を参照してください。

4.1.11 Microsoft Store

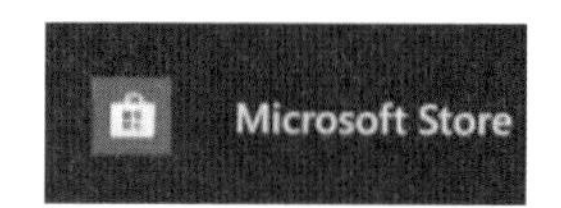

図4-30　[Microsoft Store] アプリのアイコン

HoloLens 2では [Microsoft Store] アプリからストアに公開されているアプリをインストールできます（図4-30）。通常、プリインストール以外のアプリはここから取得します（図4-31）。組織アカウントでサインインし、プライベートストアが設定されている場合には、タブが1つ追加されて組織専用のストアが表示されます。

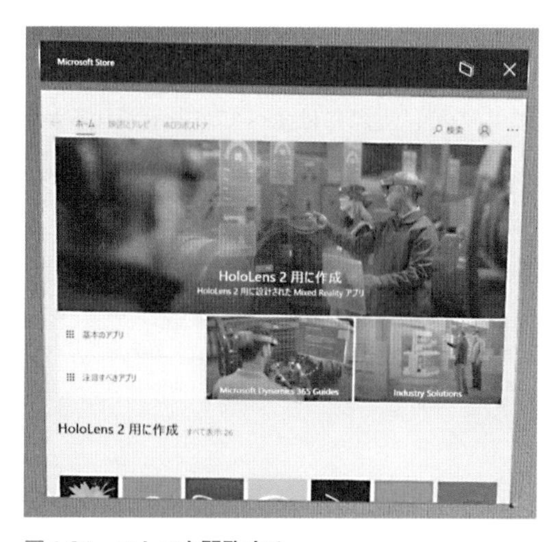

図4-31　ストアを閲覧する

Microsoft Storeからアプリをインストールする

Microsoft Storeからアプリをインストールする手順を説明します。前提として、HoloLens 2に個人アカウント（Microsoftアカウント）でサインインしている場合は、ストアからアカウントに紐づける形で購入や入手が可能です。組織アカウントでサインインしている場合には、アカウントに紐づけできません。無料アプリはデバイスに対してダウンロードする、有料アプリおよびアカウントに紐づけた無料アプリはMicrosoft Store for Business（プライベートストア）にて設定されたアプリをインストールできます。

まずMicrosoft Storeアプリを起動します（**図4-32**）。

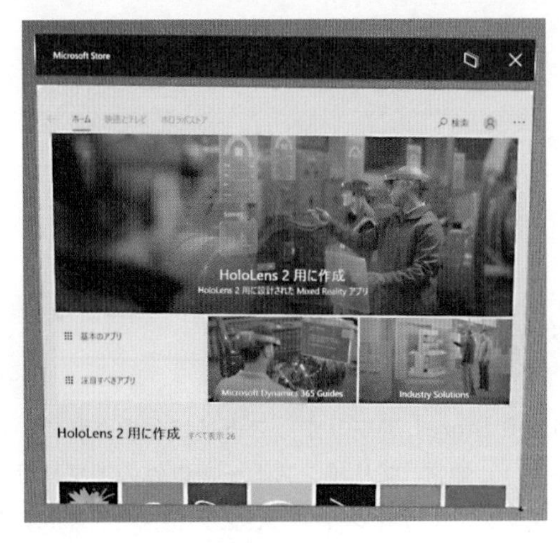

図4-32　**ストアの起動画面**

下にスクロールするとHoloLens 2用のアプリが表示されます（**図4-33**）。「すべて表示」を選択することで、さらに多くのアプリを見つけることができます（弊社のmixpaceアプリが表示されないので、実際にはすべてが表示されるわけではないようです）。この一覧からアプリをインストールできます。

図4-33 最初のページ表示されるアプリ

組織アカウントにてプライベートストアが設定されていれば、プライベートストアのタブ（ここではホロラボストア）に設定されたアプリが表示されます（図4-34）。なお、PowerPointやExcel、WordといったOffice系アプリはHoloLens 1のみで利用でき、HoloLens 2では利用できませんが、ストアには表示されるようです。

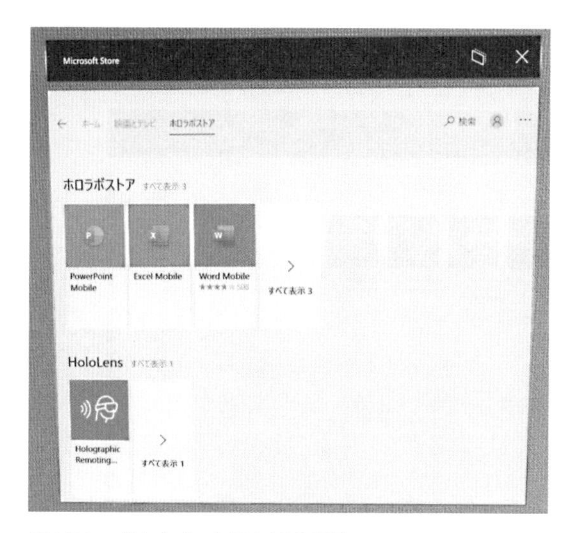

図4-34 プライベートストアの表示

プライベート ストア設定の管理
https://docs.microsoft.com/ja-jp/microsoft-store/manage-private-store-settings

Note

プライベートストアは「https://businessstore.microsoft.com/ja-jp/store」よりアクセスします。組織アカウントにてサインインするとHoloLens 2のMicrosoft Storeアプリと同名（ここでは「ホロラボストア」）のタブがあります（図4-35）。

図4-35　プライベートストアの管理画面

このタブ内で組織用に入手したアプリをまとめておきます（図4-36）。ここではPC用、HoloLens用などまとめておくことができます。HoloLens 2上ではHoloLens用にビルドされたアプリが表示されるので、たとえば2段目の「mixpace」としてグループ化されたWindows PC用のアプリは表示されません。
このようにして組織アカウントでは組織のユーザーがアクセスしやすいようにアプリをまとめておきます。

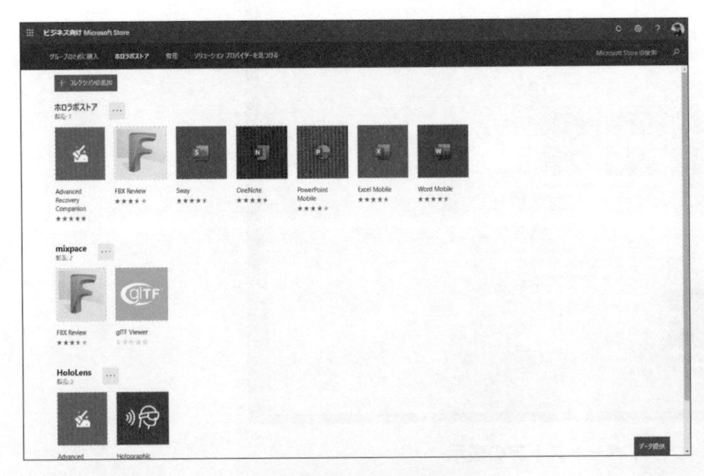

図4-36　プライベートストアに配置されたアプリ

一覧に表示されないアプリは右上の検索ボックスからアプリ名を入力することで探し出すことができます（図4-37）。

図4-37　アプリを検索する

検索結果から該当アプリを選択してインストールします（図4-38）。

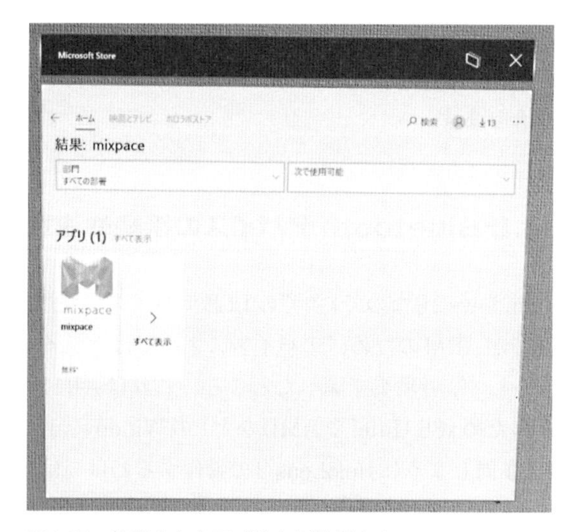

図4-38　検索されたアプリから選択する

アプリをインストールする場合に、無料のアプリは［入手］、試用版があるアプリはアプリの上部分に［無料試用版］のボタンがあるので、必要な方を選択します（図4-39）。

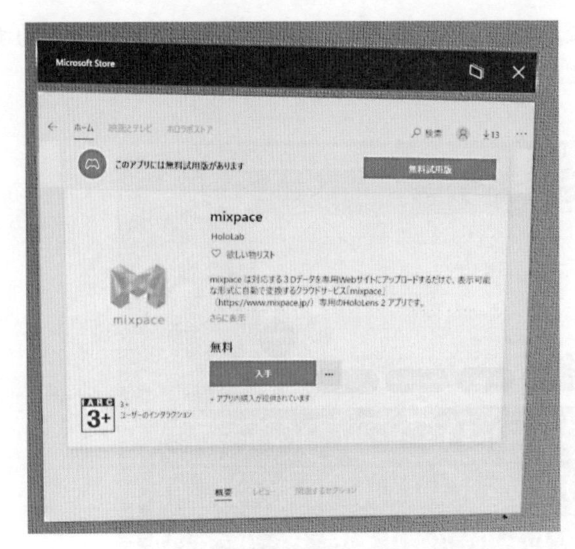

図4-39 アプリの詳細を確認してインストールする

4.2 USBやBluetoothデバイスの利用

HoloLens 2ではUSBホスト機能が搭載されたため、USBデバイスを利用できるようになりました(HoloLens 1はUSBホスト機能が搭載おらず、USBは充電とデバイスポータルのみ利用可能でした)。ここではHoloLens 2で利用できるUSB デバイスやBluetoothデバイスを紹介します。

4.2.1 USBデバイスおよびBluetoothデバイスの接続や注意点

HoloLens 2のOSはWindows 10なので、多くのUSBデバイスの使用が可能です。しかし、HoloLens 2のCPUがARMのため、デバイスによってはドライバがないため利用できない場合もあります。筆者環境で調べたところ、これはARMのWindows 10 PCでも同様でした。そのためx86 (IntelやAMDなど) のWindows 10 PCで動作するUSBデバイスが、そのまま同じようにHoloLens 2で動作するわけではないことに注意してください。USBデバイスを使用する際には、先にHoloLens 2で実際に利用可能かどうかを検証しましょう。

USBデバイスの差し込みについて、HoloLens 2のUSBポートはType-Cなので、Type-A のUSBデバイスを使用する場合はType-CからType-Aに変換するアダプターやUSBハブを準備する必要があります。

HoloLens 2ではBluetoothデバイスの接続も可能です。HoloLens 1のHID（キーボード、マウス、コントローラーなどの入力デバイス）、GATT（BLE）に加えて、A2DP（オーディオ）がサポートされています。

BluetoothおよびUSB-Cデバイスに接続する
https://docs.microsoft.com/ja-jp/hololens/hololens-connect-devices

4.2.2 USBキーボード、マウス

HoloLens 2はキーボードやマウスでも操作ができます（図4-40）。キーボードを使うと、Windowsキーでのスタートメニューの開閉や一般的な文字入力が可能になります。ただし、現在のバージョンでは日本語でIMEが効かないので、英数字とひらがなのみの入力になってしまいます。マウスはハンドレイや視線カーソルがマウスカーソルになり、縦横に動かせます。HoloLens 2 を手動でセットアップする場合は、Wi-Fiやアカウント入力があるのでUSB キーボードを接続しておくと便利です。

図4-40　HoloLens 2で使用するキーボードとマウス

HoloLens 2には［メール］アプリや［カレンダー］アプリがプリインストールされているので、それらをPCのように扱うことは可能です（図4-41）。IMEに対応されれば、ディスプレイの制限を受けない環境、のぞき見防止などセキュリティに対応した環境のPCとしての活用もできるでしょう。

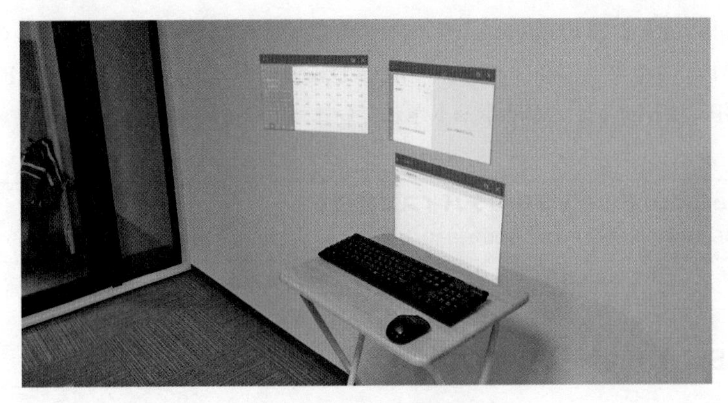

図4-41 ［カレンダー］や［メール］アプリを操作する

4.2.3 USBメモリ

HoloLens 2ではデータの受け渡しにUSBメモリを利用できます（**図4-42**）。USBメモリをHoloLens 2に差し込むと、エクスプローラーからUSBメモリ内にアクセスできます（**図4-43**）。

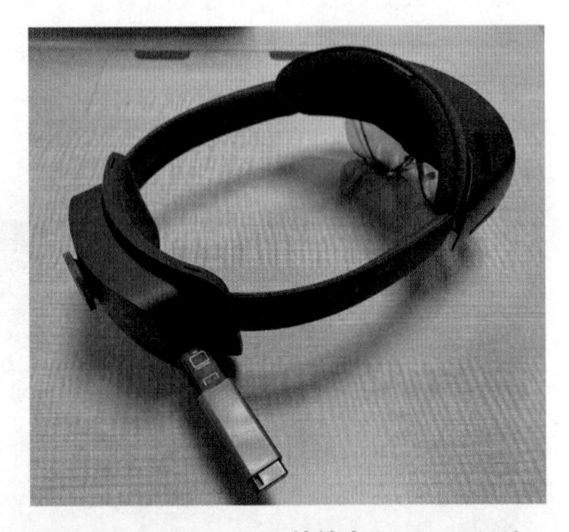

図4-42 HoloLens 2に接続するUSBメモリ

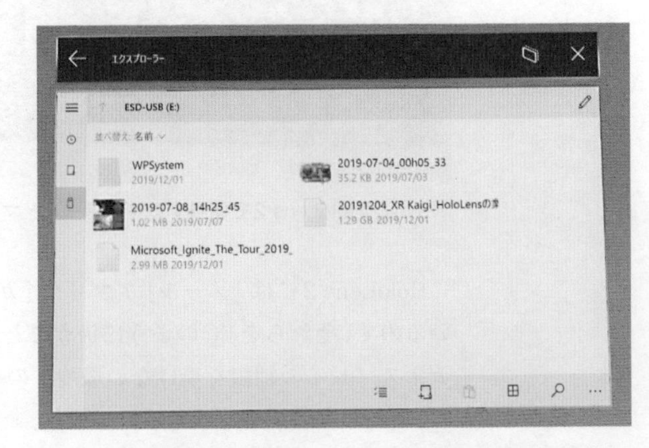

図4-43 HoloLens 2に接続するUSBメモリの内容を参照する

4.2.4　USBイーサネット（有線LAN）

USB Type-Cで接続できるタイプのLANアダプターが使用できます（図4-44）。無線LANが利用できない環境や、展示会など無線LANが混線しやすい環境での利用が考えられます。有線LANを接続すると、スタートメニューのネットワーク表示も有線接続のアイコンに変わります（図4-45）。OSバージョン 2004（ビルド 10.0.19041.1103）からは、USB接続のLTE、5Gドングルを使用して直接インターネットに接続することも可能です。

図4-44　HoloLens 2に接続するLANアダプター

図4-45　有線接続のアイコンに変わる

4.2.5　USBイヤフォン

HoloLens 1でのイヤフォンジャックと同様にHoloLens 2でもイヤフォンの接続ができます。HoloLens 2ではUSB Type-Cでの接続となるので、USB Type-C接続型のイヤフォンか、イヤフォンジャックに変換できるタイプのアダプターを使用します（図4-46）。

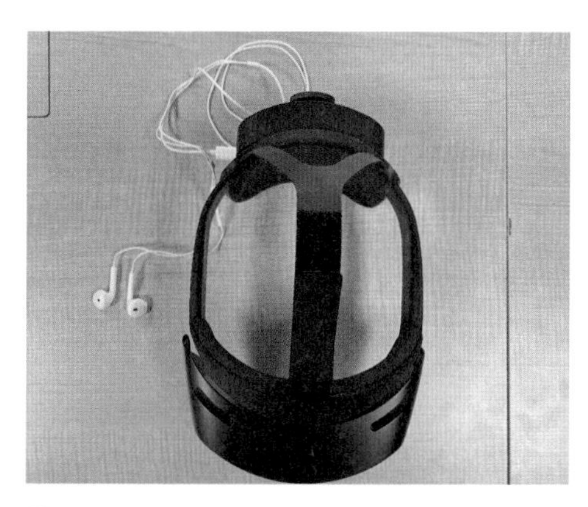

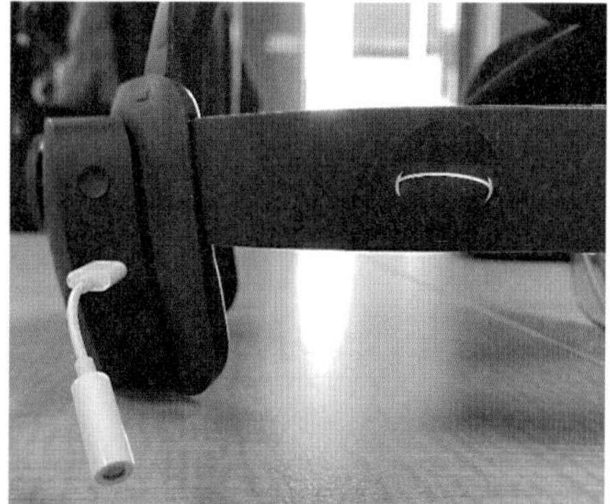

図4-46　AppleのUSB Type-C 3.5mmヘッドフォンジャックアダプタでHoloLens 2と接続

4.2.6 USBハブ

USBデバイスを複数接続する場合はUSBハブが利用できます（図4-47）。USB Type-C接続でType-AやUSB Type-Cの充電が可能なUSBハブを選択すると、USBデバイスを接続しつつ充電も可能になります。

アプリ開発時の注意事項として、USBハブを経由してPCに接続した場合、HoloLens 2はデバイスとして扱われないため、PC側のエクスプローラーやデバイスポータル、Visual Studioを利用した配置には使えません。

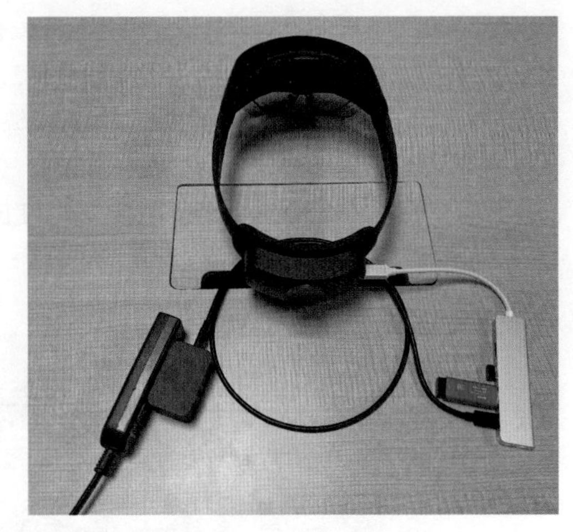

図4-47　HoloLens 2にUSBハブを接続

4.3 Bluetoothデバイスの利用

HoloLens 2ではBluetoothデバイスの用途も拡張されました（HoloLens 1ではキーボードやマウス、Xboxコントローラー、付属のクリッカーくらいでした）。キーボードやマウスはもちろん、Bluetooth MIDIの接続も確認したので、MIDIを使ったアプリをHoloLens 2で実行することも可能になります。

BluetoothプロファイルとしてはHID（キーボードやマウスなど）、A2DP（イヤフォンなど）、GATT/GAP（Bluetooth Low Energy（BLE）など）の動作を筆者環境で確認しています。

BluetoothデバイスもUSBデバイス同様に事前確認が必要です。HoloLens 2のOS上では接続（ペアリング）できていても、アプリからデータが取れないという状況があります。

4.3.1 コントローラー

HoloLens 1で接続できたBluetooth接続の「Xboxワイヤレスコントローラー」も引き続きHoloLens 2で利用できます（図4-48）。またカスタムコントローラー環境を構築可能な「Xboxアダプティブコントローラー」も接続できます（USBケーブルでの有線接続も可能）。

図4-48 HoloLens 2に接続するXboxワイヤレスコントローラー

4.3.2 MIDI

BluetoothのMIDIが接続できます。電子ピアノなどMIDIデバイスとの連携が可能です。

4.3.3 イヤフォン

一般的なBluetoothのイヤフォンの接続が可能です（図4-49）。ヘルメット一体型のXR10はスピーカーが内蔵されていないため、Bluetooth接続のスピーカーが付属しています。

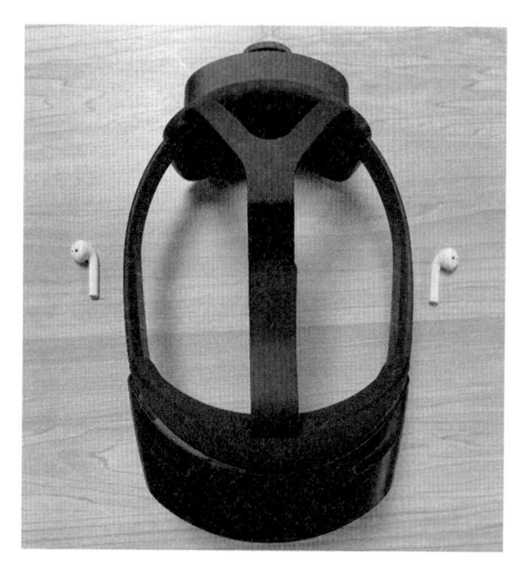

図4-49 画像はAppleのAirPods

4.4 近接共有

HoloLens 2ではWindows 10標準の近接共有を使うことができます。近接共有を使うことで直接ネットワーク接続されていないWindowsデバイス同士でファイルの送受信ができます。この機能はWindows 10 PC、HoloLens 2ともに［設定］から共有エクスペリエンスをオンにすることで有効にできます。

4.4.1 Windows 10 PCからHoloLens 2へのファイル送信

Windows 10 PCのエクスプローラーから送信したいファイルを右クリックし、［共有］を選択します（**図4-50**）。

送信可能なデバイスが表示されるので、送信先のデバイス名をクリックします（**図4-51**）。

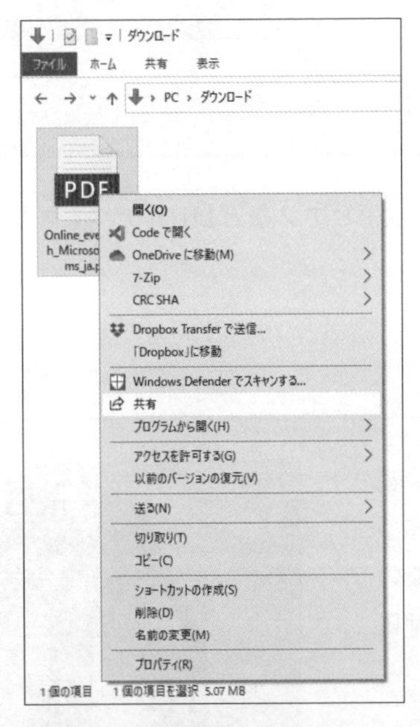

図4-50　送信したいファイルの［共有］を選択する

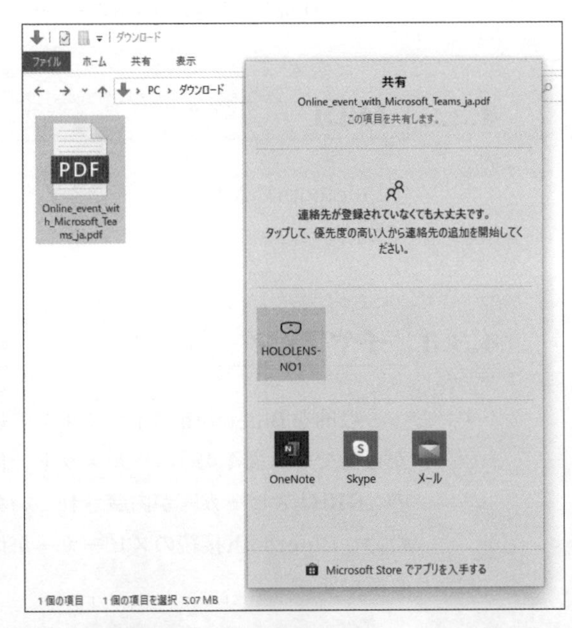

図4-51　送信先のデバイスを選択する

次にHoloLens 2側でファイルの受け入れを選択します（図4-52）。

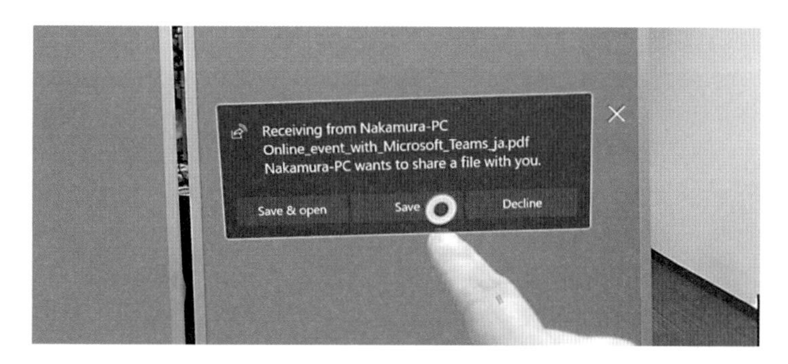

図4-52　HoloLens 2側で受け入れる

［Save & Open］または［Save］を選択すると、ファイルの転送が開始されます（図4-53）。

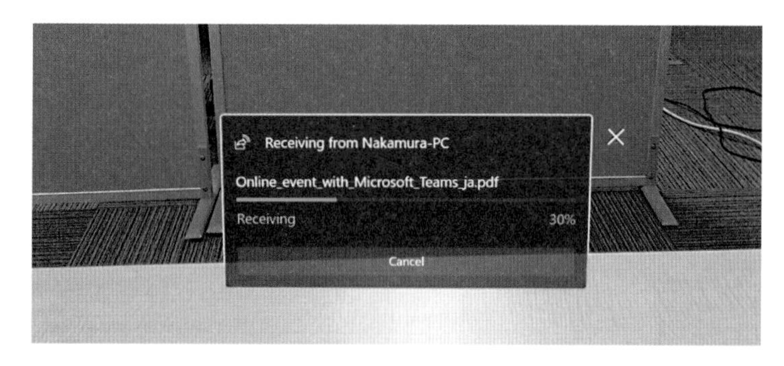

図4-53　ファイルが受信されるのを待つ

ファイルの転送が完了すると、［Open（ファイルを開く）］か［Open folder（転送されたファイルを保存したフォルダーを開く）］かを聞かれます（図4-54）。

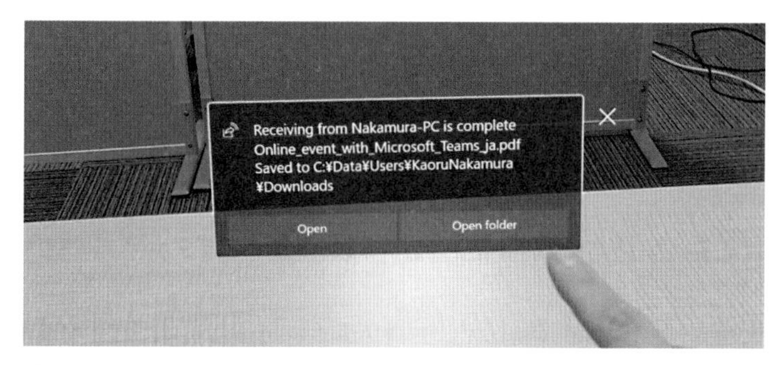

図4-54　ファイル受信後の動作を選択する

［Open folder］を選択すると、HoloLens 2のエクスプローラーでダウンロードフォルダーが開きます（図4-55）。

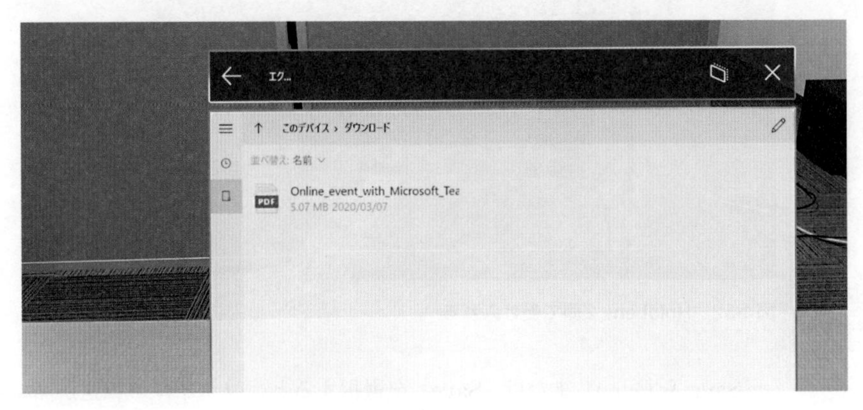

図4-55　受信したファイルの保存先フォルダー

転送されてファイル(ここではPDF)を開くと、無事にファイルが開けることがわかります（図4-56）。

図4-56　受信したPDFを開く

4.4.2 HoloLens 2からWindows 10 PCへのファイル送信

HoloLens 2からWindows 10 PCへのファイル送信も可能です。HoloLens 2の場合、あまりHoloLens 2で作成されるファイルはありませんが、撮影された静止画や動画、アプリで作成したファイルの転送などに役立つでしょう。

HoloLens 2のエクスプローラーから送信したいファイルを選択します。このとき、しばらく選択状態を維持するように（押したままにする）すると、メニューが表示されます。その中から［共有］ボタンを選択します（図4-57）。

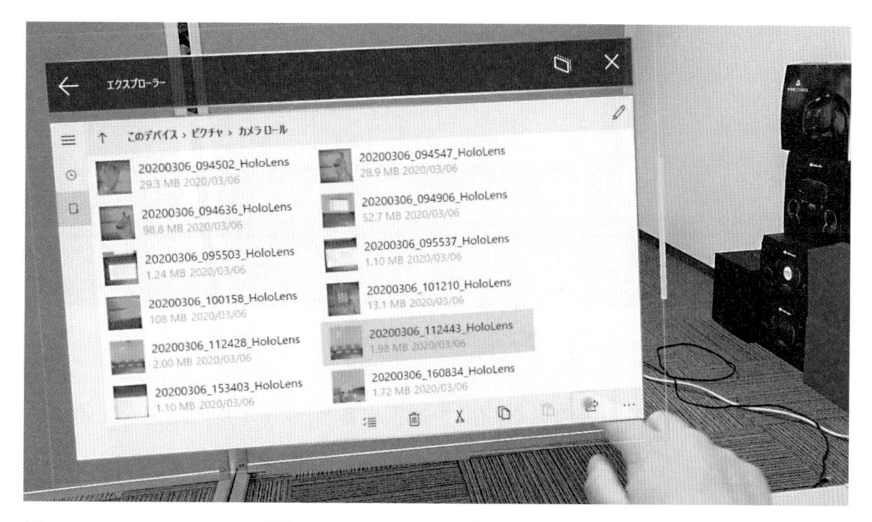

図4-57　HoloLens 2から送信したいファイルの［共有］を選択する

送信可能なデバイスが表示されるので、送信先のデバイス名を選択します（図4-58）。

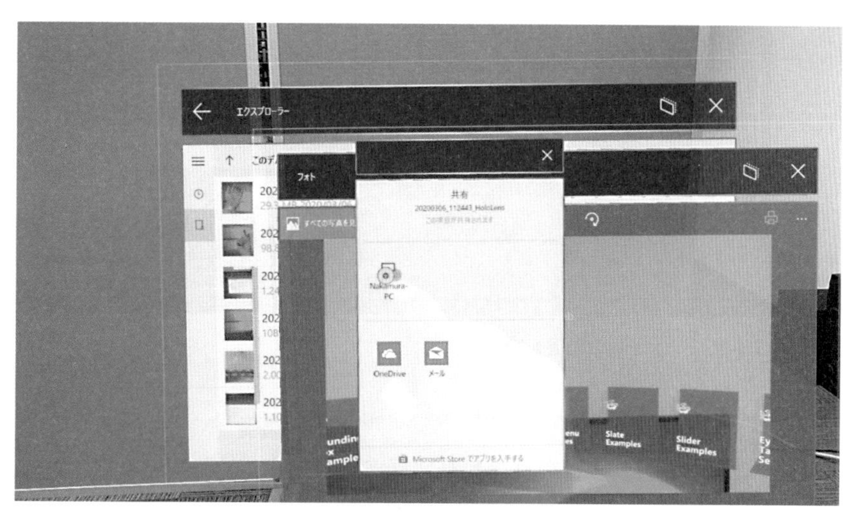

図4-58　送信先のデバイスを選択する

次にWindows 10 PC側でファイルの受け入れを選択します（図4-59）。

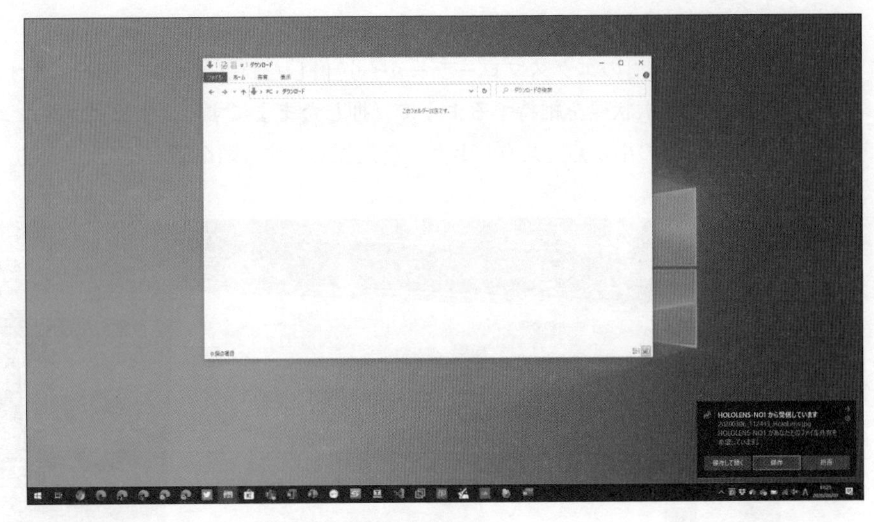

図4-59　Windows 10 PC側で受け入れを行う

［保存して開く］または［保存］を選択すると、ファイルの転送が開始されます（**図4-60**）。

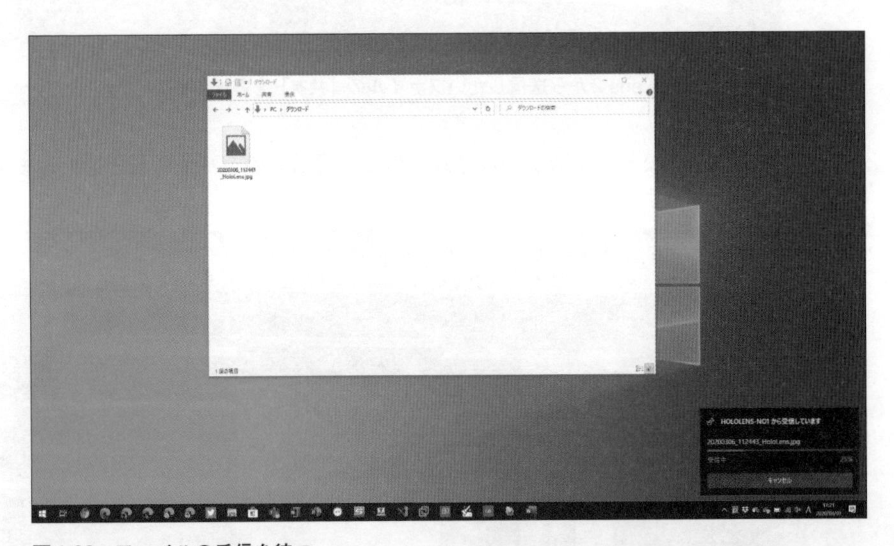

図4-60　ファイルの受信を待つ

しばらくするとダウンロードフォルダーにHoloLens 2から送られたファイルが保存されていることがわかります（**図4-61**）。

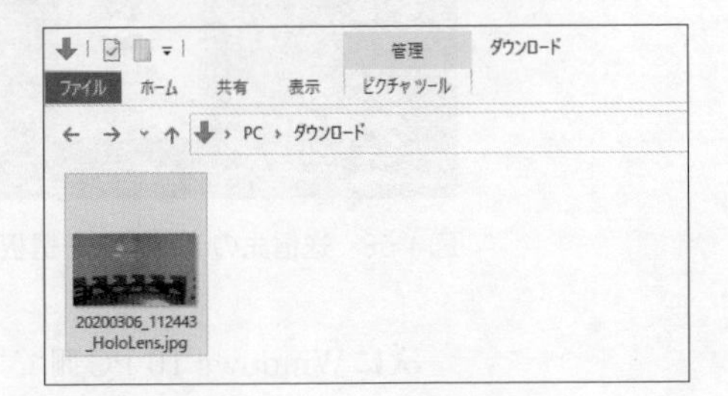

図4-61　受信したファイルの保存先フォルダー

第5章 Dynamics 365アプリの使い方

Dynamics 365 Remote AssistおよびDynamics 365 Guidesは、HoloLens 2にプリインストールされているMicrosoft社製の業務アプリです。Dynamics 365 Remote Assistは遠隔支援、Dynamics 365 Guidesは作業支援のためのアプリです。それぞれMicrosoft 365管理センターからライセンスを付与することで利用が可能になります。Microsoft 365のライセンスをIT部門が一括で管理している場合ではライセンス付与に時間がかかることもありますので、管理者と事前に会話しておくとよいでしょう。

5.1 Dynamics 365アプリ

Dynamics 365は、Microsoftが提供するCRMおよびERPのアプリやサービスです。HoloLens 2はビジネス向けということもあり、Microsoft製のアプリはDynamics 365ブランドでリリースされています。

現在リリースされているのは、遠隔支援用のDynamics 365 Remote Assist、現場作業支援のDynamics 365 Guides、データビジュアライズのDynamics 365 Product Visualizeの3製品です。Dynamics 365 Product VisualizeはiPad向けの製品となるため、ここではDynamics 365 Remote AssistとDynamics 365 Guidesについて解説します。

Dynamics 365のMixed Realityアプリページ
https://dynamics.microsoft.com/ja-jp/mixed-reality/overview/

5.2 Dynamics 365 Remote Assist

Dynamics 365 Remote Assistは遠隔支援を行うアプリです。HoloLens 2装着者はRemote Asisstで見たままに近い映像を配信し、遠隔者はMicrosoft Teamsで装着者の視界と状況を知ることができます。Microsoft 365を既に使用していればMicrosoft Teamsのライセンスが付与されているケースは多く、Dynamics 365 Remote Assist側のライセンス設定のみですぐに利用可能です。

オプション機能としてDynamics 365 Field Serviceとの連携も可能で、Dynamics 365 Field Serviceでの作業予約をDynamics 365 Remote Assistにリンクさせ、サービスの記録を残すことができます。その結果をPower BIダッシュボードに表示させることも可能です。これらの機能を使うためには、Dynamics 365 Field ServiceやPower BIのライセンスが別途必要になります。

Dynamics 365 Remote Assistのドキュメントは下記になります。

参照

Overview of Dynamics 365 Remote Assist
https://docs.microsoft.com/ja-jp/dynamics365/mixed-reality/remote-assist/ra-overview

5.2.1 Dynamics 365 Remote Assistの構成と動作

Dynamics 365 Remote Assistは、HoloLens 2のアプリとPCやモバイルのアプリで構成されています。HoloLens 2とTeamsの1:1での通話のみならず、複数のHoloLens 2や複数のTeamsでの通話も可能で、お互いに音声、ビデオ、ファイル、手書きによる指示を送りあうことができます。通話中のそれぞれの操作画面は以下のようになっています（**図5-1、5-2**）。

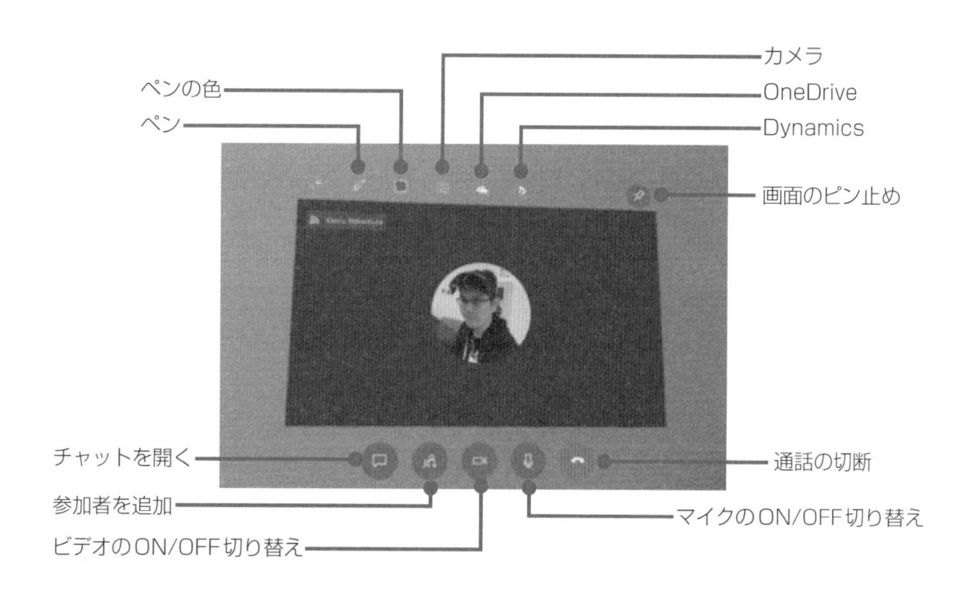

図5-1 HoloLens 2の通話画面

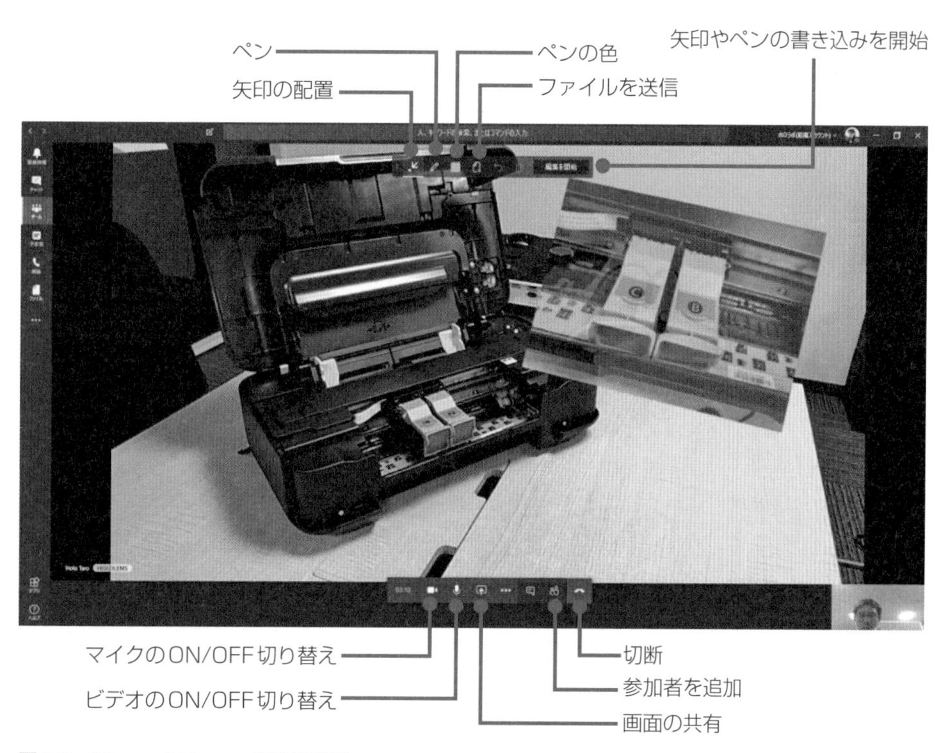

図5-2 Microsoft Teamsの通話画面

HoloLens 2からの発信

まずは通話をしてみましょう。スタートメニューよりRemote Assistアプリを起動し、サインインします。

最初は連絡先がない状態ですので、検索を行い発信するユーザーを選択します（**図5-3**）。

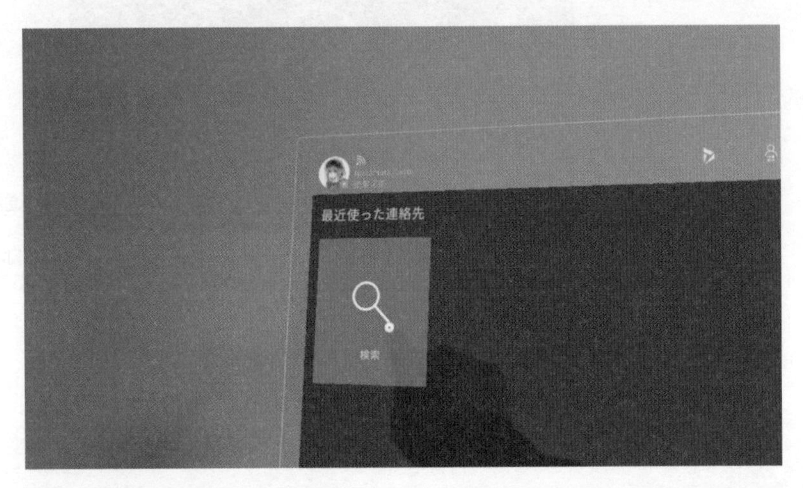

図5-3　**発信するユーザーを検索する**

検索を選択するとキーボードが表示されます（**図5-4**）。ここから発信先のユーザーを入力します。

図5-4　**ユーザーを入力**

ユーザーが見つかるとアイコンが表示されるので、発信するユーザーを選択します（**図5-5**）。

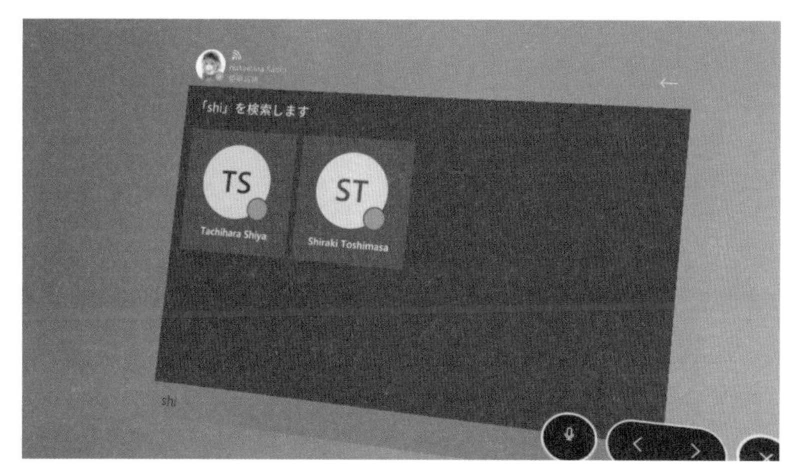

図5-5　**ユーザーを選択**

ユーザーに発信されます（**図5-6**）。

図5-6　**ユーザーに接続中**

発信した連絡先は［最近使った連絡先］に表示されるので、2回目以降の連絡先はここからの選択もできます（**図5-7**）。

図5-7 ［最近使った連絡先］の表示

Microsoft Teams（PC）の着信

着信とビデオ通話

次はPCのTeams側で着信しましょう。HoloLens 2からの通話を着信すると、デスクトップに通知が来るので、［ビデオ］または［音声］で開始します（**図5-8**）。

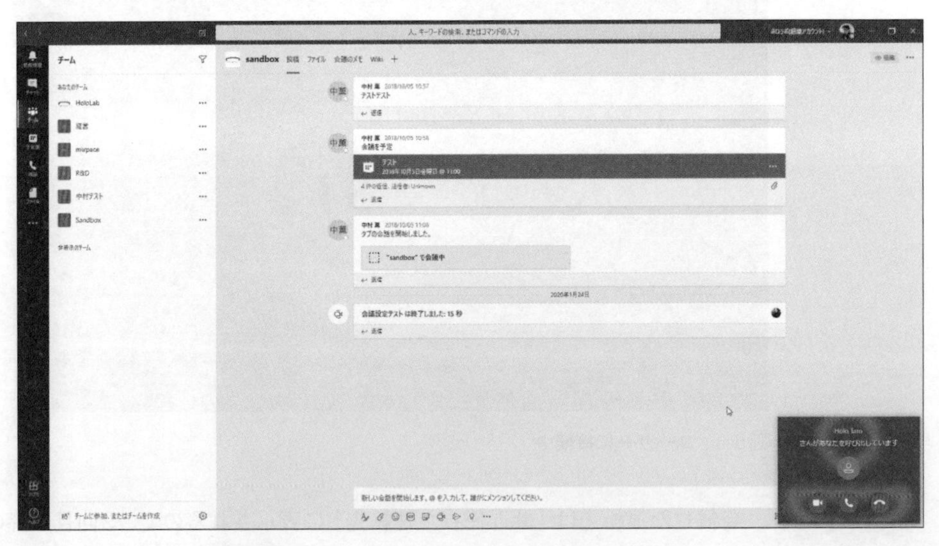

図5-8 デスクトップの通知

接続が完了すると、Teams上にHoloLens 2側のカメラ映像とホログラムがミックスされた映像が表示されます（**図5-9**）。この状態で相手の視界の共有と音声での通話が可能です。

図5-9 Teams上に表示されるHoloLens 2側のカメラ映像とホログラムがミックスされた映像

Microsoft Teams（PC）からの書き込み

Teams側から相手のHoloLens 2の認識している空間上に書き込みを行うことができ、指示を的確に伝えることができます。

まずTeamsの［編集を開始］を選択します（**図5-10**）。

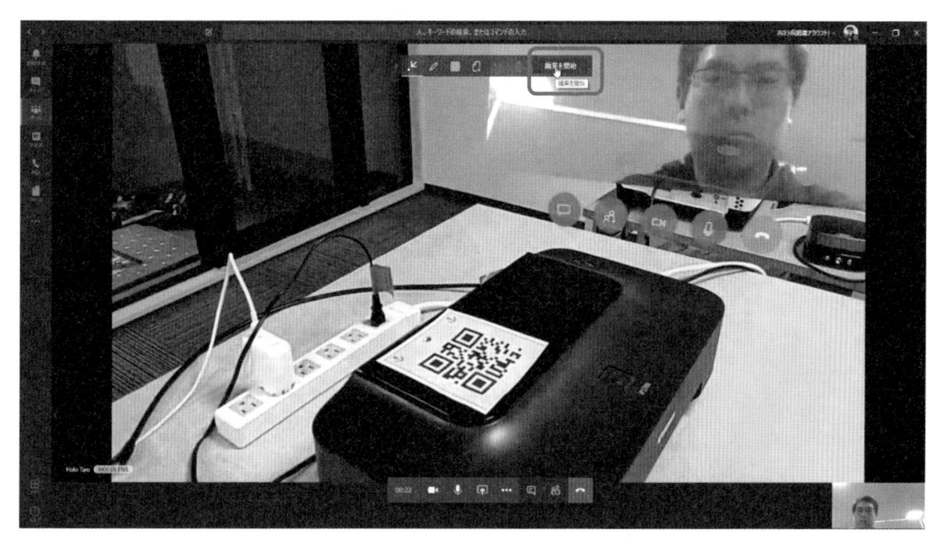

図5-10 ［編集を開始］を選択

これで一時的に相手の視界画像が固定されます（**図5-11**）。

図5-11　**固定された相手の視界画像**

ここにマウスで書き込みを行います（**図5-12**）。

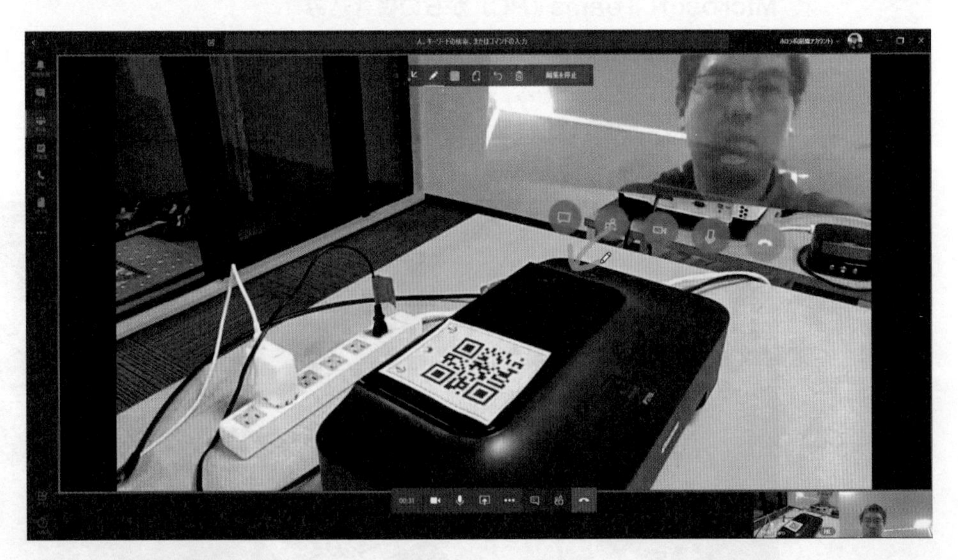

図5-12　**マウスで書き込みを行う**

書き込みが終了したら、［編集を停止］を選択します（**図5-13**）。これで描かれた内容はHoloLens 2側に送られ、HoloLens 2側の映像も再度Teams側に反映されます。

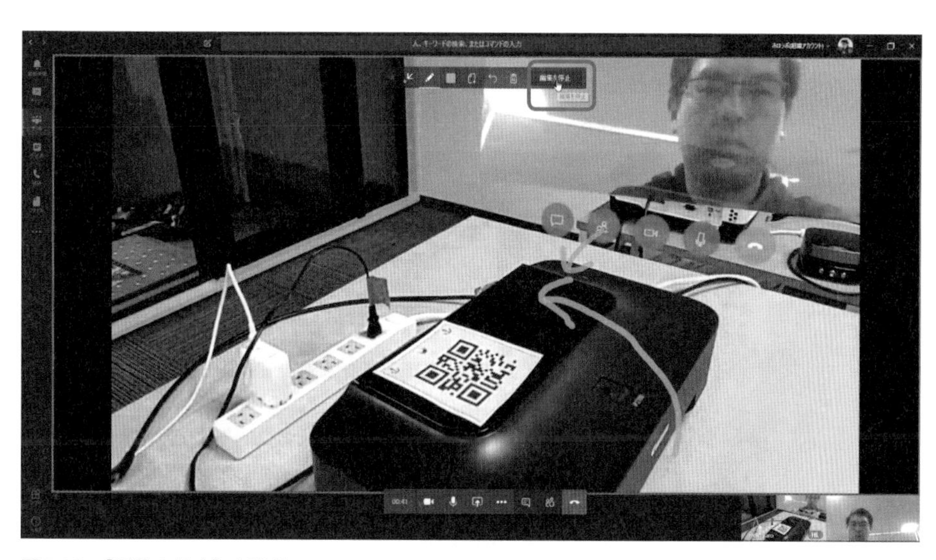

図5-13 ［編集を停止］を選択

Microsoft Teams（PC）からのファイル送信と画面共有

Microsoft Teams上部の［ファイルを挿入］ボタンを選択することで、HoloLens 2へファイルを送信することが可能です。支援中に追加の資料やわかりやすい画像などを直接送信できます。対応するファイルは画像およびPDFとなり、拡張子は「bmp、dib、jpg、pjpeg、jpeg、jfif、pip、png、tif、tiff、gif、pdf」です。ファイルの選択は、OneDriveまたはローカルから行います。

図5-14 ［ファイルを挿入］ボタンを選択

たとえば、OneDriveで画像ファイルを選択すると（**図5-15**）、HoloLens 2上で表示されることがわかります（**図5-16**）。

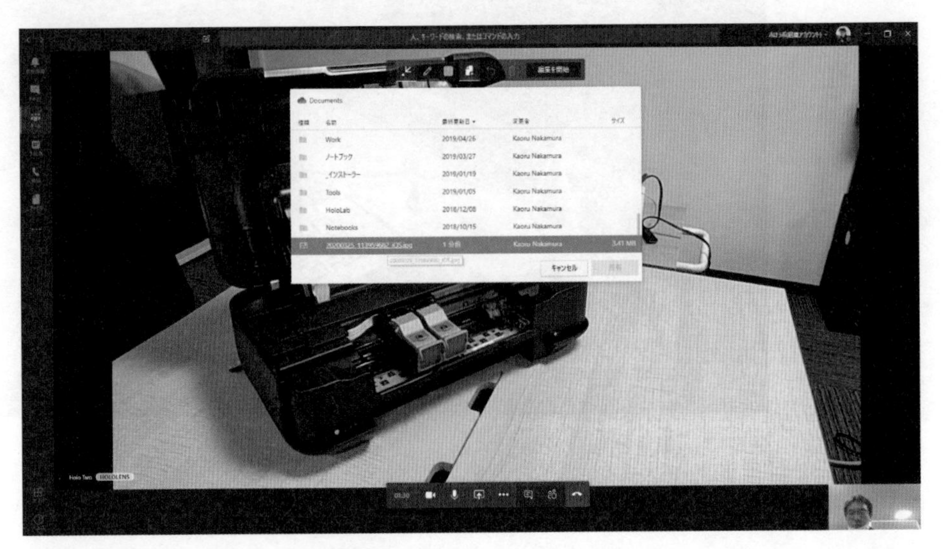

図5-15　**OneDriveで画像ファイルを選択**

図5-16　**HoloLens 2上で表示される画像ファイル**

ファイルの送信に対応していない形式でHoloLens 2側に伝えたい場合には、画面共有を利用できます。下部の［共有］を選択すると、デスクトップ上のウィンドウやOneDrive上のPowerPointファイルの表示を共有できます（**図5-17**）。これによってブラウザーで閲覧するヘルプやPowerPointを使って、遠隔支援ができます。

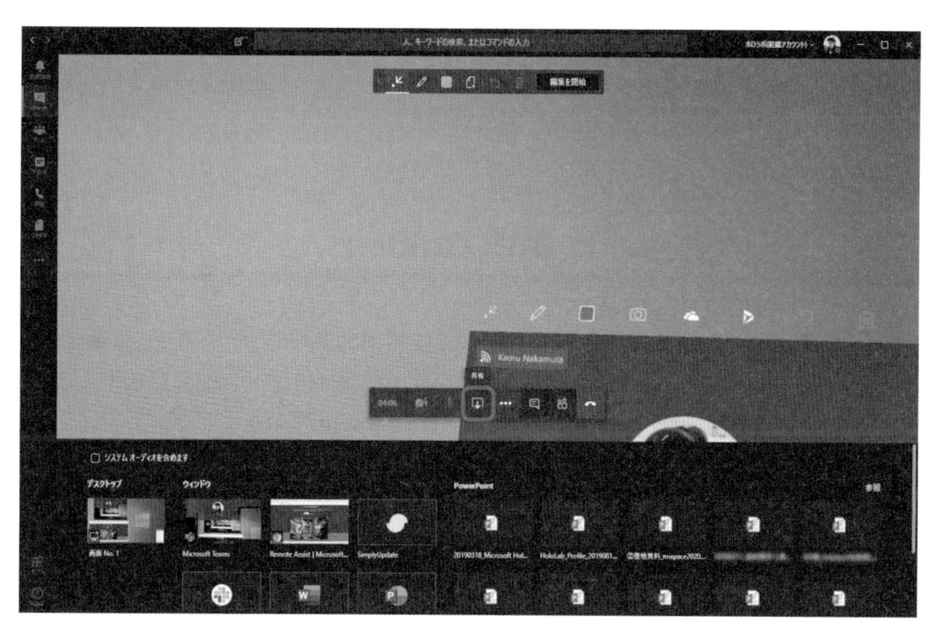

図5-17 ［共有］を選択

5.2.2 Remote Assistのバックグラウンド実行

Remote AssistはHoloLens 2のバックグラウンド（アプリの背後）で実行ができます。Remote Assistを起動した状態で別のアプリを起動すると、そのアプリの画面や

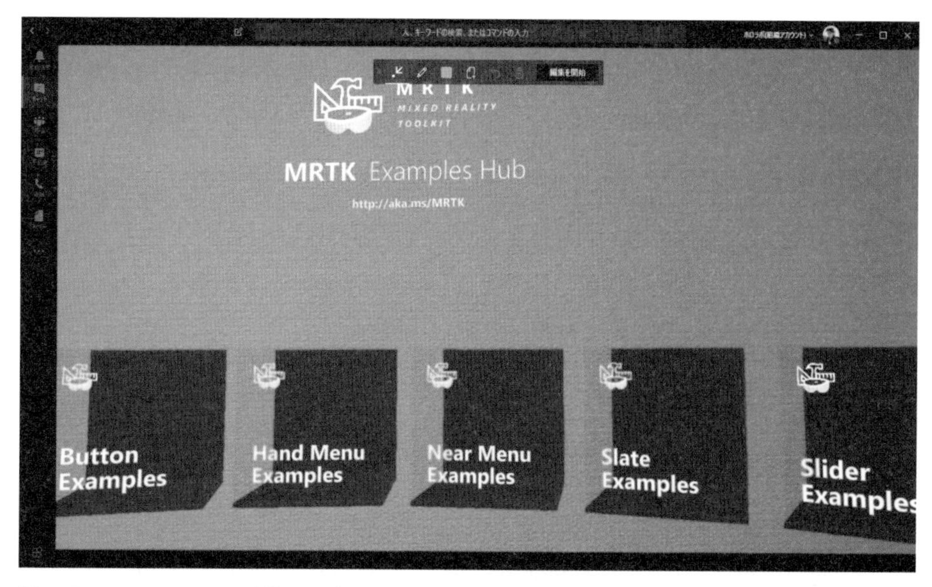

図5-18 Remote Assist 以外のアプリを使ってTeamsと通話を行う

操作を見ながらRemote Assistで支援できます(図5-18)。バックグラウンド実行には「3.2.5 アプリの起動と終了」の「3Dアプリの起動中に別のアプリを起動する」を参照してください。

5.3 Dynamics 365 Guides

Dynamics 365 Guidesは作業支援用アプリです。作業に合わせたガイド(作業シナリオ)を作成し、HoloLens 2で現実空間にガイドを配置します。ガイドとして配置できるものは静止画、動画、3D CGブラウザーがあり、使用者のスキルレベルに合わせて作業に必要な情報を提示できます。

5.3.1 Dynamics 365 Guidesの構成

Dynamics 365 GuidesはHoloLens 2アプリ、PCアプリ、Power Platformで構成されます。

HoloLens 2アプリはユーザーの実作業(アプリ内では「処理モード」と呼びます)に使用します。またその準備としてHoloLens 2アプリで作業ガイドのための3Dオブジェクト配置を行います(アプリ内では「著者モード」と呼びます)。PCアプリでは作業ガイドの作成や、ガイドの各タスクで使用する静止画、動画、3Dモデル、リンク先などの設定を行います。PowerAppsはGuidesのための環境一式を持ち、ガイドやガイドで使用する静止画や動画などの保存、ガイドの有効/無効、削除などができます。

作業するユーザーはHoloLens 2アプリの処理モードのみ、ガイドの作成者はPCアプリとHoloLens 2アプリの著者モード、管理者はPower Platformでそれぞれ作業します。

HoloLens 2では、Guidesアプリはプリインストールされており、PCアプリはストアよりインストールします。

参照

Microsoft Dynamics 365 Guides
https://www.microsoft.com/ja-jp/p/microsoft-dynamics-365-guides/9n038fb42kkb

Dynamics 365 Guidesについてのドキュメントは下記になります。

参照

Dynamics 365 Guidesの概要
https://docs.microsoft.com/ja-jp/dynamics365/mixed-reality/guides/

GuidesのPCアプリ

HoloLens 2のGuidesアプリで使用するためのガイドとタスクを記述するアプリです。タスクの作成には静止画像、動画、3Dモデルを扱うことができ、これを組み合わせて作業支援のためのガイドを作成します。

タスクを作成するときに、3Dデータの元フォーマットとして3D CADデータを使うケースがあるでしょう。タスクで扱える3DモデルフォーマットはglTFまたはGLB形式（アメリカの非営利団体でオープンな標準規格を作成する技術コンソーシアムであるKhronos Group（クロノス グループ）から定義されている形式）となり、3D CADデータそのままでは変換が必要です。通常この変換には専用のソフトウェアとその知識が必要ですが、GuideのPCアプリを利用することで簡単に変換を行うことができます（**図5-19**）。

このアプリはもともとDynamics 365 Import Tool（Preview）、さらにはLayoutのPCアプリでしたが、Layoutの統合に伴いPC アプリもGuides に統合されました。

図5-19　GuidesのPCアプリ

5.3.2 Guidesにおける作業ガイドの作成から処理まで

Guides自身はHoloLens 2での実作業支援ですが、準備段階として下記の手順が必要です。

1. Guides環境を作成する
2. PCアプリでガイドを作成する
3. HoloLens 2アプリでガイドを配置する
4. HoloLens 2アプリで作業を実施する

「1.Guides環境を作成する」は環境作成のときに一度、「2.PCアプリでガイドを作成する」および「3.HoloLens 2アプリでガイドを配置する」は新しいガイドを作成するときに行います。これらを経て「4. HoloLens 2アプリで作業を実施する」の準備が整います。

まずGuidesでの作業支援（処理モード）の体験を行いたい場合には、Guidesアプリにデモモードがあるので、それを実行することで雰囲気をつかむことができます。Guidesの環境構築は「A.2 Dynamics 365 Guidesの環境構築手順」を参照してください。

図5-20　Guidesのデモモード

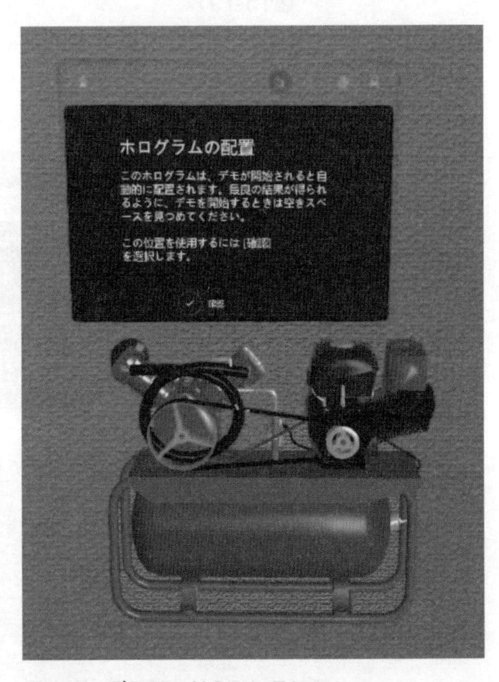

図5-21　デモモードのコンテンツ

ここからはGuidesの作成から作業実施までのポイントを解説します。

注意

Dynamics 365 Guidesは、2020年5月下旬以降アプリの更新が予定されています。インストール方法や画面、手順が変更になる可能性があります。

https://docs.microsoft.com/ja-jp/dynamics365/mixed-reality/guides/new

PCアプリでガイドを作成する

PCアプリでガイドを作成します。Guidesのライセンスを持つユーザーでサインインします。

新しいガイドを作るときには、[新しいガイドを作成する]をクリックしてシナリオを作成していきます(図5-22)。

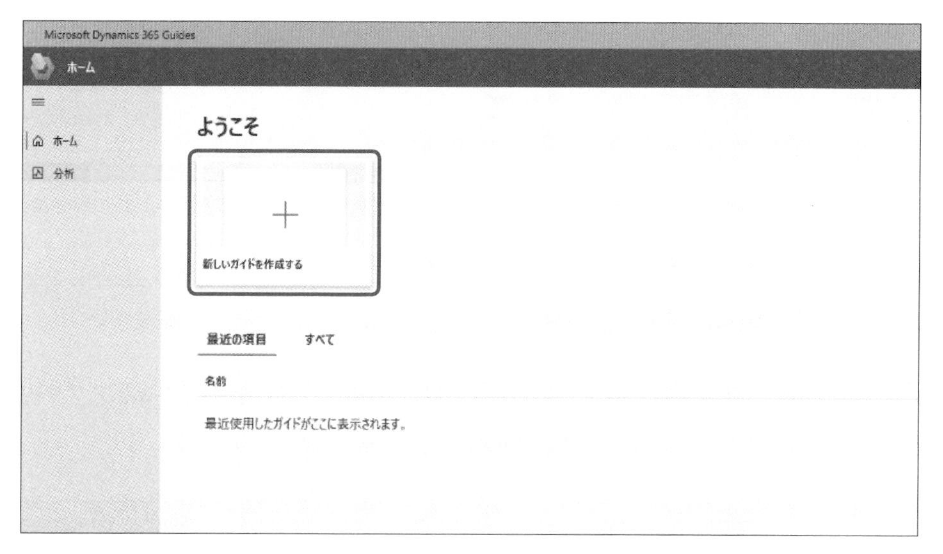

図5-22 GuidesのPCアプリ

アンカーの設定

最初に「アンカー」と呼ばれる原点の決め方を指定します。GuidesのHoloLens 2アプリでは、この原点を基準にして配置した3Dモデルなどを表示します。

アンカーを指定する方法は下記の3種類です。

方法	概要	HoloLens 2	HoloLens 1
QRコード	QRコードを使用して位置を調整する	○	
円形コード	専用の円形コードマーカーを使用して位置を調整する	○	○
ホログラフィック	位置を手動で調整する	○	○

テスト的に位置を合わせるのであれば「ホログラフィック」、HoloLens 1およびHoloLens 2両方で使用する場合は「円形コード」、HoloLens 2で正確に位置合わせする場合は「QRコード」のように使い分けます。

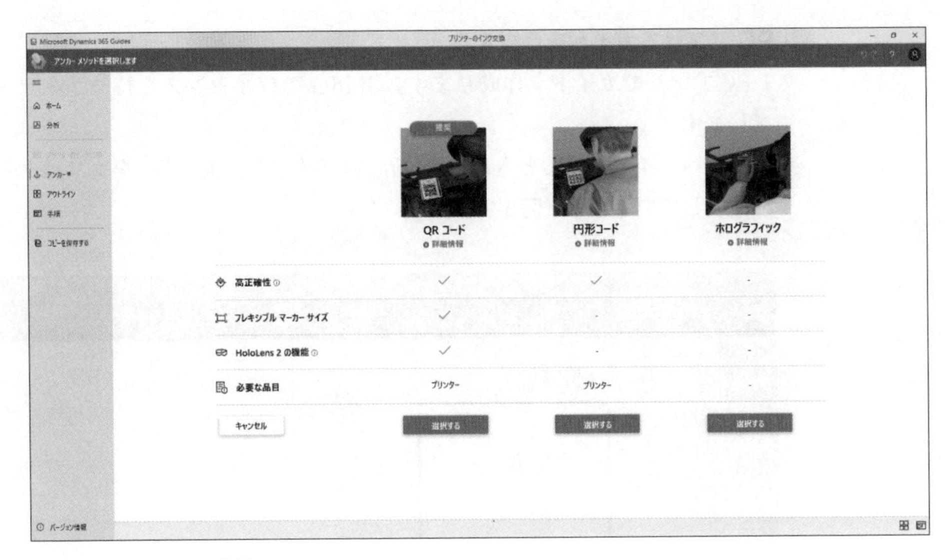

図5-23　**アンカーの選択**

使用するQRコードマーカーは、［QRコード］を選択するとアプリ内からPDFでダウンロードできます（**図5-24**）。

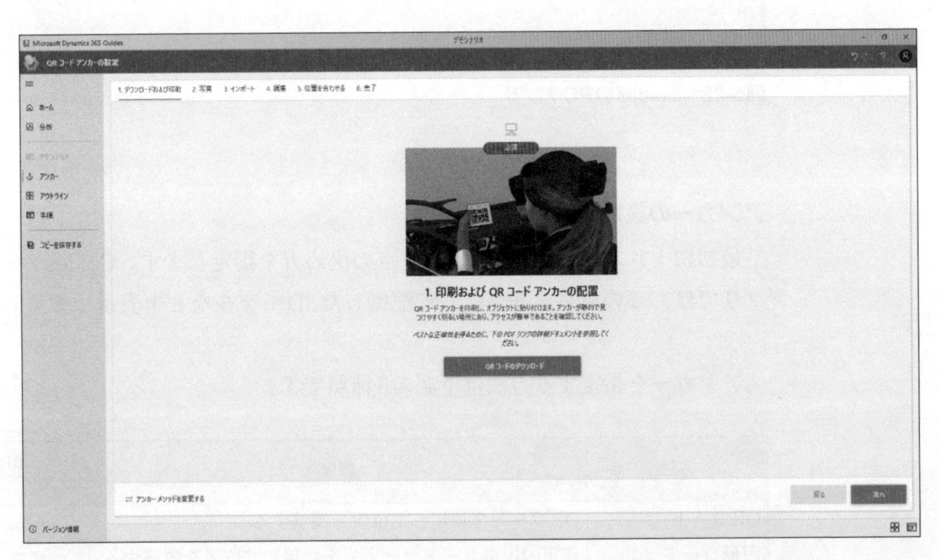

図5-24　**QRコードのダウンロード**

このPDFにはQRコードマーカーの説明なども日本語で書かれているので、一通り読んでください。最後のページにQRコードがあるので、印刷して切り取ります（**図5-25**）。切り取り方の注意点もPDF内に書かれています。

図5-25 ダウンロードしたPDFからQRコードを印刷する

切り取ったQRコードマーカーを対象に貼り付けます（図5-26）。後で必要になるので、このような写真を撮影してください。

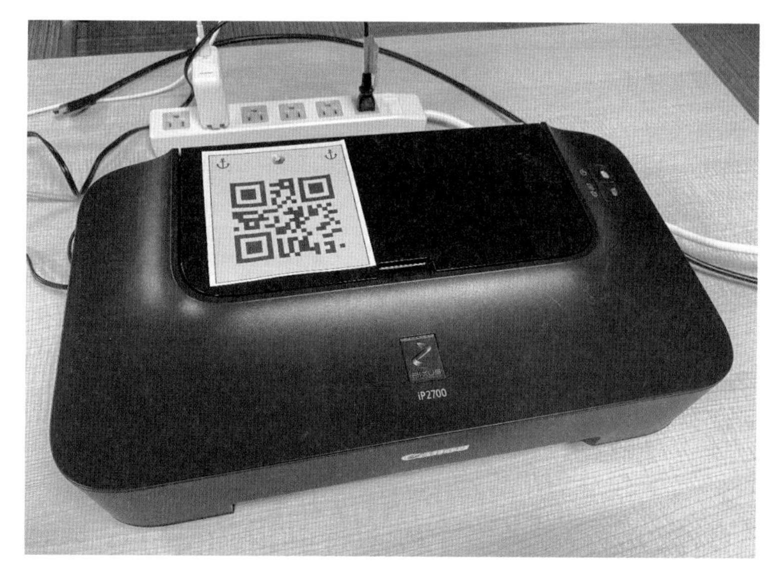

図5-26 印刷したQRコードを作業対象に貼り付ける

アンカー配置の説明がガイドの「処理モード」に表示されます。そのときにQRコードマーカーの位置がわかりやすいように、先ほど撮影した写真をPCアプリにインポートして配置します（図5-27）。

図5-27　PCアプリにQRコードの貼り付ける場所を写真で組み込む

タスクを作成する

アンカーの使い方を読み終えたら、実際のタスクを作成します。ここでは次のタスクを作成します。

最初に［1.タスク名］をクリックして、タスクの作成に移動します（**図5-28**）。

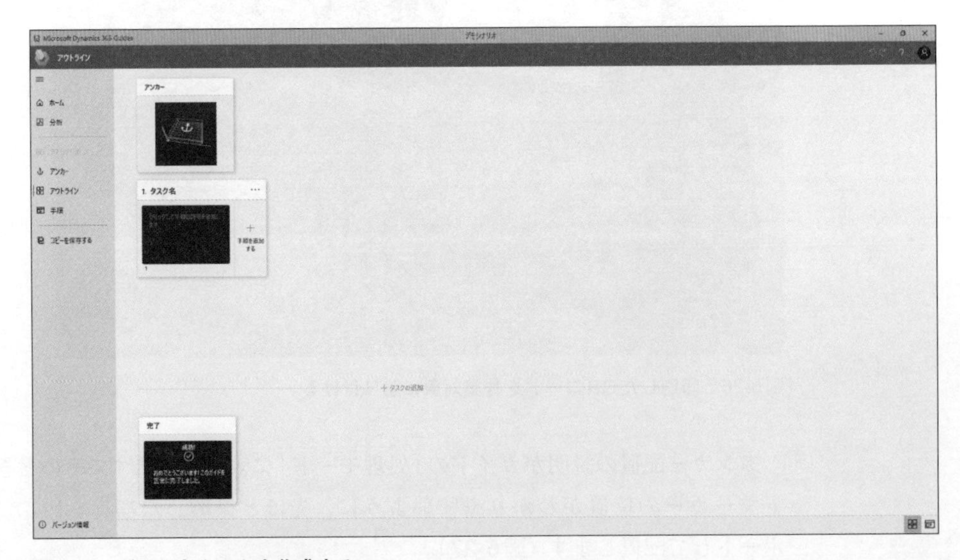

図5-28　ガイドとタスクを作成する

シナリオのタスク画面が表示されるので、手順の説明を記述し、必要なメディアを選択します（**図5-29**）。

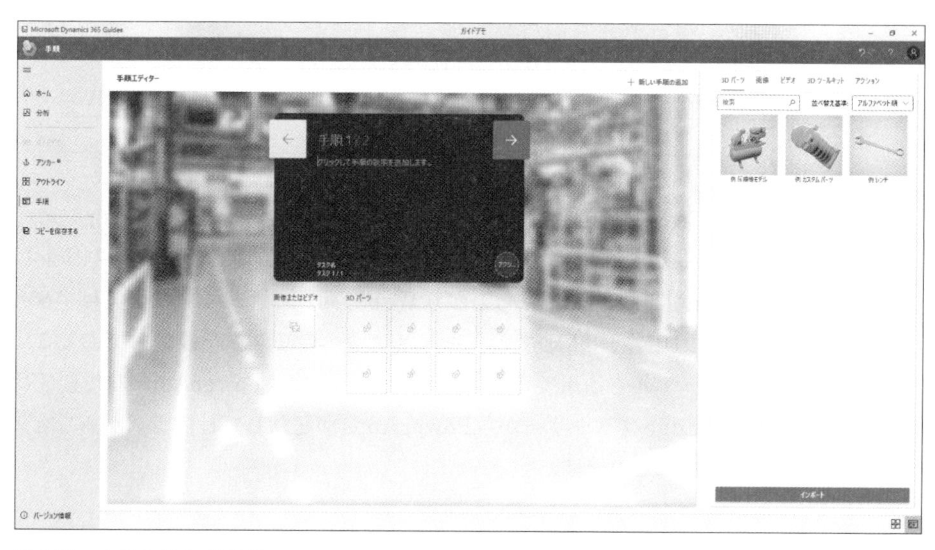

図5-29　**タスクの作成画面**

メディアには3Dパーツ（3D CG）、画像、ビデオ、3Dツールキット、アクション（ブラウザーで表示するサイトのURLやPowerAppsのURL）を設定できます（**図5-30**）。

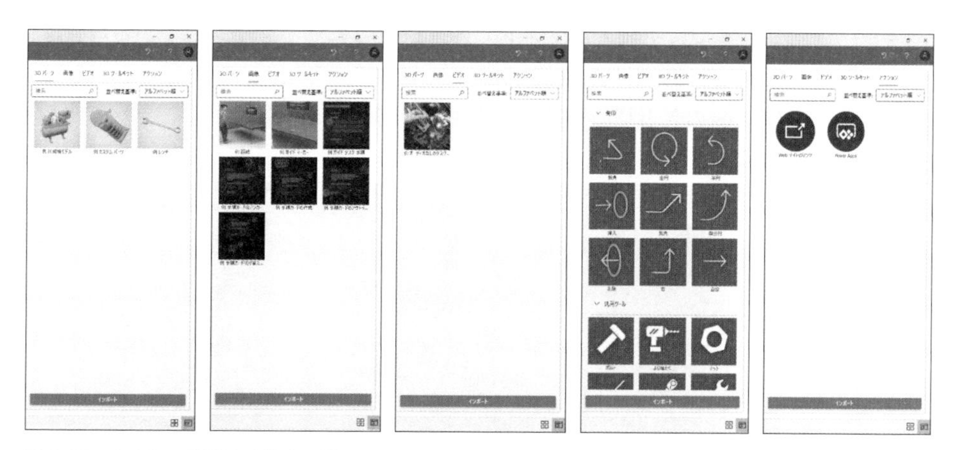

図5-30　**Guidesで使用できるメディア**

画面右下の［インポート］ボタンより3Dパーツや、画像、ビデオを追加できます。Guidesで利用可能なファイルフォーマットは下記の通りです。

ファイル種別	ファイル拡張子
3D CG	GLB、GLTF、FBX
CAD、3Dプリンター	STL
メッシュデータ	PLY
画像	JPG、JPEG、PNG、BMP、TIF
動画	WMV、MP4、MOV、ASF、AVI、M2TS、MKV
音	WAV

アクションの項目では［Webサイトのリンク］または「PowerApps］を選択できます。Webサイトのリンクでは、URLを入力することでGuidesのHoloLens 2アプリ内でEdgeブラウザーが立ち上がりWebを閲覧できます。たとえばアプリでは対応していないPDFやHTMLでのドキュメントへのリンクを設定しておくことで、現状の電子マニュアルも活用できます。PowerAppsではPowerAppsの共有URLを設定することで、EdgeブラウザーからPowerAppsが起動して社内システムなどとのシステム連携が可能になります。

HoloLens 2でガイドを配置する（著者モード）

HoloLens 2のGuidesアプリを起動します（**図5-31**）。サイン画面が表示されるので［サインイン］を選択します。Guidesでの選択方法は、ハンドレイでポイントしコミットジェスチャを行う、または視線カーソル（Guidesアプリではアイトラッキングではなく、頭の向き）を［サインイン］左の丸い部分を一定時間当て続けることで行います。すでに組織アカウントでHoloLens 2にサインインしている場合は、アカウントの選択を行います。組織アカウントでHoloLens 2にサインインしていない場合は、Guidesの著者権限を持つアカウントでサインインします。

図5-31 GuidesのHoloLens 2アプリを起動する

著者モードで配置を行うガイドを選択します。ここでは［プリンターのインク交換］を選択します（**図5-32**）。

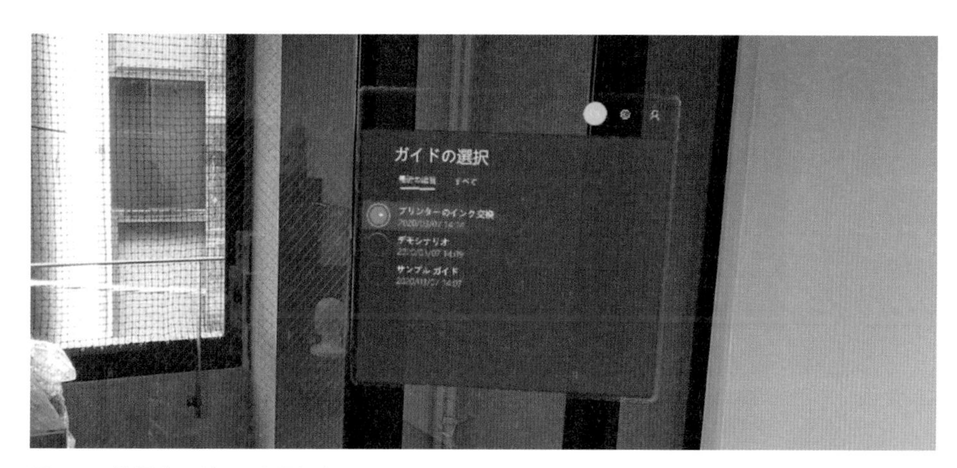

図5-32　**使用するガイドを選択する**

モードを選択します。ここでは配置を行うので、［著者］を選択します（**図5-33**）。

図5-33　**著者モードを選択する**

最初に位置合わせを行います。今回は位置合わせにQRコードを選択しているので、QRコードでの位置合わせを行います。PCアプリでのガイド作成時に撮影したQRコードの配置と同じように、対象物にQRコードを配置します。配置をしたら［スキャン開始］を選択します（**図5-34**）。

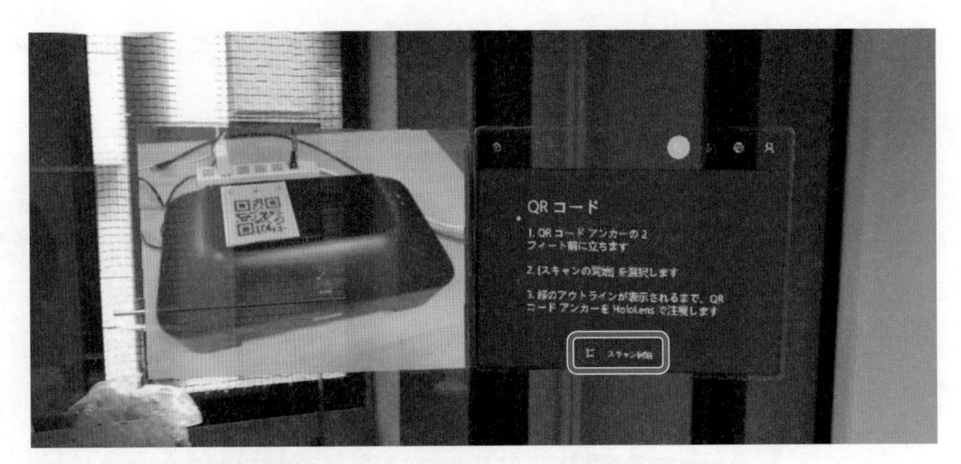

図5-34　QRコードでの位置合わせ

するとQRコードを認識させる場所に同様のホログラムが表示されるので、これを対象物のQRコードに合わせます（**図5-35**）。

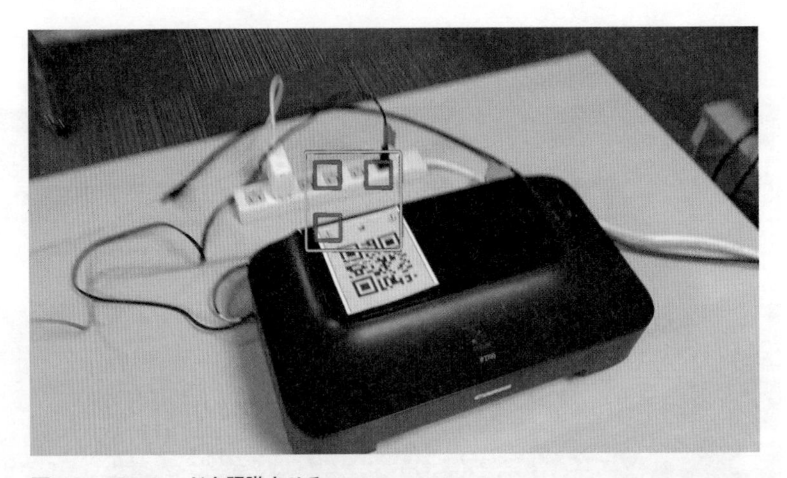

図5-35　QRコードを認識させる

対象のQRコードを認識すると［✔（チェックマーク）］が表示されます（**図5-36**）。この画像ではずれていますが、これはMixed Reality Captureでの撮影上のズレで、実際にはほぼ同じ位置に表示されています（以降の画像も同様）。

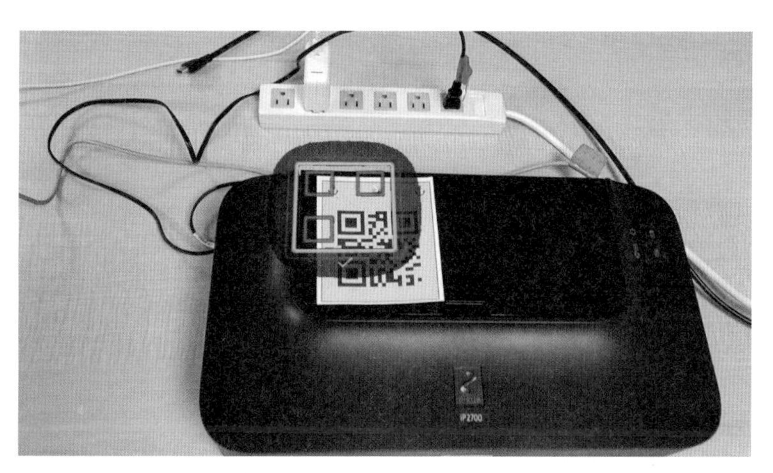

図5-36 QRコードが認識された

再度位置合わせの調整を行う場合には［再スキャン］を選択します（**図5-37**）。

図5-37 QRコードの再認識

QRコードの認識が完了したら、PCアプリで作成したタスクとメディアを空間上に配置します（**図5-38**）。たとえばここではプリンターの電源をONにするために指パーツを選択し、プリンターのスイッチ部分に設置します。これによって作業を実施するユーザーは「どこで」、「何をするか」ということを文字や画像、動画、3Dパーツなどのさまざまな表現方法で理解できます。

図5-38 タスクに割り当てたメディアを空間に配置する

ここでは電源の位置に右手のモデルを配置し、電源をオンにするスイッチを示します（**図5-39**）。

図5-39 3Dパーツを配置する

パーツ一覧から右手のモデルのサムネイルをコミットすると、右手モデルが表示されます（**図5-40**）。

図5-40　**3Dパーツを選択する**

これを電源の位置に配置するので手前に持ってきます（**図5-41**）。

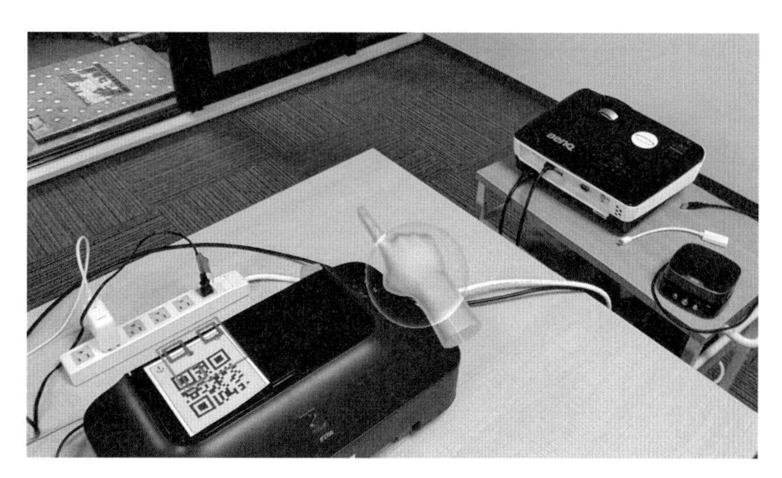

図5-41　**3Dパーツを配置する**

向きや大きさを調整します。手を近づけると操作オブジェクトが表示されます（図5-42）。

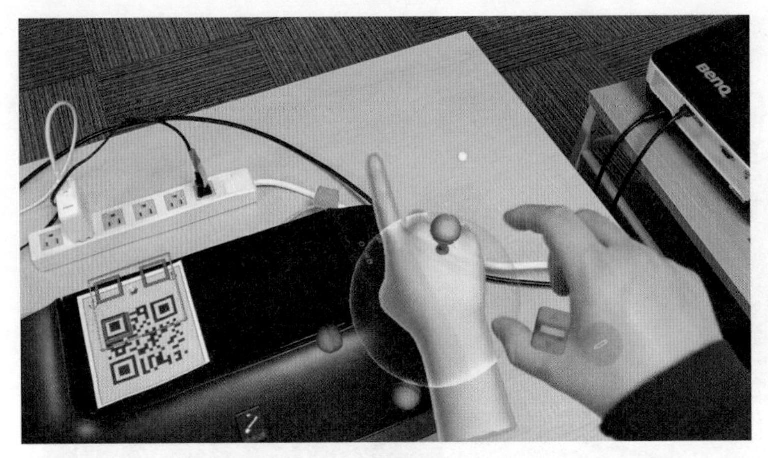

図5-42　3Dパーツの向きや大きさを調整する

操作オブジェクトの動きは下記のようになります（図5-43）。

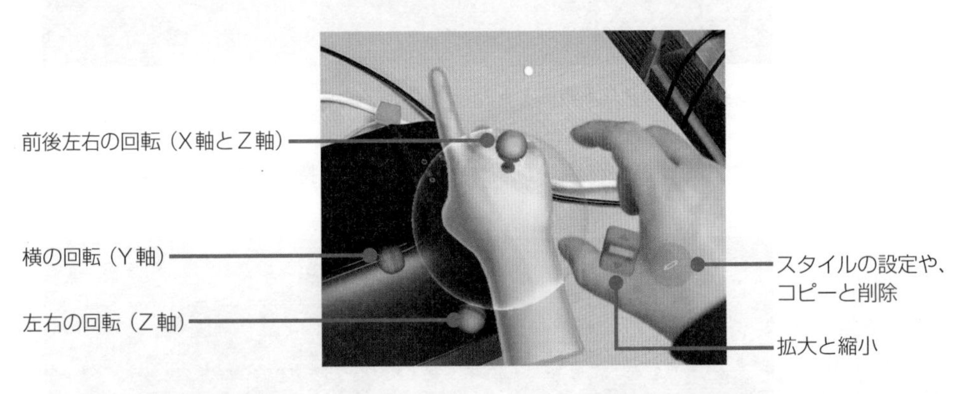

図5-43　3Dパーツの調整方法

位置、角度、大きさを調整して、電源ボタンに右手モデルの人差し指がかかるように配置します（図5-44）。

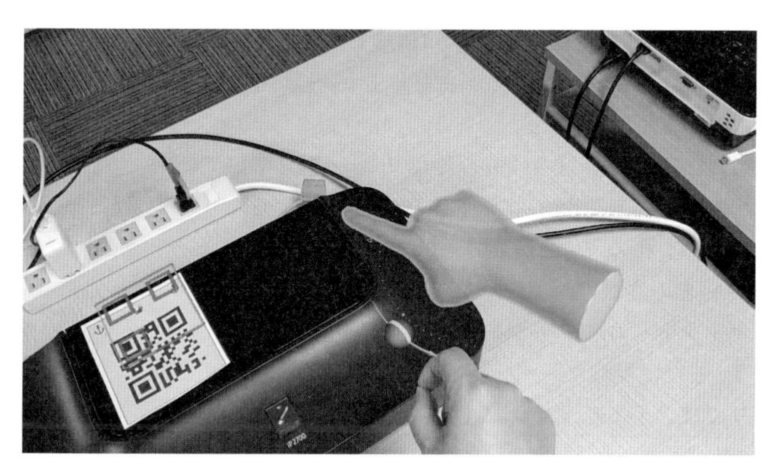

図5-44 3Dパーツを配置した

これで最初の工程は終わったので、次の工程に進みます。この工程を作成したタスクの数だけ繰り返します。

タスクの最後まで配置が終わったら、メニューに戻ります（**図5-45**）。ホームボタンから著者モードを終了します。

図5-45 著者モードの終了

■ HoloLens 2で作業を実施する（処理モード）

この項目がGuidesのメインになります。処理をする（実際に作業をする）手順を順に解説します。

最初にHoloLens 2のGuidesアプリを起動します（**図5-46**）。サインインを求められるので選択します。Guidesでの選択方法は、ハンドレイでポイントしコミットジェスチャを行う、または視線カーソル（Guidesアプリではアイトラッキングではなく頭の向き）を［サインイン］左の丸い部分を一定時間当て続けることで行います。すでに組織アカウントでHoloLens 2にサインインしている場合は、アカウントの選択を行います。組織アカウントでHoloLens 2にサインインしていない場合は、Guidesの著者権限を持つアカウントでサインインします。

作業する項目、ここでは［プリンターのインク交換］を選択します（**図5-47**）。

モードの選択では［処理（実作業）］を選択します（**図5-48**）。

図5-46　GuidesのHoloLens 2アプリを起動する

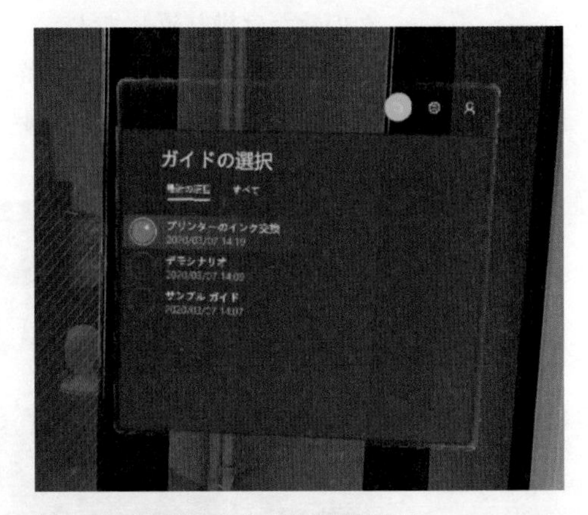

図5-47　使用するガイドを選択する

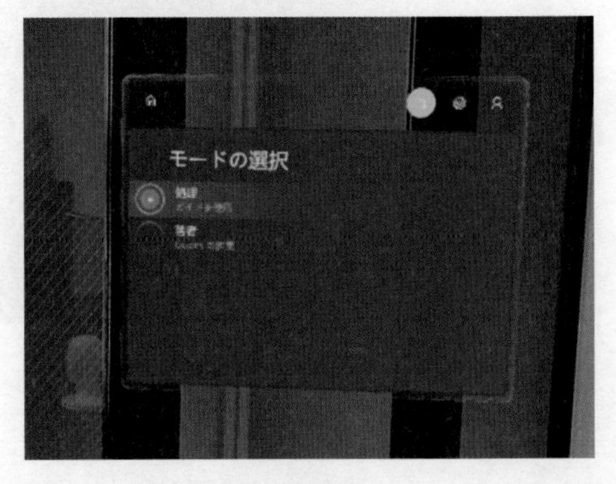

図5-48　処理モードを選択する

QRコードで対象物の位置を決めます（**図5-49**）。横の写真と同じようにQRコードを配置していると、その場所にマーカー位置が表示されます（**図5-50**）。

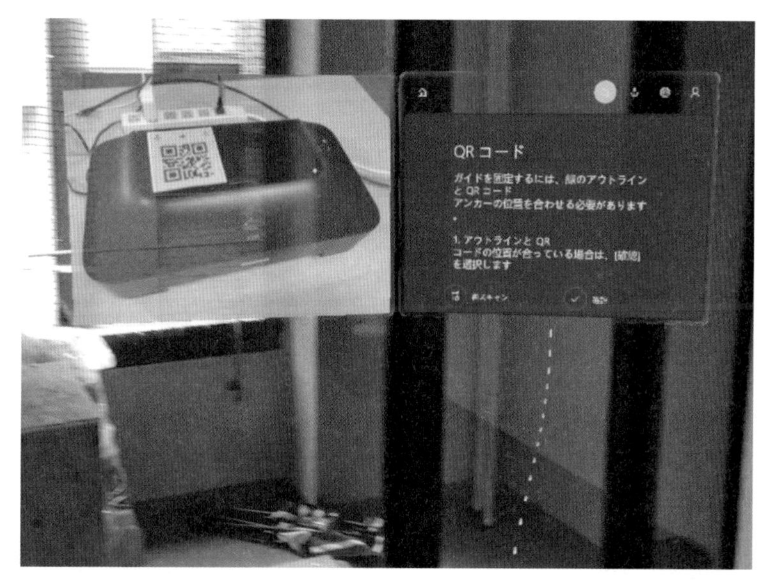

図5-49　**QRコードの位置を確認する**

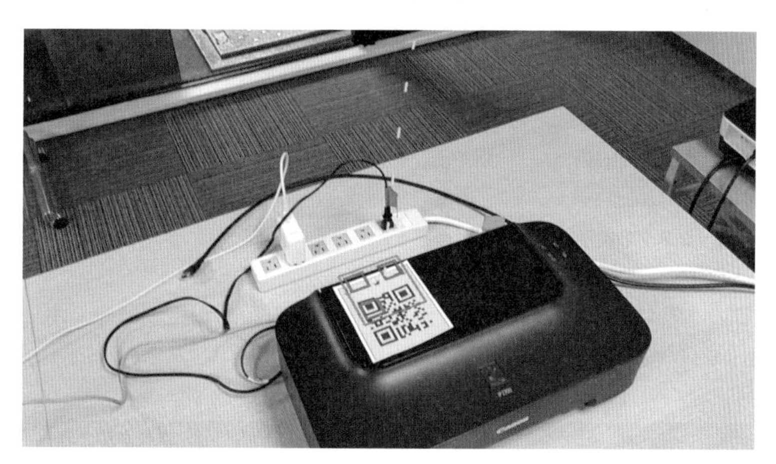

図5-50　**QRコードが正しい位置に配置されている**

位置の設定を再度行うには［再スキャン］を選択します。再スキャンの手順は著者モード時と同じです。

QRコードの設定ができたら実際の手順ガイドになります（**図5-51**）。ガイドのタスクに従い作業を進めます。

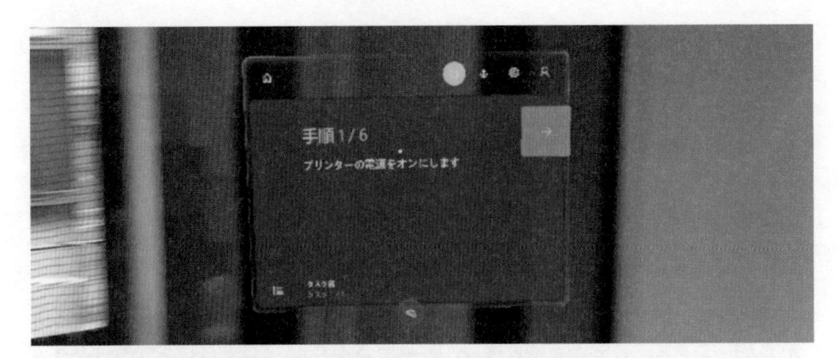

図5-51 **タスクを開始する**

プリンターを見ると、先ほど著者モードで配置した右手のモデルがプリンターの電源の位置を指しているので、ここを押せばよいということがわかります（**図5-52**）。

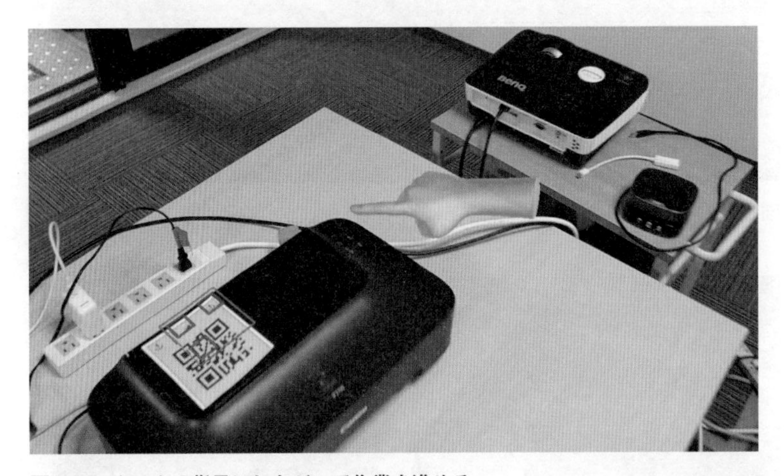

図5-52 **タスクの指示にしたがって作業を進める**

このようにタスクを最後まで進め、すべての工程が完了したらホームへ戻ります（**図5-53**）。

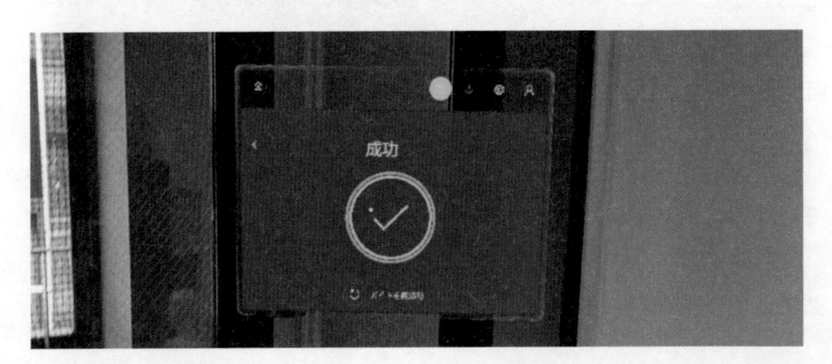

図5-53 **タスクの完了**

第6章 開発者モードとデバイスポータル

HoloLens 2にはデバイスポータル（Device Portal）と呼ばれるデバイスの内部管理ツールが用意されています。デバイスポータルを使用すると、HoloLens 2の状態確認やアプリのインストール/アンインストール、起動/終了、静止画および動画の撮影が外部から可能になります。本章ではデバイスポータルの利用開始を含めた解説をします。

6.1 デバイスポータルの概要と利用の開始

デバイスポータルの概要について解説します。

6.1.1 デバイスポータルとは

デバイスポータルとはHoloLens 2が持っている内部管理ツールです（**図6-1**）。実際にはHoloLens 2に限らず、Windows PCやIoT、Xboxでも利用できます。デバイスポータルはデバイス上でWebサーバーとして動作するので、Edgeなどのブラウザーからアクセスします。アクセス方法は、HoloLens 2のIPアドレスを指定しての無線LANアクセス、またはHoloLens 2付属のUSBケーブルでの接続になります（USBケーブルでの接続にはUSBドライバーのインストールが必要です。インストール手順は「A.3 USBドライバーのインストール（デバイスポータル用）」を参照してください）。

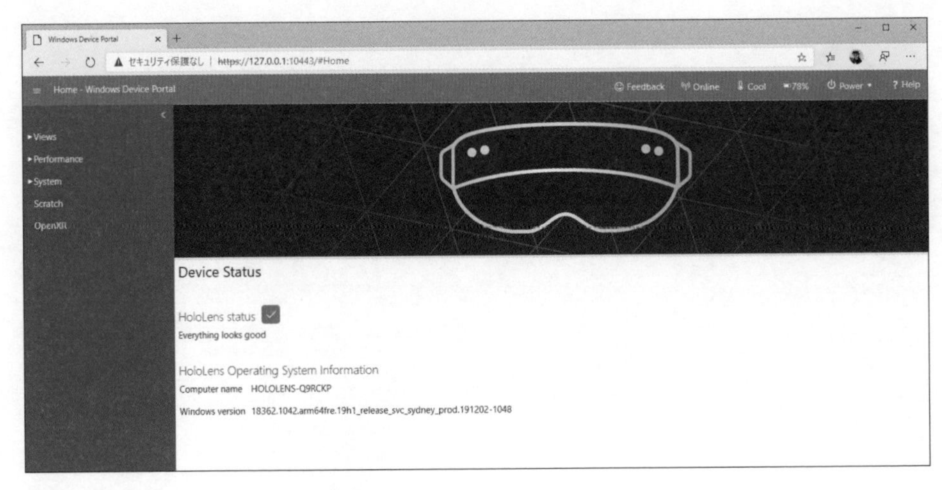

図6-1 デバイスポータルのトップ画面

参照

Windows DevicePortal の概要
https://docs.microsoft.com/ja-jp/windows/uwp/debug-test-perf/device-portal

HoloLens 特有のデバイスポータル項目
https://docs.microsoft.com/ja-jp/windows/uwp/debug-test-perf/device-portal-hololens

6.1.2 デバイスポータルの有効化

デバイスポータルは既定の状態では無効になっています（プロビジョニングパッケージなどで有効化していない場合）。最初にデバイスポータルの有効化を行います。

［設定］アプリを開き、［更新とセキュリティ］を選択します（**図6-2**）。

図6-2 ［設定］アプリの［更新とセキュリティ］を選択

［開発者向け］を選択し、［開発者向け機能を使う］をオンにします（**図6-3**）。

確認が表示されるので、内容を確認して［はい］を選択します（**図6-4**）。

［デバイスポータルを有効にする］をオンにします（**図6-5**）。

以上でHoloLens 2側でのデバイスポータルの有効化は完了です。

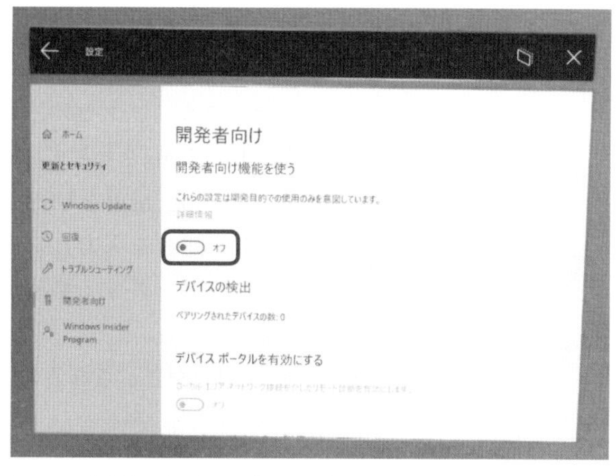

図6-3　［開発者向け］の［開発者向け機能を使う］をオン

図6-4　［はい］を選択

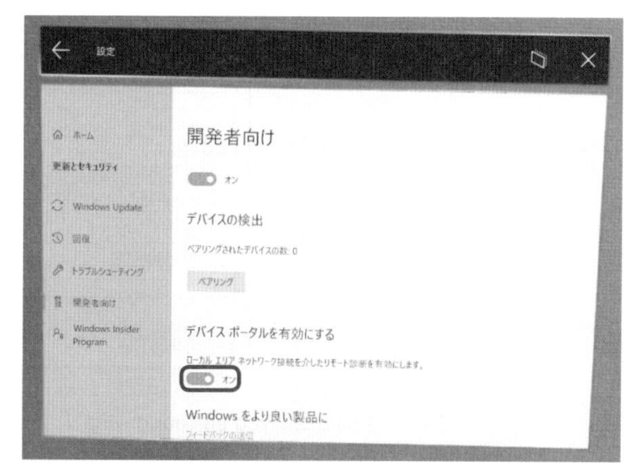

図6-5　［デバイスポータルを有効にする］をオン

6.1.3 デバイスポータルの初回アクセス

ではデバイスポータルにアクセスしてみましょう。HoloLens 2への初回アクセス時(PCごとではなくHoloLens 2として)は、HoloLens 2側の設定を行うための手順が入ります。まずPCとHoloLens 2をUSBケーブルで接続し、ブラウザーを開いてアドレスバーに「127.0.0.1:10080」を入力してEnterキーを押します。USB接続のためにはPCにドライバーをインストールする必要があります。インストール手順については「○○」を参照してください。

[Set up access] 画面が表示されるので、[Request pin] をクリックします(**図6-6**)。

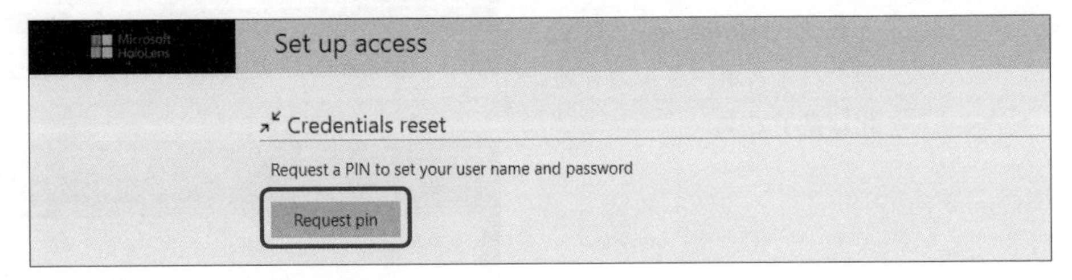

図6-6 [Request pin] をクリック

HoloLens 2側に6桁の数字が表示されるので、これを [PIN displayed on your device] に入力します。[New user name] にはデバイスポータルにサインインする任意のユーザー名を、[New password] および [Confirm password] にはパスワードを入力して、[Pair] をクリックします(**図6-7**)。

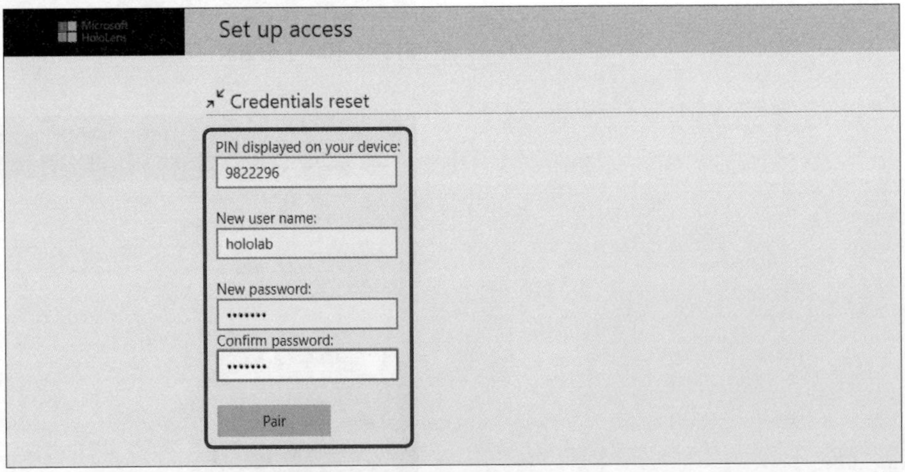

図6-7 [PIN displayed on your device]、[New user name]、[New password]、[Confirm password] に入力して [Pair] をクリック

デバイスポータルのホーム画面が表示されれば完了です（**図6-8**）。

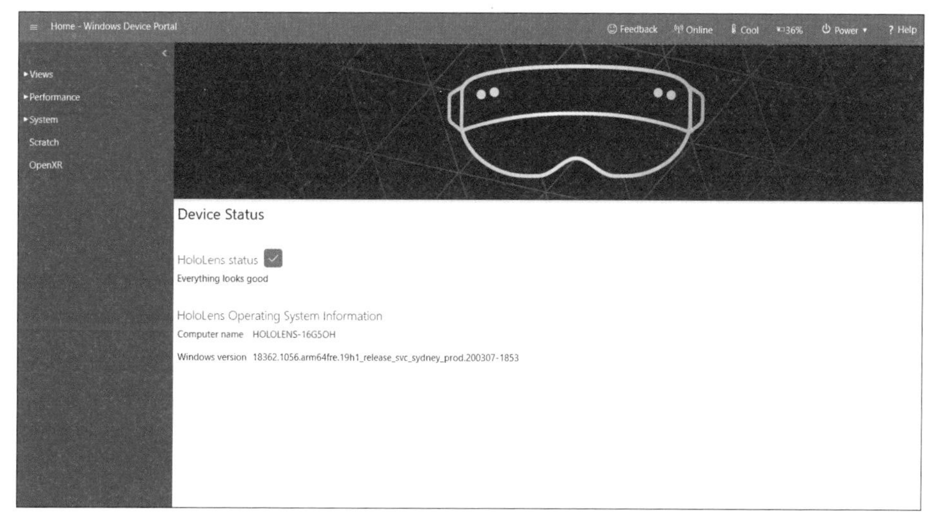

図6-8 デバイスポータルのホーム画面

6.1.4 デバイスポータルを利用する（USBケーブルでの接続）

2度目のアクセス以降は先ほど設定したユーザー名とパスワードでサインインします。PCとHoloLens 2をUSBケーブルで接続し、ブラウザーを開いてアドレスバーに「127.0.0.1:10080」を入力してEnterキーを押します。

デバイスポータルに接続できるユーザー名とパスワードの入力を行います（**図6-9**）。ユーザー名とパスワードの認証を何度か間違えると、初回アクセス時と同じPINの入力画面に切り替わり、再度ユーザー名とパスワードの設定を行います。

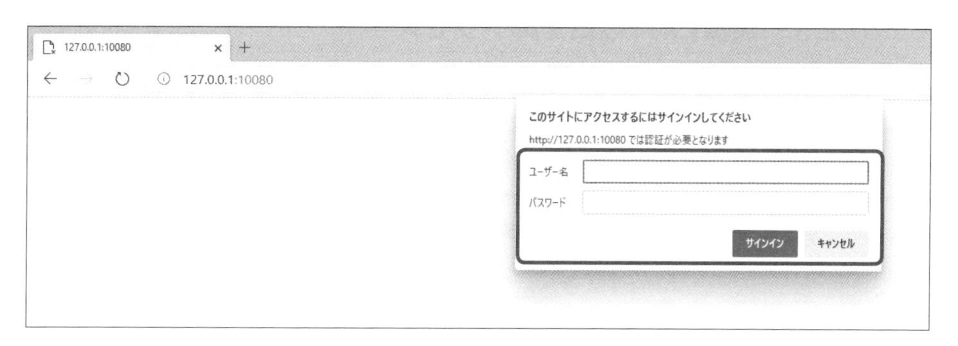

図6-9 ユーザー名とパスワードを入力

USBケーブル接続の場合

USBケーブル接続の場合は接続ポート「http://127.0.0.1:10080/」または「https://127.0.0.1:10443/」の2種類になります（HTTPとHTTPSでポート番号が別になります）。

HoloLens 2のデバイスポータルへHTTPS接続した場合、証明書がないため警告が表示されます。［<HoloLens 2のIPアドレス>に進む（安全ではありません）］を選択して、そのままアクセスします。

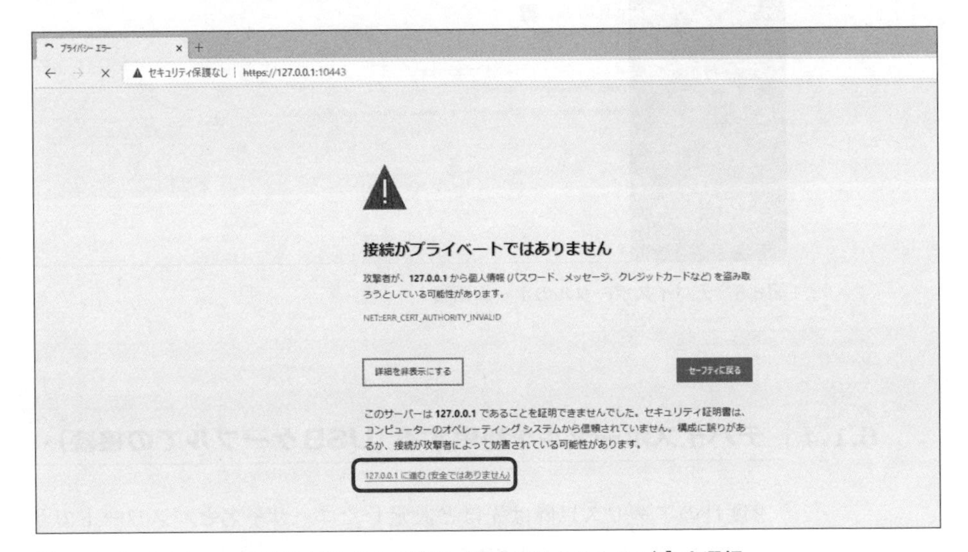

図6-10 ［<HoloLens 2のIPアドレス>に進む（安全ではありません）］を選択

もう一度ユーザー名、パスワードの入力を求められた場合は、それを入力します。ホーム画面が表示されればアクセスは完了です。

6.1.5 無線LAN経由でのアクセス

無線LANを使用してデバイスポータルにアクセスすることもできます。ブラウザーを開き、HoloLens 2のIPアドレスを入力します。HoloLens 2のIPアドレスは、［設定］アプリの［ネットワークとインターネット］から、接続されているWi-Fiのプロパティを参照します（**図6-11、6-12**）。

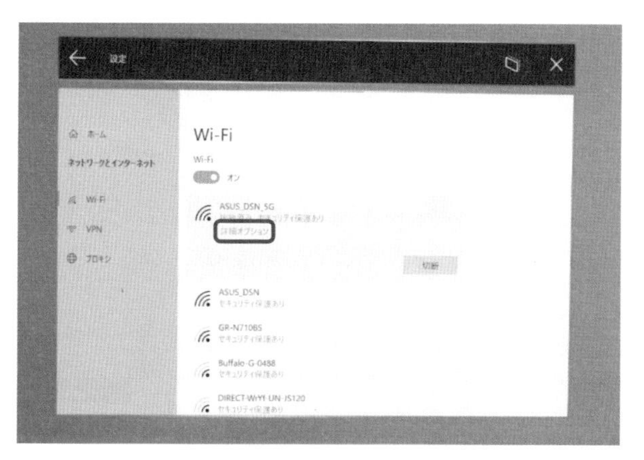

図6-11　［ネットワークとインターネット］で接続しているWi-Fiのプロパティを参照

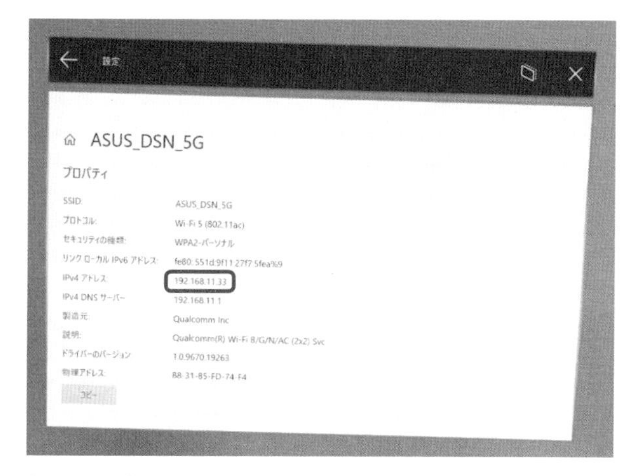

図6-12　表示されたHoloLens 2のIPアドレス

ブラウザーにHoloLens 2のIPアドレス（たとえば**図6-12**であれば「192.168.11.33」）を入力して、Enterキーを押します。USB接続時と同じように接続の警告が表示されるので、［詳細設定］（**図6-13**）、［<HoloLens 2のIPアドレス>に進む（安全ではありません）］（**図6-14**）を選択します。

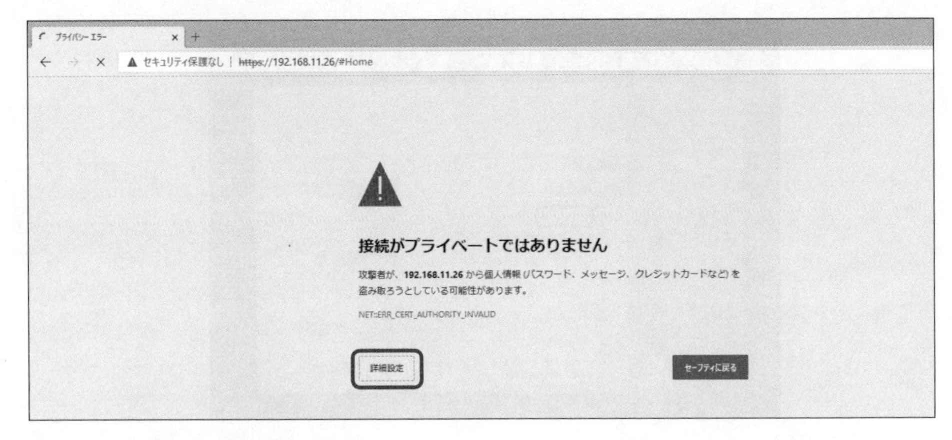

図6-13 ［詳細設定］を選択

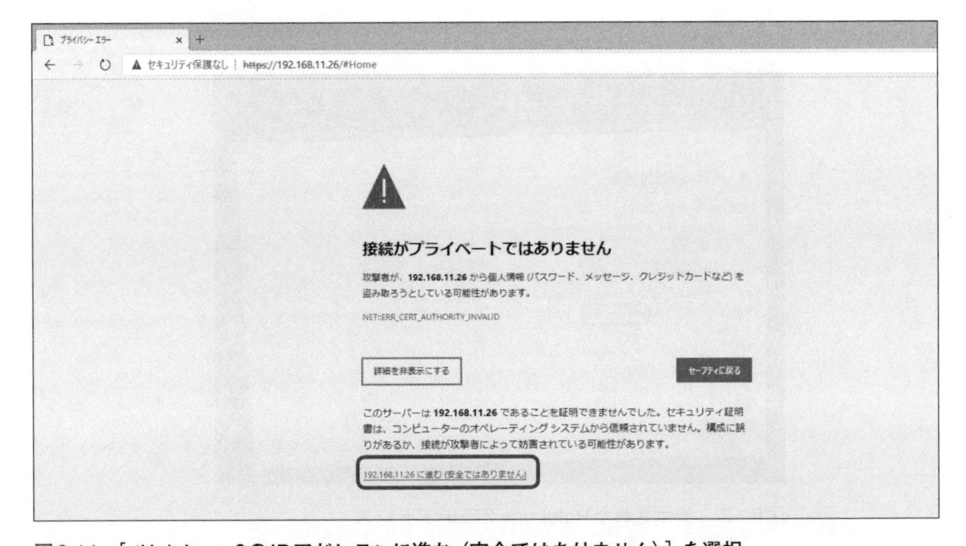

図6-14 ［<HoloLens 2のIPアドレス>に進む（安全ではありません）］を選択

デバイスポータルのユーザー名とパスワードを入力します（**図6-15**）。

図6-15 ユーザー名とパスワードを入力

ホーム画面が表示されたらアクセス完了です。

6.1.6 Home

では、デバイスポータルの画面について説明していきましょう（**図6-16**）。Hone画面中央には、HoloLens 2の状態やコンピューター名、Windows OSのバージョンが表示されています。

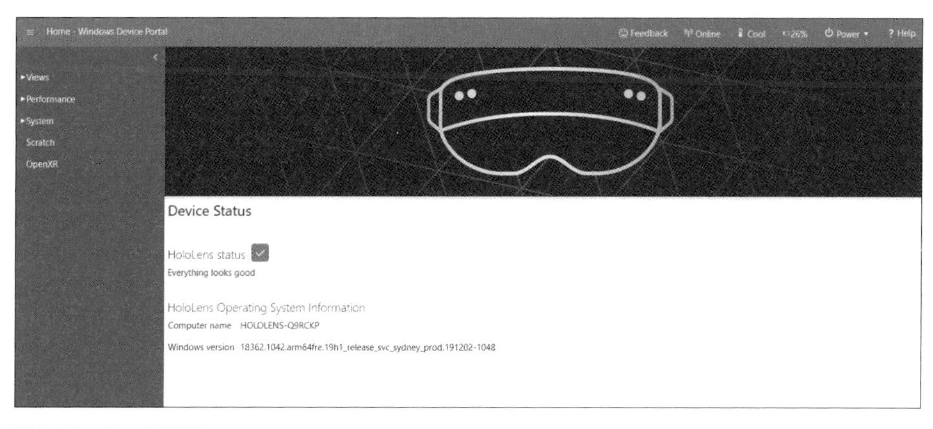

図6-16　ホーム画面

デバイスポータルのメニュー

左側のメニューではデバイスポータルからアクセスできる情報のリストが表示されます（**図6-17、表6-1**）。

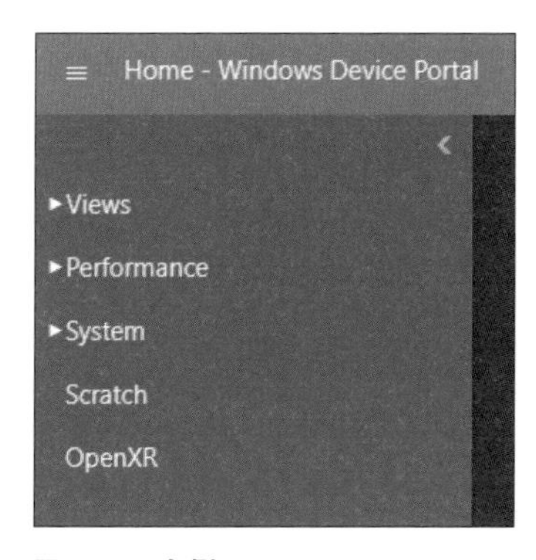

図6-17　左側のメニュー

表6-1　メニューの内容

メニュー	概要
Views	3D Viewやアプリの起動状態、インストール、Mixed Reality Captureなど。
Performance	プロセスの状況やCPU, メモリーなどのパフォーマンス表示。
System	キオスクモードやネットワーク、キー入力などシステムに関する項目。
Scratch	ワークスペースのカスタマイズ用の空白メニューです
OpenXR	OpenXRのRuntimeおよびサービスのバージョン確認ができます。ここからOpenXRのアップデートも可能です。

6

それぞれのメニューを開いた詳細の項目については後述します。

ワークスペースのカスタマイズ

左上のハンバーガーメニューを開くと、ワークススペースに関する項目を選択できます（**図6-18**）。ワークスペースとは個別のメニューの詳細で、メニュー内にタブで別の項目を入れることができます。これによってアクセスしたい情報をまとめ探しやすくできます。

図6-18 表示されるハンバーガーメニュー

HoloLens 2の状態閲覧や再起動

右上にはHoloLens 2の状態（動作状態、内部温度、バッテリー残量）の閲覧や、再起動とシャットダウンのリンクがあります（**図6-19**）。

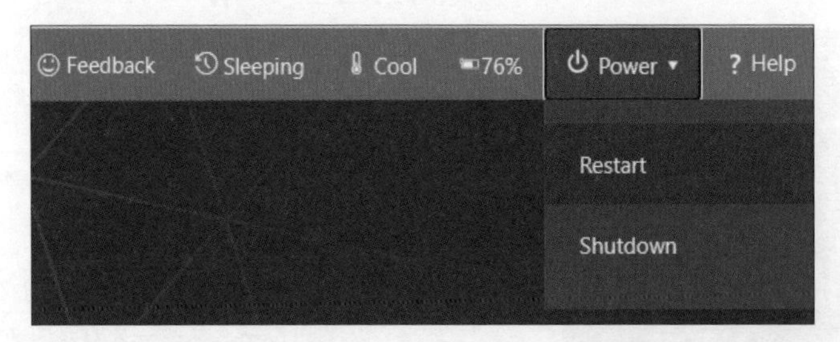

図6-19 画面右上のメニュー

Feedback

［Feedback］をクリックすると、［フィードバックHub］アプリが起動します（**図6-20**）。動作などの改善提案はここから送ります。

図6-20　［フィードバックHub］アプリ

Power

デバイスポータルから再起動（Restart）およびシャットダウン（Shutdown）を行うことが可能です。同様の再起動およびシャットダウンをHoloLens 2デバイス上から行う場合、再起動はコルタナまたは音声コマンドへのコマンド、シャットダウンは電源ボタンの長押しまたは音声コマンドで行います。

6.1.7 Views

［Views］メニューの下にあるサブメニューを説明します。

Home

Home画面に戻ります（**図6-21**）。

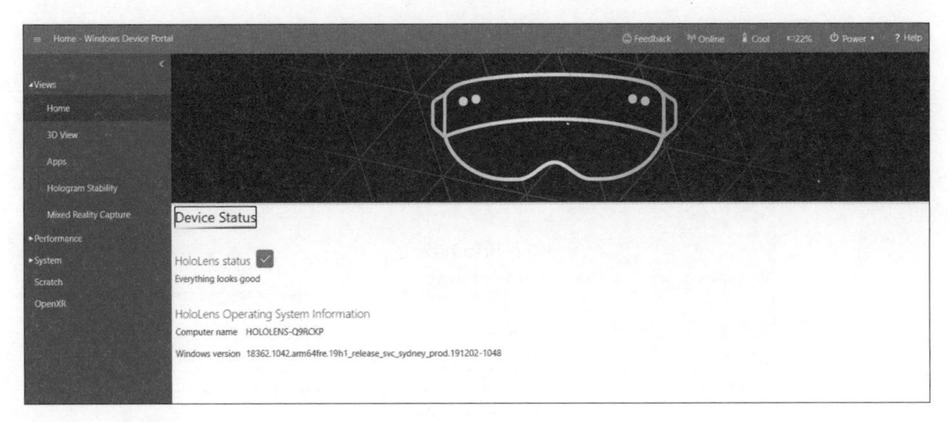

図6-21　[Views] - [Home] メニューでの表示

3D View

HoloLens 2の動作状況が見えます（**図6-22**）。

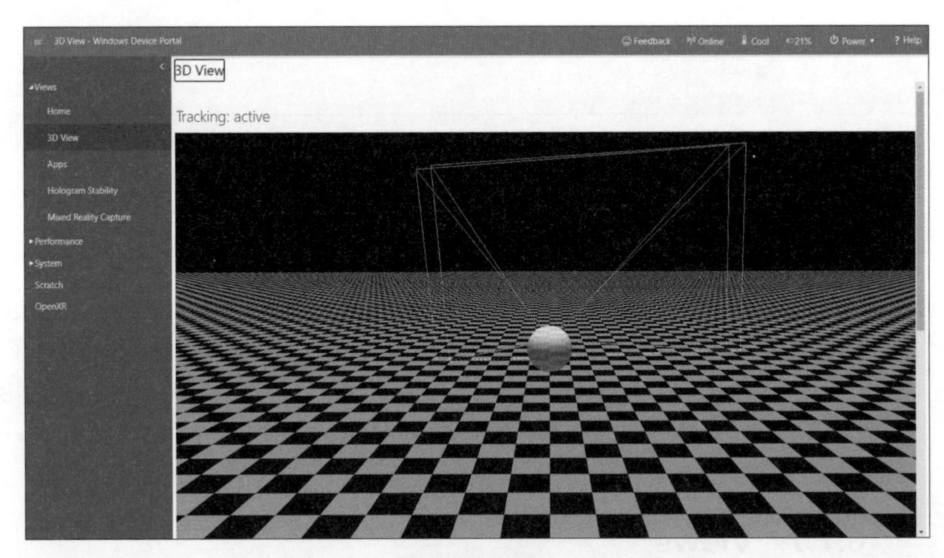

図6-22　[Views] - [3D View] メニューでの表示（その1）

下側にはHoloLens 2が認識している空間の情報を可視化するチェックボックスがあります（**図6-23**）。

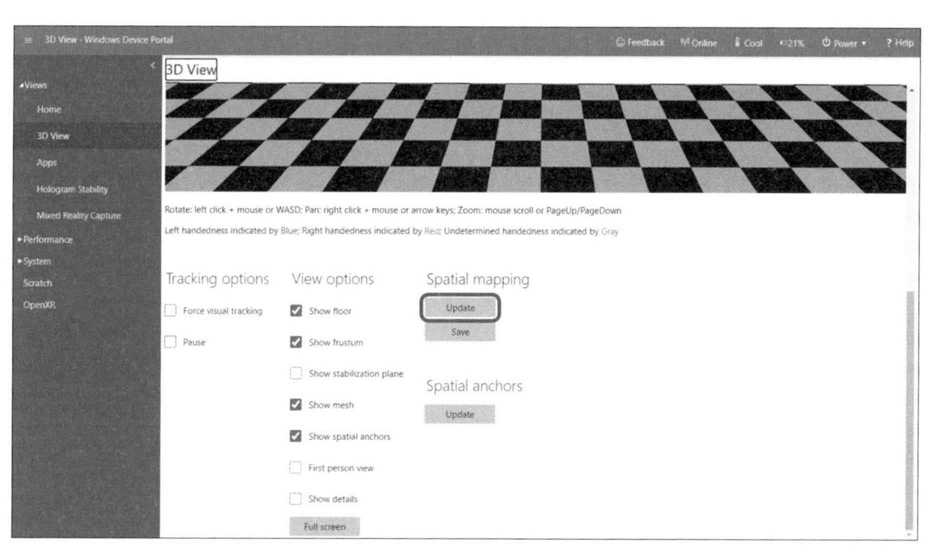

図6-23 [View] - [3D View] メニューでの表示（その2）

[Spatial mapping] から [Update] を行うと、現在の空間情報が再現されます（**図6-24**）。

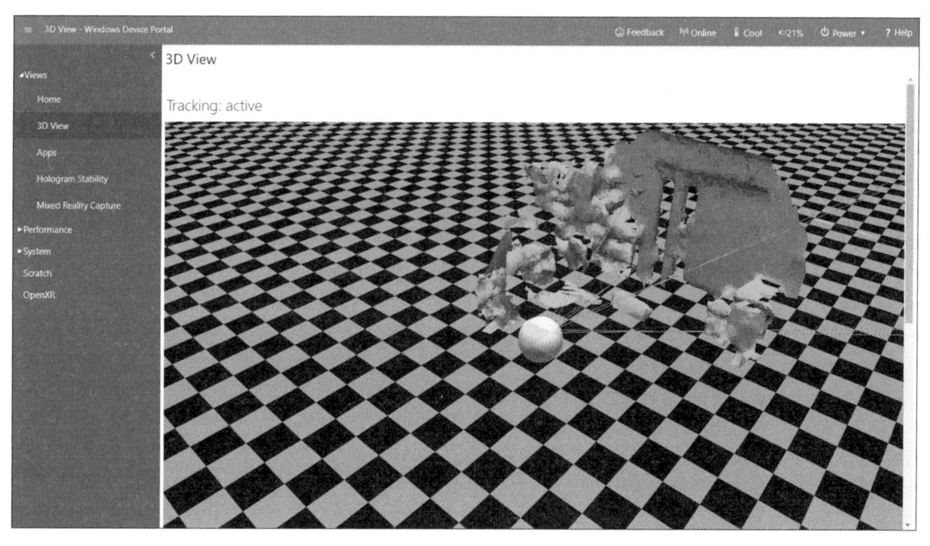

図6-24 [Spatial mapping] の [Update] を選択した結果

[Save] を選択すると、OBJファイルとしてダウンロードされます。このファイルはWindows 10標準の3Dビューアーで開くことで閲覧できます（**図6-25**）。

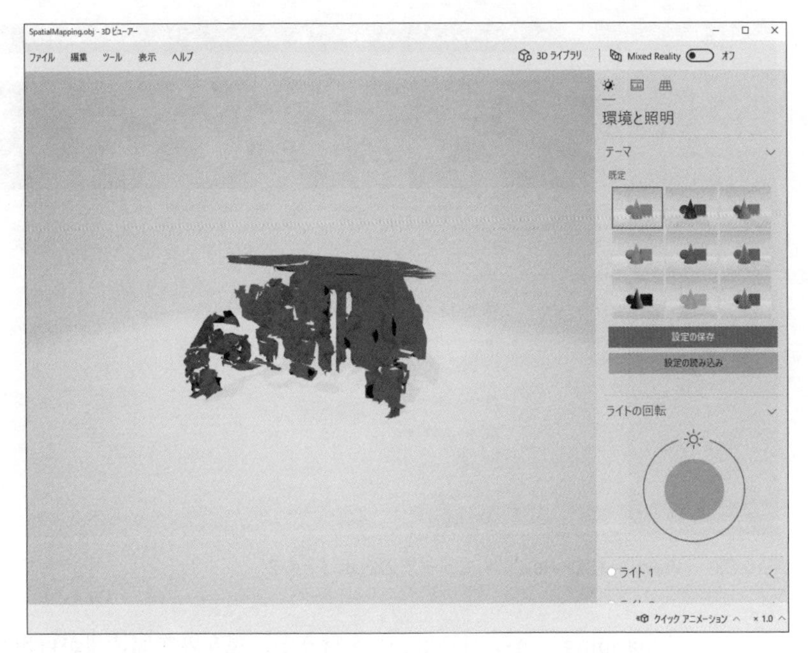

図6-25 ダウンロードしたOBJファイルを3Dビューアーで表示した

Apps

HoloLens 2へのアプリのインストール、インストール済みのアプリの削除や起動、実行中のアプリ一覧や停止などを行うことができます（**図6-26**）。

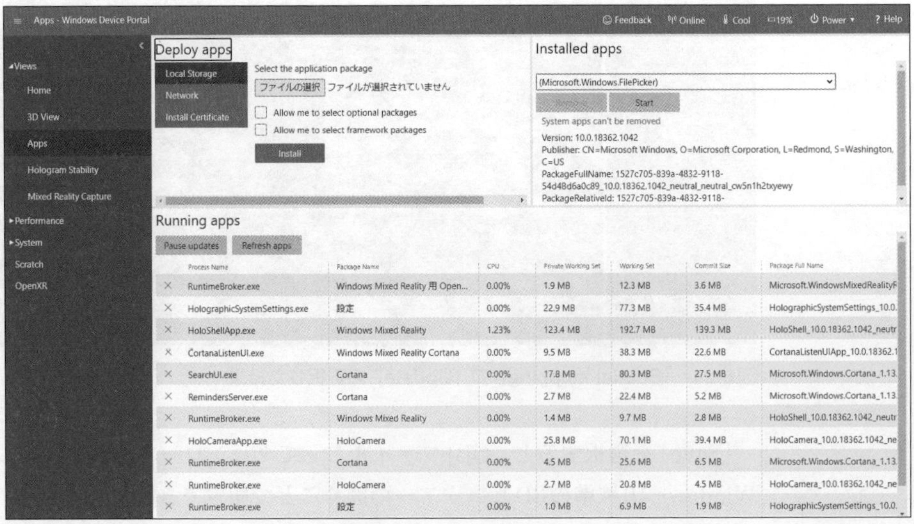

Apps - Windows Device Portal
Feedback Online Cool 19% Power ? Help

Views
Home
3D View
Apps
Hologram Stability
Mixed Reality Capture
Performance
System
Scratch
OpenXR

Deploy apps
Local Storage
Network
Install Certificate
Select the application package
ファイルの選択 ファイルが選択されていません
Allow me to select optional packages
Allow me to select framework packages
Install

Installed apps
(Microsoft.Windows.FilePicker)
Start
System apps can't be removed
Version: 10.0.18362.1042
Publisher: CN=Microsoft Windows, O=Microsoft Corporation, L=Redmond, S=Washington, C=US
PackageFullName: 1527c705-839a-4832-9118-54d48d6a0c89_10.0.18362.1042_neutral_neutral_cw5n1h2txyewy
PackageRelativeId: 1527c705-839a-4832-9118-

Running apps
Pause updates Refresh apps

	Process Name	Package Name	CPU	Private Working Set	Working Set	Commit Size	Package Full Name
×	RuntimeBroker.exe	Windows Mixed Reality 用 Open...	0.00%	1.9 MB	12.3 MB	3.6 MB	Microsoft.WindowsMixedRealityF
×	HolographicSystemSettings.exe	設定	0.00%	22.9 MB	77.3 MB	35.4 MB	HolographicSystemSettings_10.0.
×	HoloShellApp.exe	Windows Mixed Reality	1.23%	123.4 MB	192.7 MB	139.3 MB	HoloShell_10.0.18362.1042_neutr
×	CortanaListenUI.exe	Windows Mixed Reality Cortana	0.00%	9.5 MB	38.3 MB	22.6 MB	CortanaListenUIApp_10.0.18362.1
×	SearchUI.exe	Cortana	0.00%	17.8 MB	80.3 MB	27.5 MB	Microsoft.Windows.Cortana_1.13.
×	RemindersServer.exe	Cortana	0.00%	2.7 MB	22.4 MB	5.2 MB	Microsoft.Windows.Cortana_1.13.
×	RuntimeBroker.exe	Windows Mixed Reality	0.00%	1.4 MB	9.7 MB	2.8 MB	HoloShell_10.0.18362.1042_neutr
×	HoloCameraApp.exe	HoloCamera	0.00%	25.8 MB	70.1 MB	39.4 MB	HoloCamera_10.0.18362.1042_ne
×	RuntimeBroker.exe	Cortana	0.00%	4.5 MB	25.6 MB	6.5 MB	Microsoft.Windows.Cortana_1.13.
×	RuntimeBroker.exe	HoloCamera	0.00%	2.7 MB	20.8 MB	4.5 MB	HoloCamera_10.0.18362.1042_ne
×	RuntimeBroker.exe	設定	0.00%	1.0 MB	6.9 MB	1.9 MB	HolographicSystemSettings_10.0.

図6-26 ［Views］-［Apps］メニューでの表示

Running Apps

起動中のアプリの一覧が表示されます（**図6-27**）。左の×ボタンを押すとアプリを終了できます。

Running apps

Pause updates　Refresh apps

	Process Name	Package Name	CPU	Private Working Set	Working Set	Commit Size	Package Full Name	Version	Publisher
×	RemindersServer.exe	Cortana	0.00%	3.0 MB	23.0 MB	5.5 MB	Microsoft.Windows.Cortana_1.13.0.183...	1.13.0.18362	CN=Microsoft Windows, O=M
×	RuntimeBroker.exe	設定	0.00%	1.0 MB	7.0 MB	2.4 MB	HolographicSystemSettings_10.0.18362....	10.0.18362.1056	CN=Microsoft Windows, O=M
×	RuntimeBroker.exe	Cortana	0.00%	4.2 MB	29.5 MB	6.1 MB	Microsoft.Windows.Cortana_1.13.0.183...	1.13.0.18362	CN=Microsoft Windows, O=M
×	HoloShellApp.exe	Windows Mixed Reality	0.10%	124.1 MB	199.3 MB	140.1 MB	HoloShell_10.0.18362.1056_neutral__cw...	10.0.18362.1056	CN=Microsoft Windows, O=M
×	RuntimeBroker.exe	HoloCamera	0.00%	1.7 MB	12.7 MB	3.2 MB	HoloCamera_10.0.18362.1056_neutral__...	10.0.18362.1056	CN=Microsoft Windows, O=M
×	backgroundTaskHost.exe	Windows Mixed Reality 用 Open...	0.00%	1.7 MB	16.0 MB	3.6 MB	Microsoft.WindowsMixedRealityRuntim...	101.1910.30004.0	CN=Microsoft Corporation, O
×	HolographicSystemSettings.exe	設定	0.00%	16.3 MB	74.8 MB	28.3 MB	HolographicSystemSettings_10.0.18362....	10.0.18362.1056	CN=Microsoft Windows, O=M
×	HoloCameraApp.exe	HoloCamera	0.26%	17.7 MB	50.1 MB	30.9 MB	HoloCamera_10.0.18362.1056_neutral__...	10.0.18362.1056	CN=Microsoft Windows, O=M
×	RuntimeBroker.exe	Windows Mixed Reality	0.00%	1.7 MB	11.5 MB	3.3 MB	HoloShell_10.0.18362.1056_neutral__cw...	10.0.18362.1056	CN=Microsoft Windows, O=M

図6-27　Running appsの画面

Deploy App

アプリのインストールができます（**図6-28**）。開発したアプリや配布されているアプリで、アプリパッケージの形式のファイル（拡張子.appxbundle）からインストールします。実際のインストール手順は「6.2 公開されているアプリパッケージをインストールして使ってみる」を参照してください。

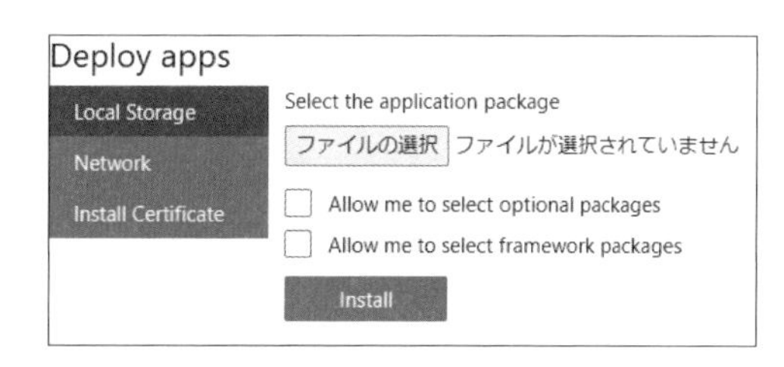

図6-28　Deploy appsの画面

Installed apps

インストールされているアプリの一覧が表示されます（**図6-29**）。

図6-29　Installed appsの画面

アプリを選択して、[Remote（アプリの削除）] または [Start（アプリの起動）] を選択します（**図6-30**）。Running Appsのアプリ終了と合わせることで、HoloLens 2の外からアプリの起動、終了を制御できます。

Installed apps

mixpace (App)

Remove Start

Version: 1.0.0.0
Publisher: CN=HoloLab Inc.
PackageFullName: mixpace_1.0.0.0_arm__fdw5x9e3knrxw
PackageRelativeId: mixpace_fdw5x9e3knrxw!App

図6-30 [Remote] または [Start] を選択

Hologram Stability

表示されているホログラムの安定性を調査するための項目です（**図6-31**）。安定性を可視化できるHologram Stabilityと、HoloLens 2側にフレームレートを表示するチェック項目があります。

HoloLens 2で気持ちのよい体験を提供するためにはホログラムの安定化と、60FPSのフレームレートを可能な限り維持する必要があります。

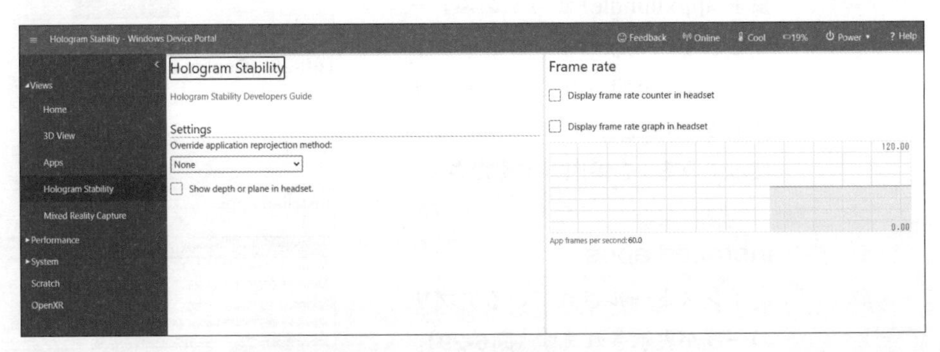

図6-31 [Views] - [Hologram Stability] メニューでの表示

Hologram Stability

ホログラムの安定性を可視化できます（**図6-32**）。シーンで起こるアニメーションやユーザーが頭を動かす時の動きと視点の変化を考慮し、HoloLens 2ではReprojection（再投影）と呼ばれる描画を安定化させるテクニックを使っています。ここでは、Reprojection状態の可視化やReprojection状態の上書きができます。

参照

Hologram Stabilityについてのドキュメント

英語　：https://docs.microsoft.com/en-us/windows/mixed-reality/hologram-stability
日本語：https://docs.microsoft.com/ja-jp/windows/mixed-reality/hologram-stability

Hologram Stabilityの設定が適切になされていない場合、HoloLens 2での表示がブレるなどユーザーへの体験に悪い影響を与えます。

表6-2　Reprojectionの手法

手法	詳細
Depth Reprojection（深度再投影）	最小労力で、最も効果的な手法。レンダリングされるシーンの全ての部分が、ユーザーからの距離に基づいて独立して、安定化される。深度に急激な変化がある場合、一部のレンダリングアーティファクトが表示される場合がある。
Planar Reprojection（平面再投影）	アプリ側で安定化を正確に制御できる。平面はアプリによって設定され、その平面上のすべてがシーンの最も安定した部分になる。 ホログラムが平面から離れるほど、安定性が低下する。
Automatic Planar Reprojection（自動平面再投影）	深度バッファの情報を使用して安定化平面を設定する。
None（何もしない）	アプリが何もしない場合、安定化平面をユーザーの視線方向2メートルに固定して平面再投影が使用されます。これは通常、標準以下の結果になります。

これらの手法が正しく設定されているか、デバイスポータルの［Show depth or plane in headset］にチェックを入れることで確認できます。なお、この設定での表示はMRC（Mixed Reality Capture）では記録されません。

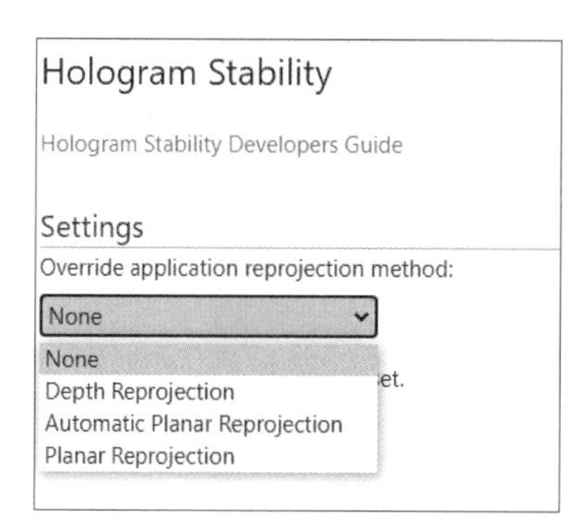

図6-32　［Hologram Stability］での設定項目

［Depth Reprojection］が有効な場合、青い部分は深度が適切に設定されている、赤い部分は深度が設定されていない部分として表示されます（**図6-33**）。赤い部分が大き

いほどアプリの修正が必要となります。

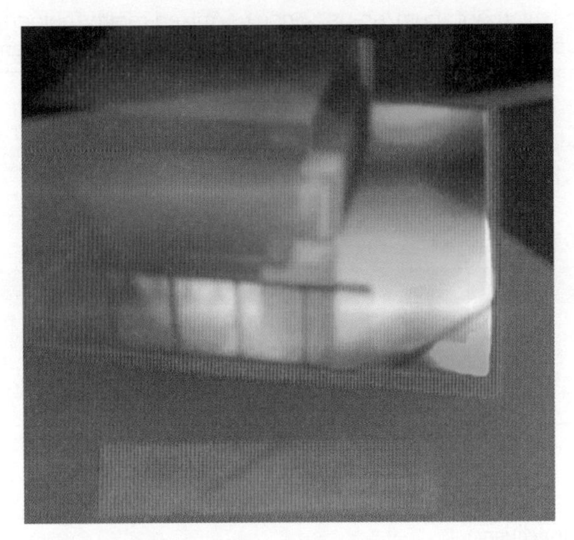

図6-33 ［Depth Reprojection］を有効にして青と赤の表示で深度設定を確認した例

［Planar Reprojection］と［Automatic Planar Reprojection］が有効な場合、青い格子平面が、FocusPlane（安定化のための平面）を表します（**図6-34**）。

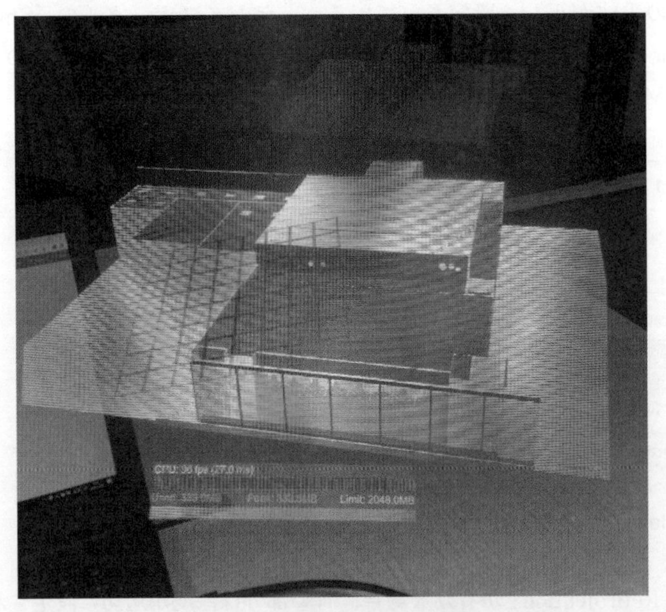

図6-34 青い格子平面がFocusPlane（安定化のための平面）

フレームレート

ONにするとフレームレートをHoloLens 2上に表示します。[Display frame rate counter in headset] はフレームレートの数値を表示し、[Display frame rate graph in headset] はフレームレートの遷移をグラフで表示します。これらはMRC（Mixed Reality Capture）では記録されません。

[Display frame rate counter in headset] にチェックを入れると、HoloLens 2上にフレームレートが数値で表示されます（**図6-35**）。

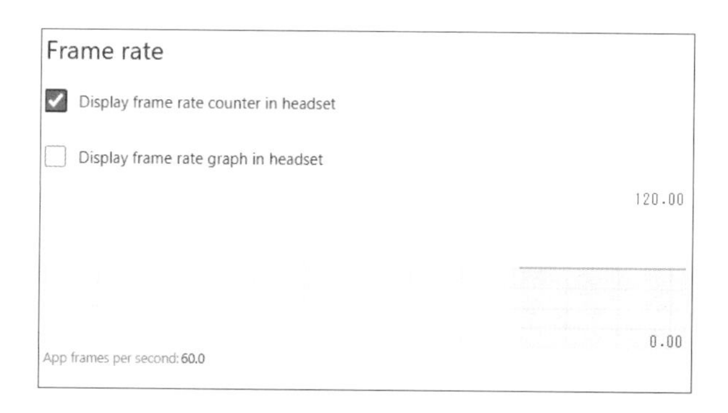

図6-35　[Display frame rate counter in headset] にチェックを入れるとHoloLens 2上にフレームレートが数値で表示される

［Display frame rate graph in headset］にチェックを入れると、HoloLens 2上にフレームレートがグラフで表示されます（**図6-36**）。こちらは一定時間のフレームレートの変化を見ることができます。

Frame rate

☐ Display frame rate counter in headset

☑ Display frame rate graph in headset

120.00

0.00

App frames per second: 60.0

図6-36 ［Display frame rate graph in headset］にチェックを入れるとHoloLens 2上にフレームレートがグラフで表示される

Mixed Reality Capture

HoloLens 2のMixed Reality映像のライブストリーミングや録画を行います。おそらく多くの人においてデバイスポータルで一番利用頻度が高い項目です（**図6-37**）。

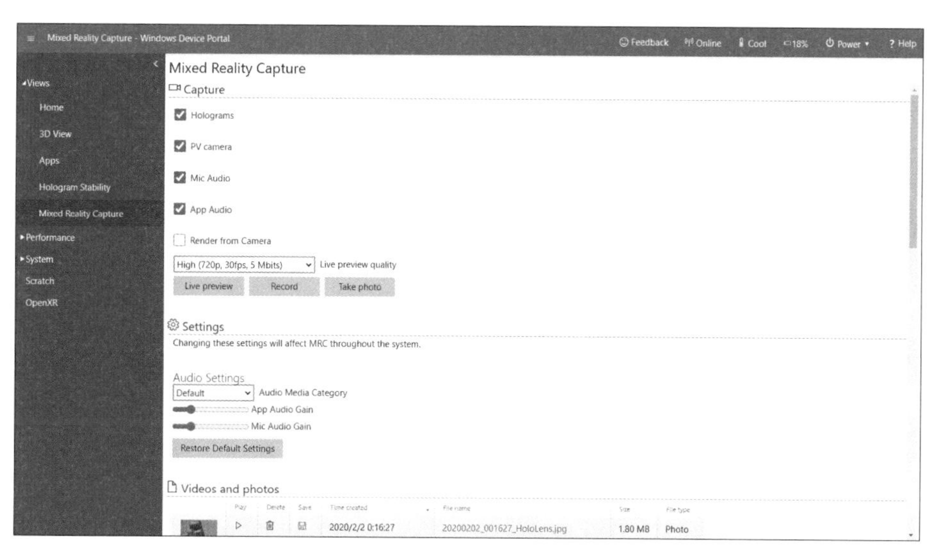

図6-37 [View] - [Mixed Reality Capture] メニューでの表示

キャプチャーの設定を行い、ライブストリーミングは[Live preview]、動画撮影は[Record]、静止画撮影は［Take photo］をクリックします。キャプチャーの設定は下記のようになります。

表6-3 キャプチャー項目

項目	概要
Holograms	HoloLens 2に表示されているホログラム（3Dオブジェクト）を表示する。オフにするとホログラムは表示されない。
PV camera	ホログラムに重畳させるRGBカメラの映像を表示する。オフにすると背景が黒い映像になる。
Mic Audio	HoloLens 2のマイクを有効にする。オフにすると外部の音声は記録されなくなる。
App Audio	アプリの音声記録を有効にする。オフにするとアプリの音声は記録されなくなる。
Render from Camera	レンダリング用のカメラを使用する。アプリ側でも対応が必要で、デバイスポータルでのチェックおよびアプリでの対応を行うと、ハンドメッシュなどホログラムとRGBカメラの位置関係が補正され、ズレが減少される。オフにするとそれぞれの位置関係で描画するためズレが目立つ。

Note

Mic AudioをOFFにすると現実の音を録音しなくなるので、周囲の環境に気を遣わずに済み便利です。

Mixed Reality Capture

Capture

- [x] Holograms
- [x] PV camera
- [x] Mic Audio
- [x] App Audio
- [ ] Render from Camera

High (720p, 30fps, 5 Mbits) Live preview quality

Live preview Record Take photo

図6-38 ［Capture］の設定項目

［Render from Camera］の有効/無効（**図6-38**）による、Mixed Reality Captureでの見え方の違いについて下記に示します（**図6-39**、6-40）。なお、［Render from Camera］はアプリ側でも対応が必要なので、対応されたアプリのみ補正されます。

図6-39 ［Render from Camera］の有効時

図6-40 ［Render from Camera］の無効時

記録された動画や静止画はMixed Reality Captureページの下部から再生、削除、ダウンロードができます（**図6-41**）。これらのファイルはエクスプローラーからは［Pictures/Camera Roll］フォルダーに保存されており、エクスプローラーからもアクセスできます。

Videos and photos

	Play	Delete	Save	Time created	File name	Size	File type
	▷	🗑	💾	2020/2/2 0:16:27	20200202_001627_HoloLens.jpg	1.80 MB	Photo
	▷	🗑	💾	2020/2/2 0:15:20	20200202_001519_HoloLens.jpg	2.54 MB	Photo
	▷	🗑	💾	2020/1/31 11:06:12	20200131_110612_HoloLens.jpg	2.48 MB	Photo
	▷	🗑	💾	2020/1/31 11:06:03	20200131_110603_HoloLens.jpg	2.34 MB	Photo
	▷	🗑	💾	2020/1/31 11:05:48	20200131_110547_HoloLens.jpg	1.15 MB	Photo
	▷	🗑	💾	2020/1/31 10:59:20	20200131_105920_HoloLens.jpg	2.38 MB	Photo

図6-41　HoloLens 2で記録した動画や静止画

6.1.8 Performance

HoloLens 2の動作パフォーマンスに関する状況の閲覧や記録ができます。［Performance］メニューの下は3つのサブメニューがあります。

Performance Tracing

HoloLens 2のパフォーマンスを記録します（**図6-42**）。実行されているプロセスの一覧やCPU使用状況、ストレージ使用状況、メモリー使用状況が記録されます。

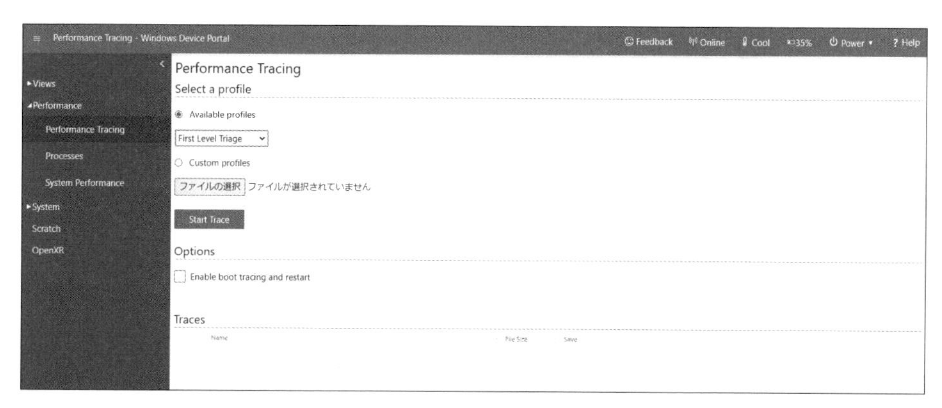

図6-42　［Performance］-［Performance Tracing］メニューでの表示

Performance Tracingは以下の5項目について記録できます。

表6-4 記録される内容

項目	概要
System Activity	起動しているプロセスやスレッドなど
Computation	CPU使用状況
Storage	ストレージ（SSD）使用状況
Memory	メモリーの使用状況や仮想メモリーのスナップショットなど
Power	CPUコアごとの動作周波数やアイドル時間など

Available profilesは既定で設定されているパフォーマンス項目で、以下の4つから取得したい項目に合わせて選択します。

表6-5 記録される項目

選択肢	記録される項目
First Level Triage	全ての項目 （System Activity、Computation、Storage、Memory、Power）
Computation Profile	System Activity。Computation、Power
Memory Profile	System Activity、Memory
I/O Profile	System Activity、Storage

Custom profilesはカスタマイズした項目を使用できますが、ドキュメントにも記載がないため割愛します。またオプションに［Enable boot tracing and restart］とありますが、ここにチェックしてもProfileで実行エラーとなるため、こちらも割愛します。

［Start Trace］ボタンを押してから［Stop Trace］ボタンを押すまでの間の状態が記録されます。記録を停止してしばらくすると.etlファイルが生成されるので（**図6-43**）、これをダウンロードします。

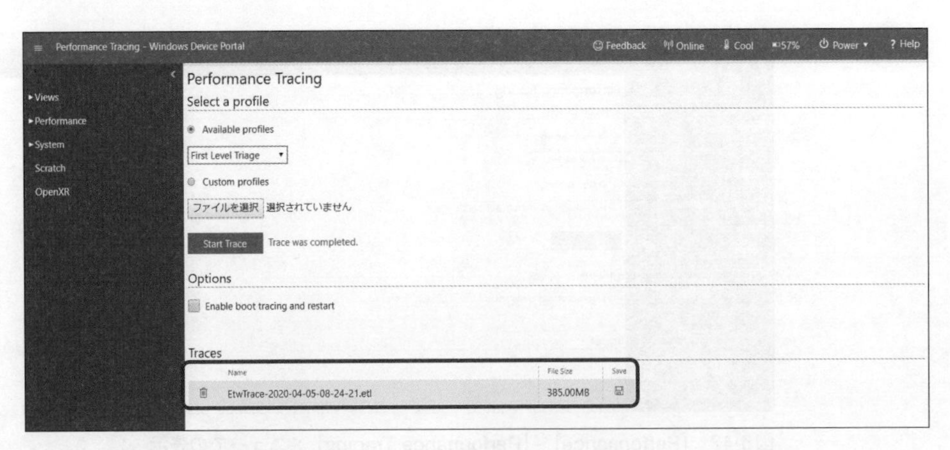

図6-43 記録したファイル

.etlファイルは、Windows 10 PC上で「Windows Performance Analyzer」を使って閲覧できます（**図6-44**）。

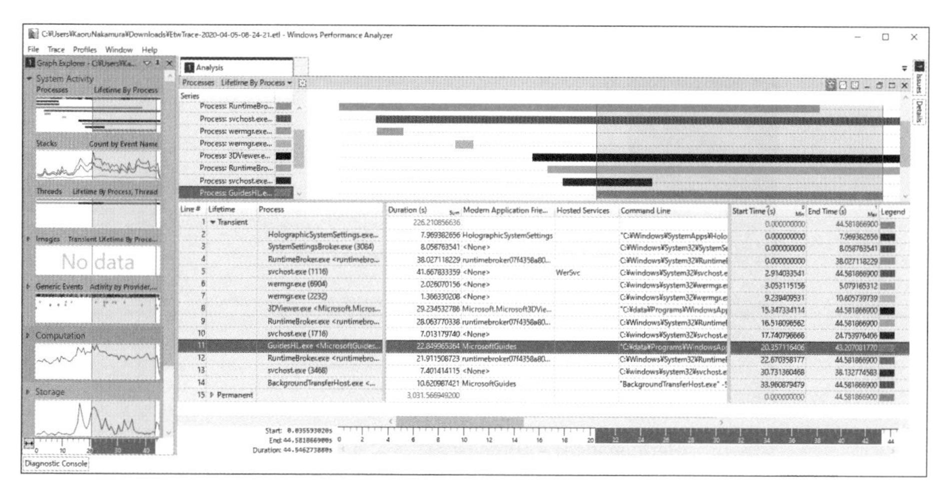

図6-44　Windows Performance Analyzerを使って記録を閲覧

参照

Windows Performance Analyzerのドキュメント

https://docs.microsoft.com/ja-jp/windows-hardware/test/wpt/windows-performance-analyzer

Windows Assessment and Deployment Kit (Windows ADK) for Windows 8.1 Update (Windows Performance Analyzerのインストーラー)

https://www.microsoft.com/en-US/download/details.aspx?id=39982

Processes

現在HoloLens 2上で実行されているプロセスの一覧が表示されます（**図6-45**）。

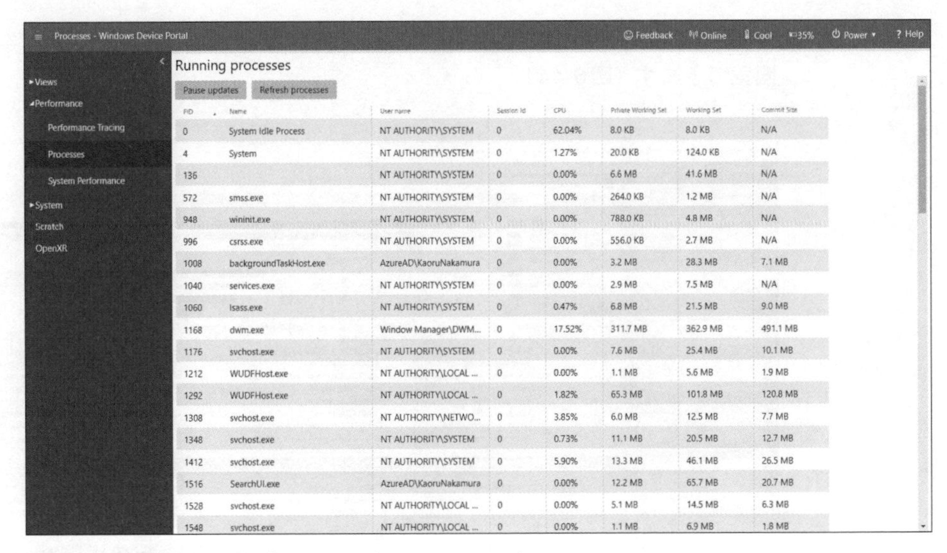

PID	Name	User name	Session Id	CPU	Private Working Set	Working Set	Commit Size
0	System Idle Process	NT AUTHORITY\SYSTEM	0	62.04%	8.0 KB	8.0 KB	N/A
4	System	NT AUTHORITY\SYSTEM	0	1.27%	20.0 KB	124.0 KB	N/A
136		NT AUTHORITY\SYSTEM	0	0.00%	6.6 MB	41.6 MB	N/A
572	smss.exe	NT AUTHORITY\SYSTEM	0	0.00%	264.0 KB	1.2 MB	N/A
948	wininit.exe	NT AUTHORITY\SYSTEM	0	0.00%	788.0 KB	4.8 MB	N/A
996	csrss.exe	NT AUTHORITY\SYSTEM	0	0.00%	556.0 KB	2.7 MB	N/A
1008	backgroundTaskHost.exe	AzureAD\KaoruNakamura	0	0.00%	3.2 MB	28.3 MB	7.1 MB
1040	services.exe	NT AUTHORITY\SYSTEM	0	0.00%	2.9 MB	7.5 MB	N/A
1060	lsass.exe	NT AUTHORITY\SYSTEM	0	0.47%	6.8 MB	21.5 MB	9.0 MB
1168	dwm.exe	Window Manager\DWM...	0	17.52%	311.7 MB	362.9 MB	491.1 MB
1176	svchost.exe	NT AUTHORITY\SYSTEM	0	0.00%	7.6 MB	25.4 MB	10.1 MB
1212	WUDFHost.exe	NT AUTHORITY\LOCAL ...	0	0.00%	1.1 MB	5.6 MB	1.9 MB
1292	WUDFHost.exe	NT AUTHORITY\LOCAL ...	0	1.82%	65.3 MB	101.8 MB	120.8 MB
1308	svchost.exe	NT AUTHORITY\NETWO...	0	3.85%	6.0 MB	12.5 MB	7.7 MB
1348	svchost.exe	NT AUTHORITY\SYSTEM	0	0.73%	11.1 MB	20.5 MB	12.7 MB
1412	svchost.exe	NT AUTHORITY\SYSTEM	0	5.90%	13.3 MB	46.1 MB	26.5 MB
1516	SearchUI.exe	AzureAD\KaoruNakamura	0	0.00%	12.2 MB	65.7 MB	20.7 MB
1528	svchost.exe	NT AUTHORITY\LOCAL ...	0	0.00%	5.1 MB	14.5 MB	6.3 MB
1548	svchost.exe	NT AUTHORITY\LOCAL ...	0	0.00%	1.1 MB	6.9 MB	1.8 MB

図6-45 ［Performance］-［Processes］メニューでの表示

■ System Performance

現在のHoloLens 2上のパフォーマンスが表示され、主にアプリの全体的な動作状況を確認する際に利用します（**図6-46**）。全体のCPU使用率、I/Oの使用率、メモリーの使用率（全体、使用中、未使用なども表示）ネットワークの使用率、GPU使用率が表示され、Frame Rateの項目ではHologram Stabilityと同じくフレームレートの数値およびグラフでの表示が可能です。

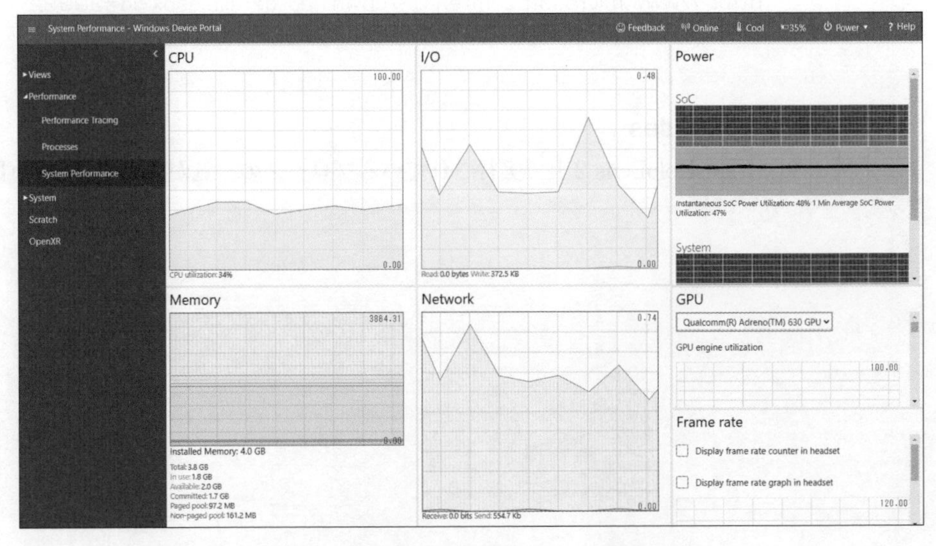

図6-46 ［Performance］-［System Performance］メニューでの表示

6.1.9 System

次に、［System］メニューの下にあるサブメニューを説明します。

App Crash Dumps

サイドローディング（デバイスポータルの「Apps」や開発環境からインストール）したアプリがクラッシュ（強制終了）した際に、アプリのクラッシュダンプ（強制終了した際の状態を保存したファイル）を取得できます（**図6-47**）。

図6-47　［System］-［App Crash Dumps］メニューでの表示

この画面の［Apps］からクラッシュダンプを収集したいアプリの［Crash Dumps］にチェックを入れてしばらく待ちます。しばらくしてこのページを開くと、［Crash Dumps］の項目に.dmpファイルが表示されます（**図6-48**）。

図6-48　クラッシュダンプファイルが表示される

.dmpファイルをダウンロードして、Visual StudioやWinDbgなどでデバッグを行うことができます（**図6-49**）。

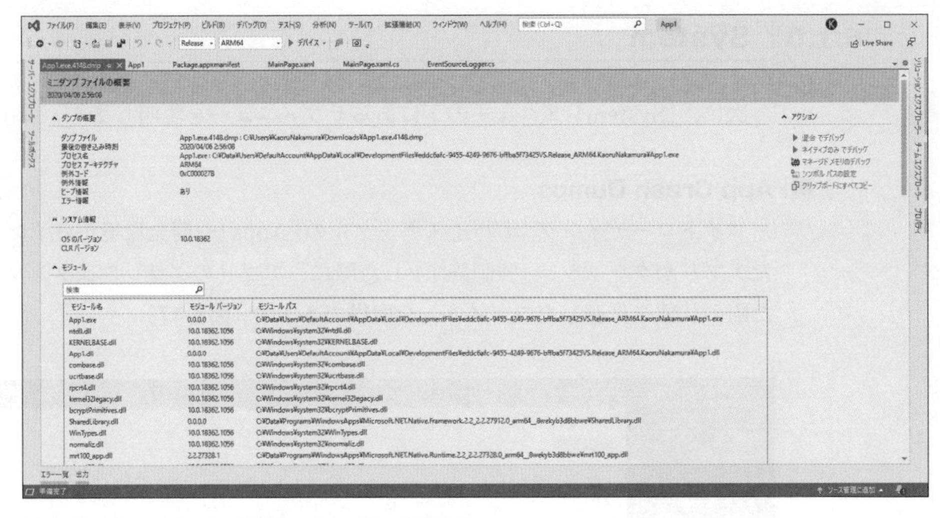

図6-49 Visual Studioでクラッシュダンプを開く

Bluetooth

Bluetoothのオン/オフの切り替え、ペアリングされているデバイス、およびペアリング可能なデバイスを表示します（**図6-50**）。ペアリング可能なデバイスの［Pair］を選択することで、デバイスポータル上からもペアリングが可能です。

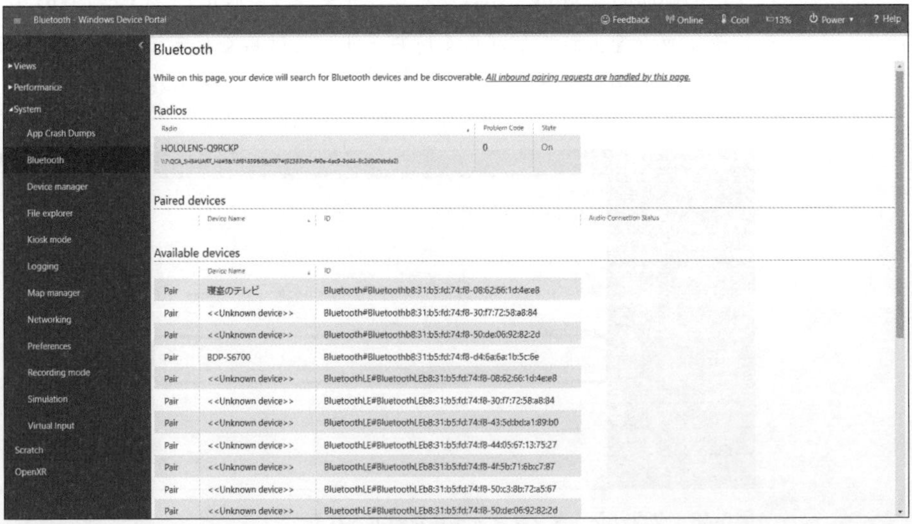

Bluetooth - Windows Device Portal　Feedback　Online　Cool　13%　Power　? Help

▸Views
▸Performance
◂System
App Crash Dumps
Bluetooth
Device manager
File explorer
Kiosk mode
Logging
Map manager
Networking
Preferences
Recording mode
Simulation
Virtual Input
Scratch
OpenXR

Bluetooth

While on this page, your device will search for Bluetooth devices and be discoverable. *All inbound pairing requests are handled by this page.*

Radios

Radio	Problem Code	State
HOLOLENS-Q9RCKP	0	On

Paired devices

	Device Name	ID	Audio Connection Status

Available devices

	Device Name	ID
Pair	寝室のテレビ	Bluetooth#Bluetoothb8:31:b5:fd:74:f8-08:62:66:1d:4e:e8
Pair	<<Unknown device>>	Bluetooth#Bluetoothb8:31:b5:fd:74:f8-30:f7:72:58:a8:84
Pair	<<Unknown device>>	Bluetooth#Bluetoothb8:31:b5:fd:74:f8-50:de:06:92:82:2d
Pair	BDP-S6700	Bluetooth#Bluetoothb8:31:b5:fd:74:f8-d4:6a:6a:1b:5c:6e
Pair	<<Unknown device>>	BluetoothLE#BluetoothLEb8:31:b5:fd:74:f8-08:62:66:1d:4e:e8
Pair	<<Unknown device>>	BluetoothLE#BluetoothLEb8:31:b5:fd:74:f8-30:f7:72:58:a8:84
Pair	<<Unknown device>>	BluetoothLE#BluetoothLEb8:31:b5:fd:74:f8-43:5d:bd:a1:89:b0
Pair	<<Unknown device>>	BluetoothLE#BluetoothLEb8:31:b5:fd:74:f8-44:05:67:13:75:27
Pair	<<Unknown device>>	BluetoothLE#BluetoothLEb8:31:b5:fd:74:f8-4f:5b:71:6b:c7:87
Pair	<<Unknown device>>	BluetoothLE#BluetoothLEb8:31:b5:fd:74:f8-50:c3:8b:72:a5:67
Pair	<<Unknown device>>	BluetoothLE#BluetoothLEb8:31:b5:fd:74:f8-50:de:06:92:82:2d

図6-50 ［System］-［Bluetooth］メニューでの表示

Device manager

デバイスマネージャー相当になりますが、HoloLens 2では何も表示されず、「Save to file」をクリックしてもファイルは保存されません（**図6-51**）。

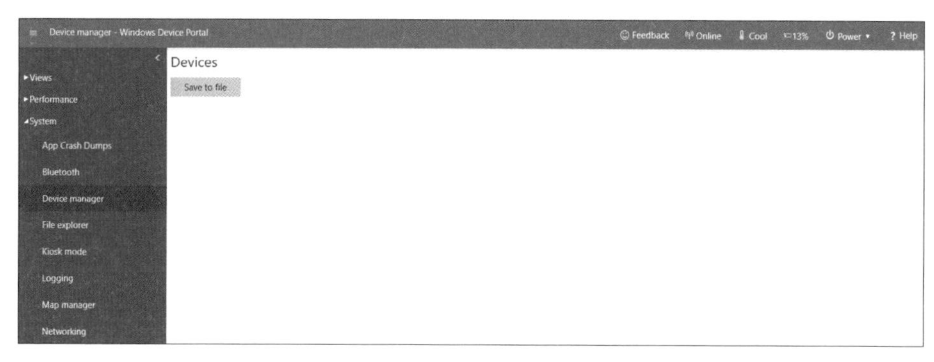

図6-51 ［System］-［Device manager］メニューでの表示

File explorer

HoloLens 2内のストレージを見ることができます（**図6-52**）。デバイスポータル専用の機能として、アプリフォルダー（LocalAppData 配下）へのアクセスができます（**図6-53**）。アプリの設定ファイルへのアクセスやPCなどからWi-Fi経由で内部のファイルへアクセスしたい場合に利用します。

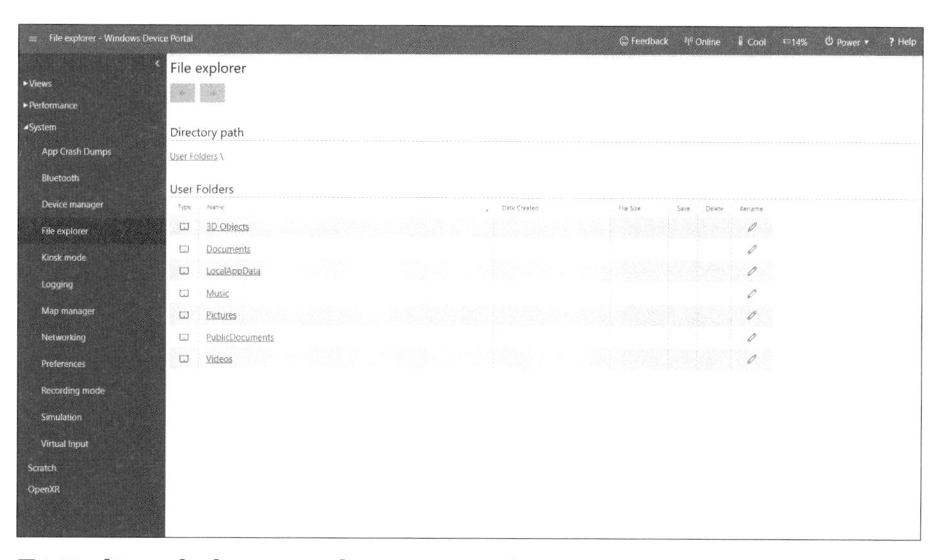

図6-52 ［System］-［File Explorer］メニューでの表示

Directory contents

Type	Name	Date Created	File Size	Save	Delete	Rename
	desktop.ini	2020/1/28 13:47:58	298.0 byt...			

Upload a file to this directory

ファイルの選択 ファイルが選択されていません

Upload

図6-53　ファイルのアップロードなども可能

Kiosk mode

HoloLens 2をキオスクモードにする設定です（**図6-54**）。キオスクモードとはHoloLens 2の起動中に指定したアプリのみ起動可能にする設定で、アプリの起動を制限する用途（実運用のほか、デモや展示など）で役に立ちます。キオスクモードには起動を1つのアプリに制限するシングルアプリモードと、複数のアプリを指定できるマルチアプリモードがあります。デバイスポータルからはシングルアプリのキオスクモードのみ設定ができ、マルチアプリのキオスクモードの設定はMDM（Intune等）経由になります。

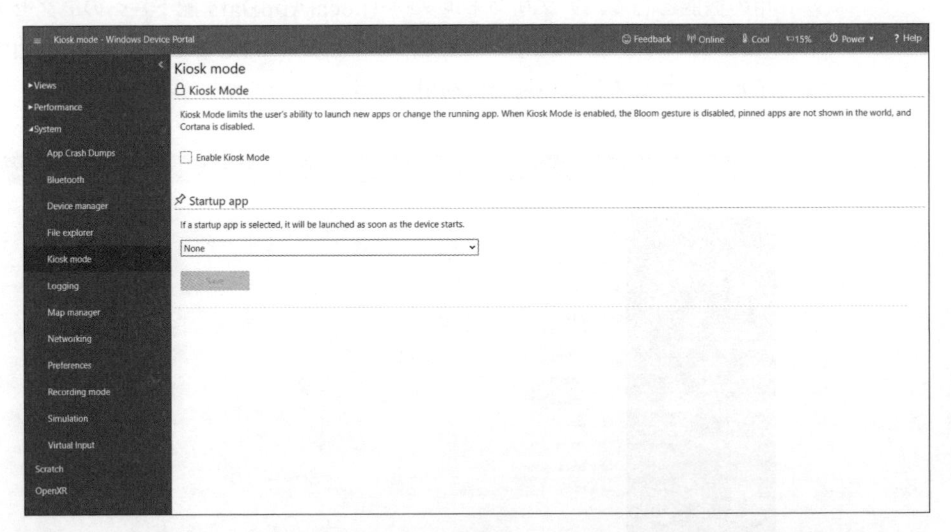

図6-54　[System] - [Kiosk mode] メニューでの表示

Logging

ETW（Event Tracing for Windows）のイベントログを表示できます（**図6-55**）。アプリにイベントログの出力機能がある場合、この画面から確認できます。

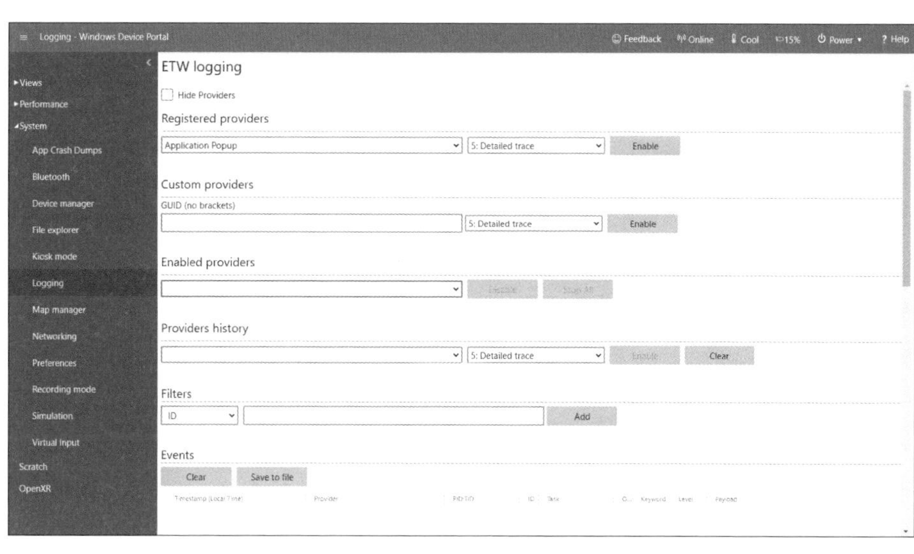

図6-55　[System] - [Logging] メニューでの表示

たとえば特定のGUID（ユニークなID）でイベントログを出力するアプリの設定を行うと、そのアプリの動作状況が表示されます（**図6-56**）。

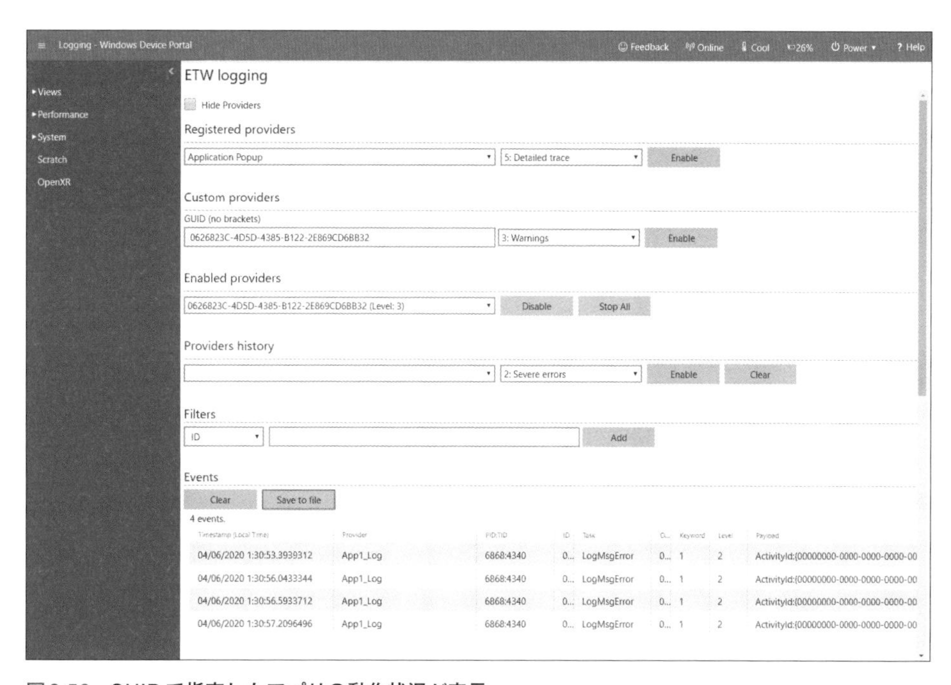

図6-56　GUIDで指定したアプリの動作状況が表示

このイベントログはCSVでダウンロードができるので、Excelなどで状況を分析することができます（**図6-57**）。

Timestamp	Provider	ProcessId	ID	TaskName	OpCode	Keyword	Level	Field0	Field1	Field2
04/06/2020-1:30:53.3939312	App1_Log	6868:4340	0	LogMsgError	0	1	2	ActivityId:{00000000-0000-0000-0000-000000000000}	RelatedActivityId:{00000000-0000-0000-0000-000000000000}	StringMessage:"Test"
04/06/2020-1:30:56.0433344	App1_Log	6868:4340	0	LogMsgError	0	1	2	ActivityId:{00000000-0000-0000-0000-000000000000}	RelatedActivityId:{00000000-0000-0000-0000-000000000000}	StringMessage:"Button_Click"
04/06/2020-1:30:56.5933712	App1_Log	6868:4340	0	LogMsgError	0	1	2	ActivityId:{00000000-0000-0000-0000-000000000000}	RelatedActivityId:{00000000-0000-0000-0000-000000000000}	StringMessage:"Button_Click"
04/06/2020-1:30:57.2096496	App1_Log	6868:4340	0	LogMsgError	0	1	2	ActivityId:{00000000-0000-0000-0000-000000000000}	RelatedActivityId:{00000000-0000-0000-0000-000000000000}	StringMessage:"Button_Click"

図6-57　Excelでイベントログを表示

Map manager

環境マップおよびアンカーのリセット、エクスポート、インポートができます（**図6-58**）。現在の環境マップの削除（環境マップが現実と不整合を起こしてHoloLens 2の動作に悪影響を及ぼす場合など）や、事前に作成したきれいな環境マップやアンカーの保存（エクスポート）や、その復元（インポート）をする際に使用します。

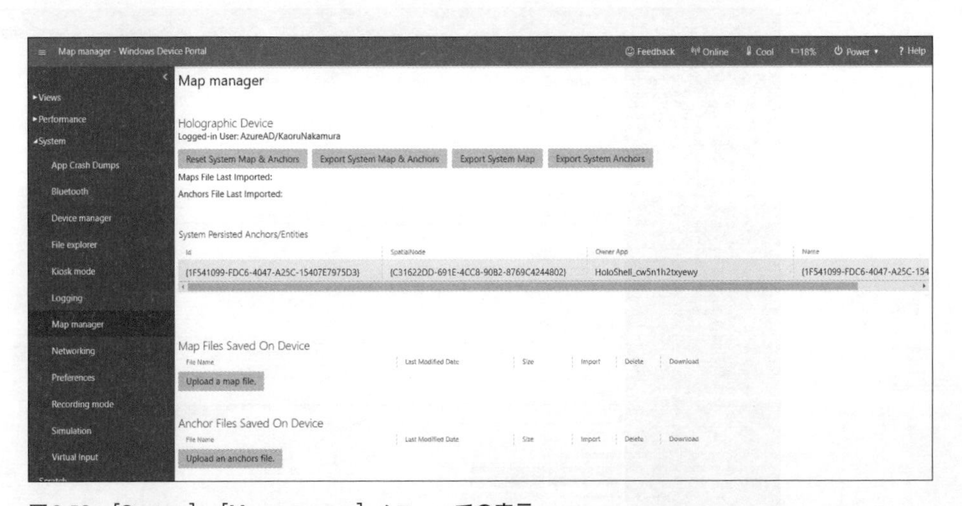

図6-58　［System］-［Map manager］メニューでの表示

Networking

ネットワークに関する設定です。現在接続しているWi-Fiの情報や接続可能なWi-Fiアクセスポイントの一覧が表示され、ここから新しいWi-Fiに接続することもできます（**図6-59**）。

詳細画面から手動でIPアドレスを割り当てることもできますが、アクセスポイント単位ではなくHoloLens 2全体として設定されます（NICへ割り当てられる）。そのため、アクセスポイントが変わっても（IPアドレスが変わっても）HoloLens 2のIPアドレスは変化しないため、接続ができなくなる可能性がありますので、利用には注意が必要です。

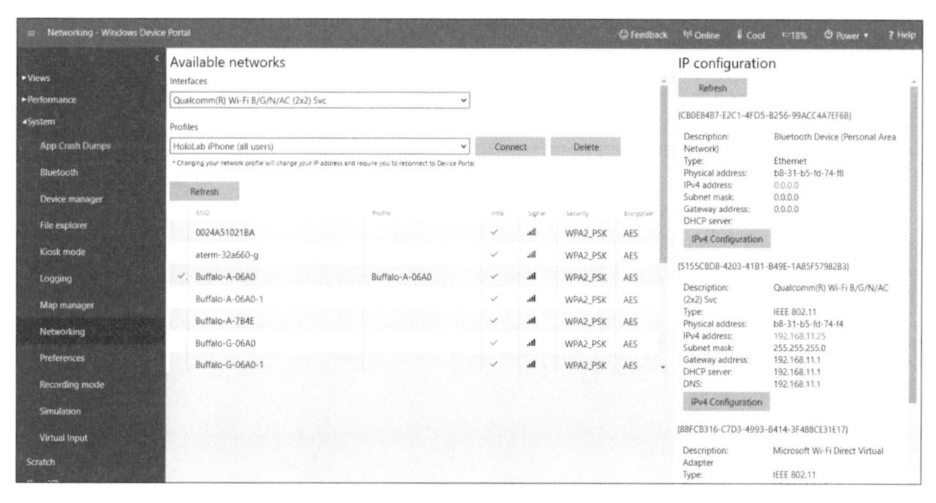

図6-59　［System］-［Networking］メニューでの表示

Preferences

デバイス設定に関する項目です（**図6-60**）。

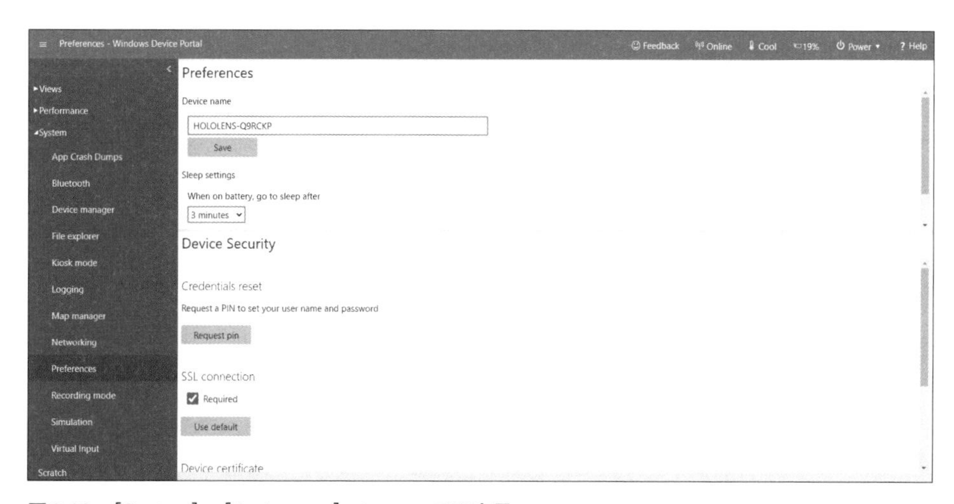

図6-60　［System］-［Preference］メニューでの表示

上段の［Preference］項目ではデバイス名の変更やスリープまでの時間を設定できます（**図6-61**）。デバイスポータル上からはスリープしない設定にはできません。

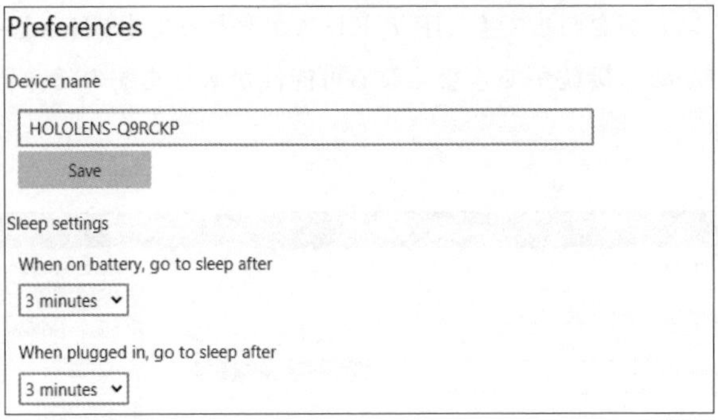

Preferences

Device name

HOLOLENS-Q9RCKP

Save

Sleep settings

When on battery, go to sleep after

3 minutes

When plugged in, go to sleep after

3 minutes

図6-61　［Preference］項目

下段の［Device Security］項目ではデバイスポータルへの接続設定ができます（**図6-62**）。PINおよびユーザー名/パスワードの再設定、SSLでの接続可否、証明書のダウンロードが可能です。

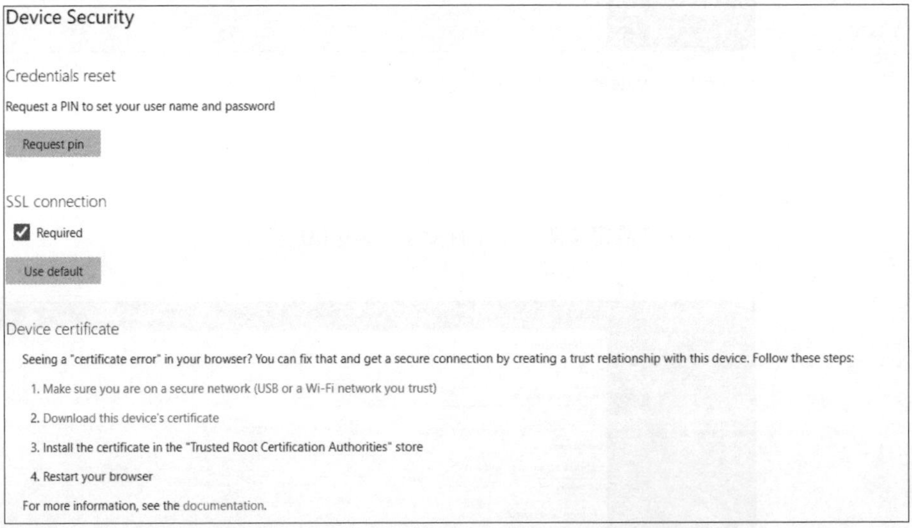

Device Security

Credentials reset

Request a PIN to set your user name and password

Request pin

SSL connection

Required

Use default

Device certificate

Seeing a "certificate error" in your browser? You can fix that and get a secure connection by creating a trust relationship with this device. Follow these steps:

1. Make sure you are on a secure network (USB or a Wi-Fi network you trust)
2. Download this device's certificate
3. Install the certificate in the "Trusted Root Certification Authorities" store
4. Restart your browser

For more information, see the documentation.

図6-62　［Device Security］項目

■ Recording mode

HoloLens 1でのResearch modeに相当する機能で、専用のHoloLensアプリからカメラの生データなど低レイヤーのデータが取得できます（**図6-63**）。なお、Recording modeはトラブルシューティングを目的としており、利用するアプリに組み込むことは想定されていません。

現状ではアプリが存在しないため利用できません。

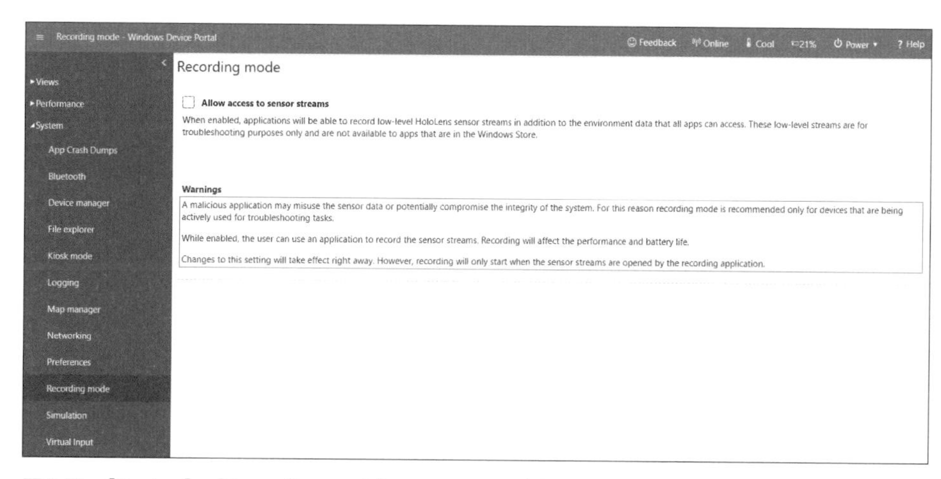

図6-63 [System] - [Recording mode] メニューでの表示

Simulation

HoloLens 2の環境や動作をキャプチャーし、実機やエミュレーターで再現を行います（**図6-64**）。現状のデバイスポータルでは［Playback（再生）］のみとなっており、記録ができないため利用できません。

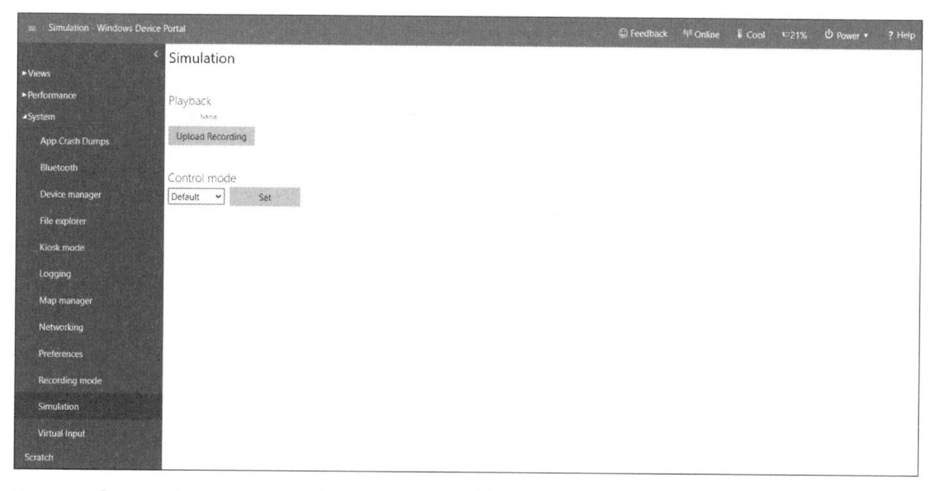

図6-64 [System] - [Simulation] メニューでの表示

Virtual Input

HoloLens 2にキー入力を送信します（**図6-65**）。HoloLens 2上でソフトウェアキーボードが表示されているときに有効になります。長い、複雑なユーザー名/パスワードの入力などに役立ちます。上部の「Virtual keyboard」はキー入力1つずつをHoloLens 2へ送り、下部の「Input Text」は入力欄に入力された文字列を［Send］ボタンが押されたタイミングでHoloLens 2に送信します。

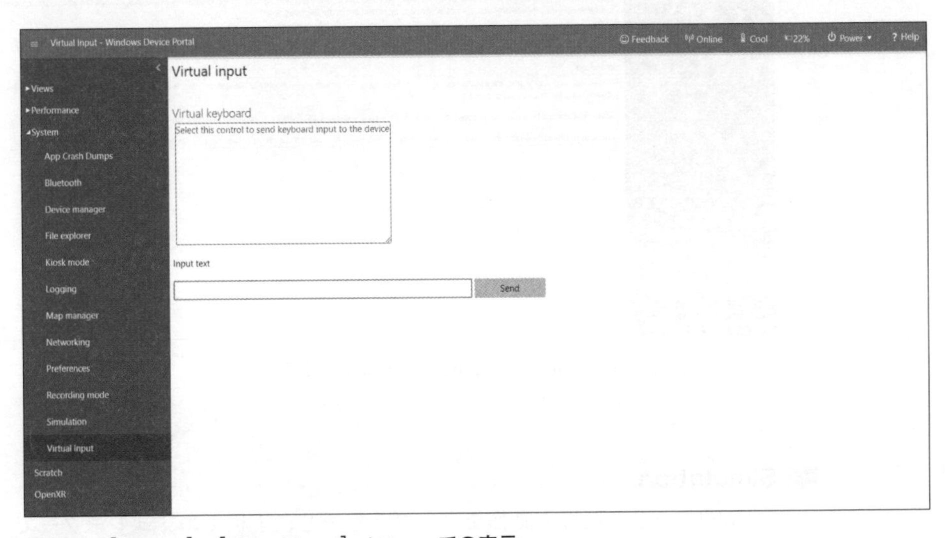

図6-65 ［System］-［Virtual Input］メニューでの表示

6.1.10 OpenXR

OpenXRのランタイムおよびサービスのバージョンの確認および更新ができます（**図6-66**）。OpenXR準拠のAPIを使用したHoloLens 2アプリを開発する際には、こちらのバージョンに合わせます。

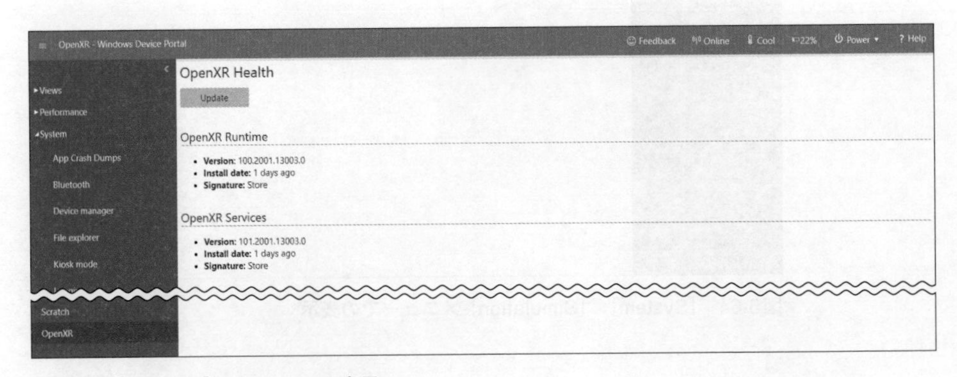

図6-66 ［OpenXR］メニューでの表示

参照

OpenXR
https://docs.microsoft.com/ja-jp/windows/mixed-reality/openxr

6.2 公開されているアプリパッケージをインストールして使ってみる

6.2.1 MRTK Examples Hub

HoloLens 2の動作を知るためには、Microsoftから公開されている「MRTK Examples Hub」を体験するとよいでしょう（図6-67）。このアプリはHoloLens 2のアプリ開発のサンプルとなっていますが、HoloLens 2で実現可能な機能の集合にもなっています。このアプリはストアではなく、プロジェクト管理サイトのGitHubにてアプリパッケージが公開されており、サイトからダウンロードしてインストールすることで使用できるようになります。インストールが完了すると、HoloLens 2のスタートメニューからアプリを起動できます。

図6-67　MRTK Examples Hubの画面

■ インストール手順

MRTKのサイトからアプリパッケージをダウンロードします。サイトにアクセスしたら、「MRTK.Examples.Hub_v2.3.0_HoloLens2_ARM.zip」をダウンロードします（図6-68）。

Microsoft Mixed Reality Toolkit v2.3.0
https://github.com/microsoft/MixedRealityToolkit-Unity/releases/tag/v2.3.0

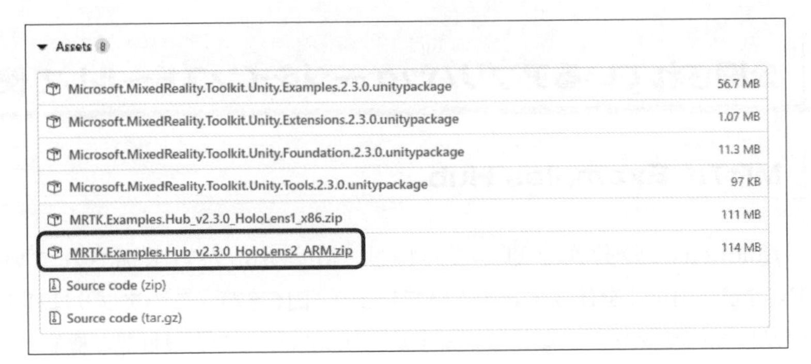

図6-68 「MRTK.Examples.Hub_v2.3.0_HoloLens2_ARM.zip」をダウンロード

ダウンロードしたzipファイルを展開します（**図6-69**）。

ド > MRTK.Examples.Hub_v2.3.0_HoloLens2_ARM > MRTKExamplesHub_2.3.0

名前	更新日時	種類	サイズ
Add-AppDevPackage.resources	2020/04/06 3:11	ファイル フォルダー	
Dependencies	2020/04/06 3:11	ファイル フォルダー	
Add-AppDevPackage.ps1	2020/04/06 3:11	Windows PowerS...	35 KB
Install.ps1	2020/04/06 3:11	Windows PowerS...	13 KB
MRTKExamplesHub_2.3.2.0_arm_Master.appxbundle	2020/04/06 3:11	APPXBUNDLE ファ...	42,999 KB
MRTKExamplesHub_2.3.2.0_ARM_Master.appxsym	2020/04/06 3:11	APPXSYM ファイル	72,771 KB
MRTKExamplesHub_2.3.2.0_arm_Master.cer	2020/04/06 3:11	セキュリティ証明書	1 KB

図6-69 zipファイルを展開

拡張子.appxbundleがアプリ本体になります。このほかに［Dependencies］フォルダーの［ARM］フォルダーにある拡張子.appxもインストール対象です（**図6-70**）なお、アプリがARM64でビルドされている場合は、［Dependencies］-［ARM64］フォルダーになります。

ド > MRTK.Examples.Hub_v2.3.0_HoloLens2_ARM > MRTKExamplesHub_2.3.0 > Dependencies > ARM

名前	更新日時	種類	サイズ
Microsoft.VCLibs.ARM.14.00.appx	2020/04/06 3:11	APPX ファイル	749 KB

図6-70 ［Dependencies］フォルダーの［ARM］フォルダー

インストールのために、デバイスポータルの［Views］メニューにある［Apps］を開き、［Deploy Apps］の［ファイルを選択］をクリックします（**図6-71**）。

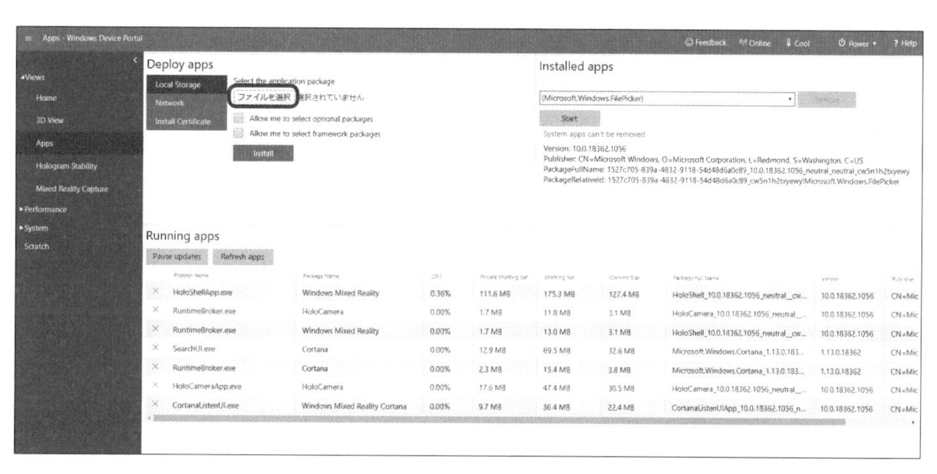

図6-71　［Views］メニューの［Apps］-［Deploy Apps］から［ファイルを選択］をクリック

ファイル選択ダイアログが開くので、先ほどの「MRTKExamplesHub_2.3.2.0_arm_Master.appxbundle」ファイルを選択します（**図6-72**）。

図6-72　「MRTKExamplesHub_2.3.2.0_arm_Master.appxbundle」ファイルを選択

今回のように［ARM］フォルダー以下の依存ファイルがある場合には、［Allow me to select optional packages］にチェックを入れ、［Next］をクリックします（**図6-73**）。

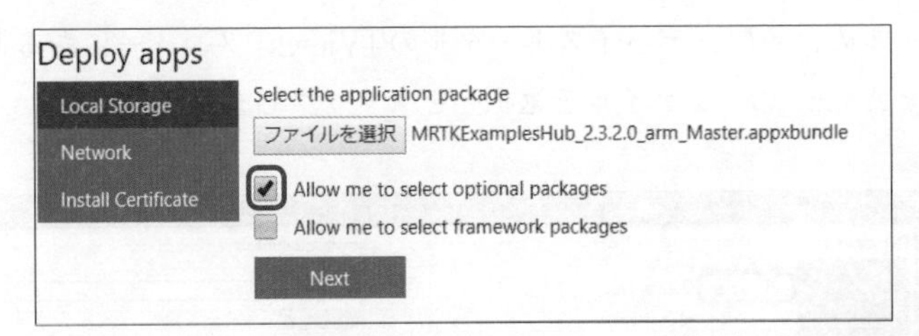

図6-73 ［Allow me to select optional packages］にチェックを入れて［Next］をクリック

「Choose any optional packages:」と表示されるので、その下の［ファイルを選択］をクリックし（**図6-74**）、先ほどの「Microsoft.VCLibs.ARM.14.00.appx」を選択します（**図6-74**）。

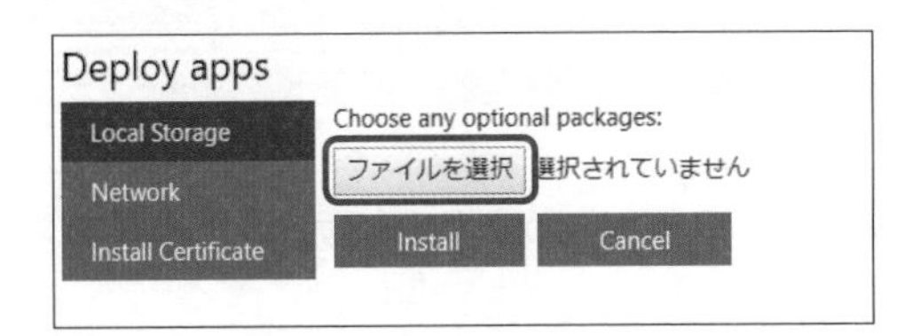

図6-74 ［ファイルを選択］をクリック

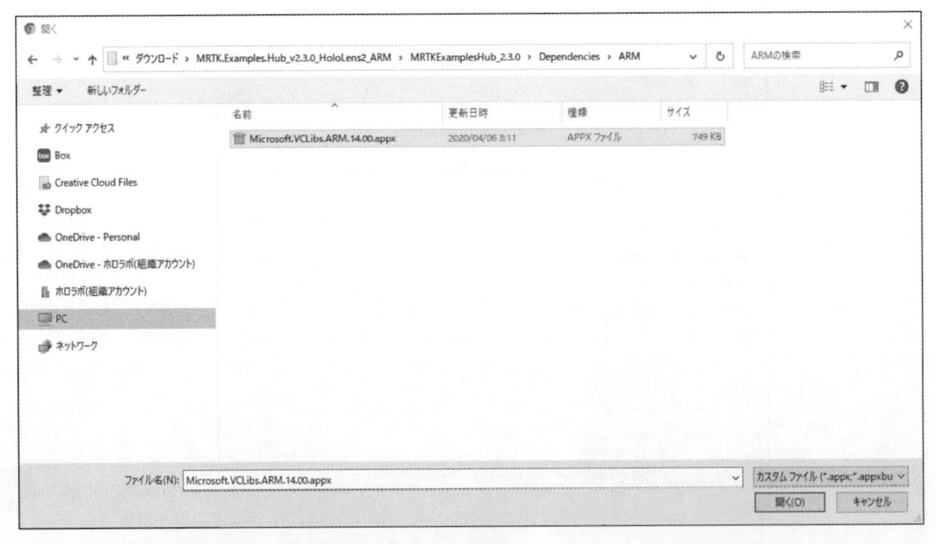

図6-75 「Microsoft.VCLibs.ARM.14.00.appx」を選択

ファイルの選択ができたら［インストール］をクリックします（**図6-76**）。

図6-76 ［Install］をクリック

しばらく待つとインストールが完了します（**図6-77**）。

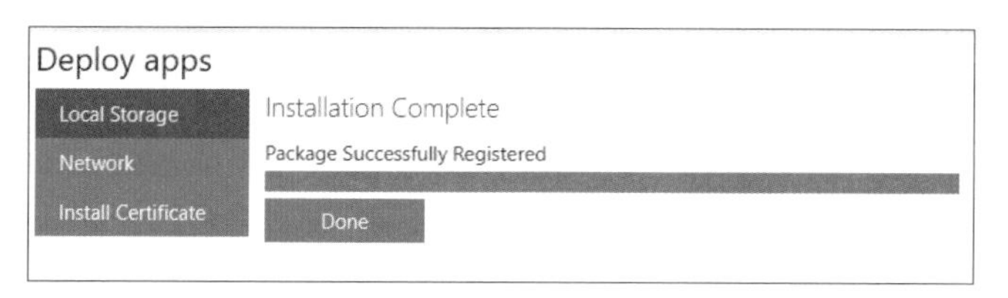

図6-77 インストールの完了画面

インストールが失敗する場合には、以下の点などを注意します。

- すでに同じアプリがインストールされている場合は、先にインストール済みのアプリをアンインストールする
- 同じパッケージ名のアプリがある場合は、そのアプリをアンインストールする（Unityで開発したアプリのインストール時に発生しやすい）
- 依存関係のファイルを再度確認する

アプリを起動する

スタートメニューからアプリを起動しましょう（**図6-78**）。

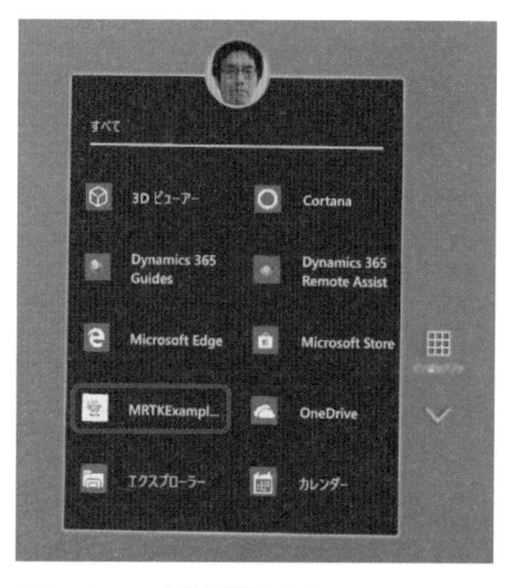

図6-78 アプリを起動する

6

アプリアイコンをクリックすると、アプリの3Dアイコンが表示されるので、画面中央にある再生ボタンを選択します（**図6-79**）。

このアプリでは視線操作と音声操作に対応しているため、起動すると「アイトラッカー」および「マイク」へのアクセス許可が表示されます。それぞれユーザーの許可を得て利用できるようになりますので、「はい」を選択します（**図6-80**）。

図6-79　再生ボタンをクリック

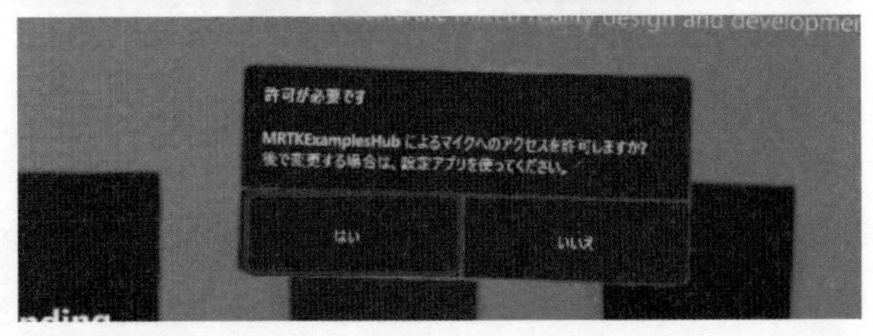

図6-80　「アイトラッカー」および「マイク」へのアクセス許可

アプリを起動するといくつかの項目が出てきます（**図6-81**）。HoloLens 2の特徴は手指を使ったハンドジェスチャと視線を使った操作になります。ハンドジェスチャは左側、視線は右側にまとまっているので、それぞれの項目を選択することで体験ができます。

図6-81　表示される項目

ハンドジェスチャを体験するには、一番左の上段にある［Hand Interaction Examples］を選択します（図6-82）。

このデモでは両手を使ったさまざまな操作が一通り体験できます。正面のピアノは指で演奏でき、奥のボタンは指やハンドレイで選択できます。また、左右のオブジェクトは片手や両手でつかめます（図6-83）。

図6-82 ［Hand Interaction Examples］を選択

図6-83 両手を使ったさまざまな操作が体験できる

6

個別のデモからデモの選択画面に戻るには、手元にあるパネルの［ホーム］ボタンを選択します（図6-84）。

図6-84 ［ホーム］ボタンを選択

アイトラッキングの体験は、右側の上段にある［Eye Tracking Target Selection］がよいでしょう（**図6-85**）。視線を使ったデモを体験する際は視線の調整を行いましょう。視線の調整は、既定では別の人から受け取ってかぶった場合、または手動で［設定］アプリからも調整ができます（「3.3［設定］アプリを使用する」の「調整」を参照）。

図6-85 ［Eye Tracking Target Selection］を選択

このデモでは目の前の宝石を目で見つめると反応して動き、視線だけでの選択の体験ができます（**図6-86**）。

図6-86 視線での選択の体験ができる

ほかにもさまざまなデモがありますので、HoloLens 2が手元に来たら一通り試すとよいでしょう。

環境構築

A.1 Dynamics 365 Remote Assistの環境構築手順

A.1.1 ライセンスの購入

Remote Assistのライセンスの準備を行います。設定に関する公式のドキュメントは下記になります。

Dynamics 365 Guidesの設定
https://docs.microsoft.com/ja-jp/dynamics365/mixed-reality/remote-assist/requirements

ライセンスはMicrosoft 365管理センターにて購入し、利用するユーザーへ割り当てを行います。そのため、Microsoft 365管理センターへのアクセス権限が必要です（図A-1）。

Microsoft 365管理センター
https://admin.microsoft.com/Adminportal/Home

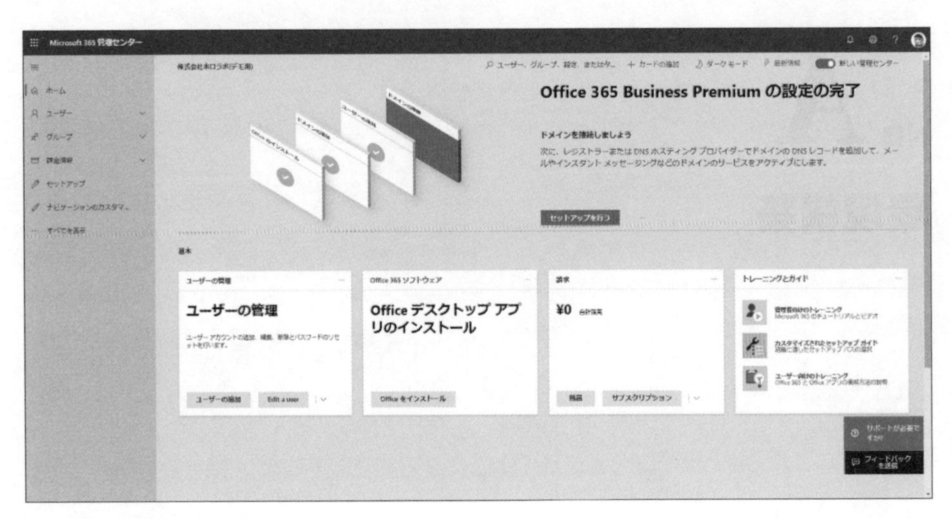

図A-1　Microsoft 365管理センター

新しい管理センター表示の場合にライセンス購入途中の段階で先に進めなくなる場合があるので、右上のトグルスイッチより旧管理センター表示に切り替えます（図A-2）。

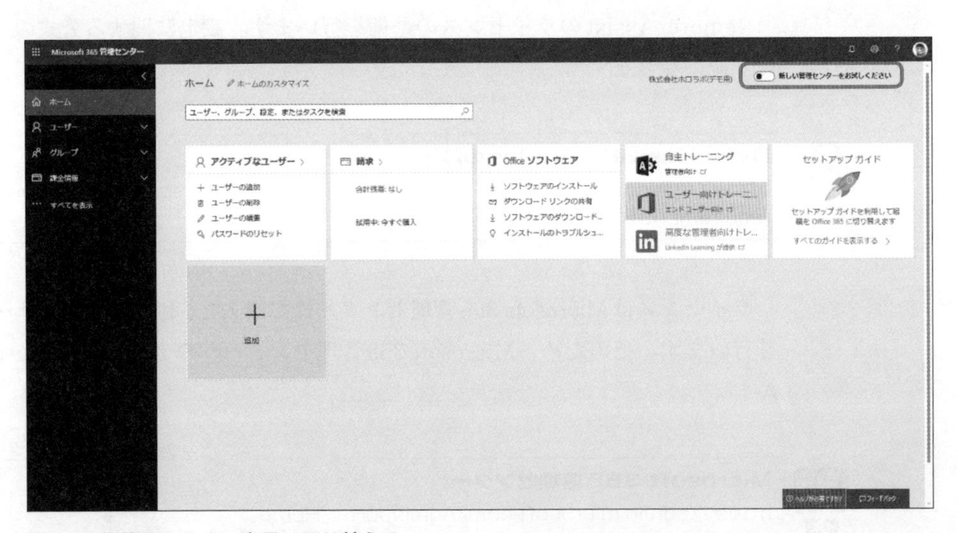

図A-2　旧管理センター表示に切り替える

続いて［課金情報］→［サービスを購入する］を開きます（図A-3）。

図A-3　サービス購入画面

ここからDynamics 365 Remote Assistを探します。旧管理センターでは検索ができないので、ブラウザーの検索機能などを使用して「Remote Assist」を探します（図A-4）。

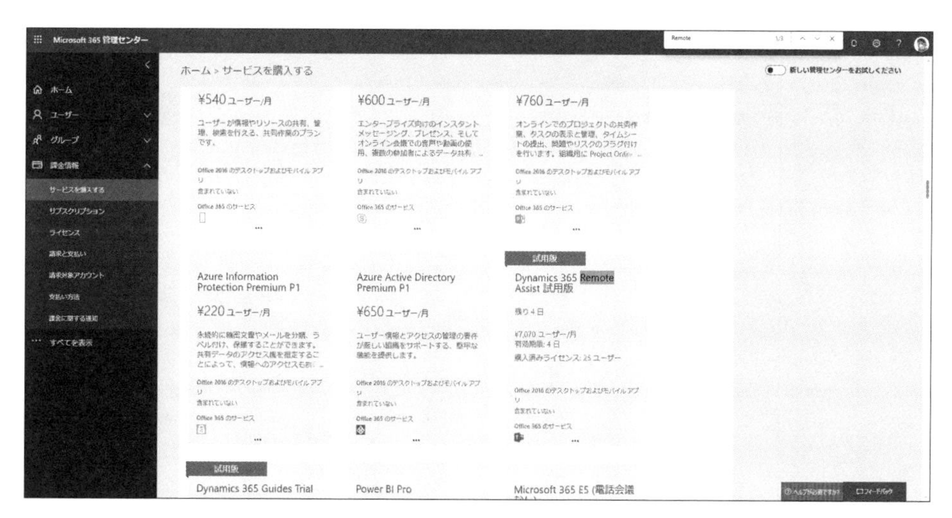

図A-4　Dynamics 365 Remote Assistを探す

A

下の「…」にマウスカーソルを合わせると購入メニューが表示されます（**図A-5**）。30日のトライアルもあります。今回はHoloLens 2アプリ上から試用を開始したアカウントになるため、購入のみが表示されています。

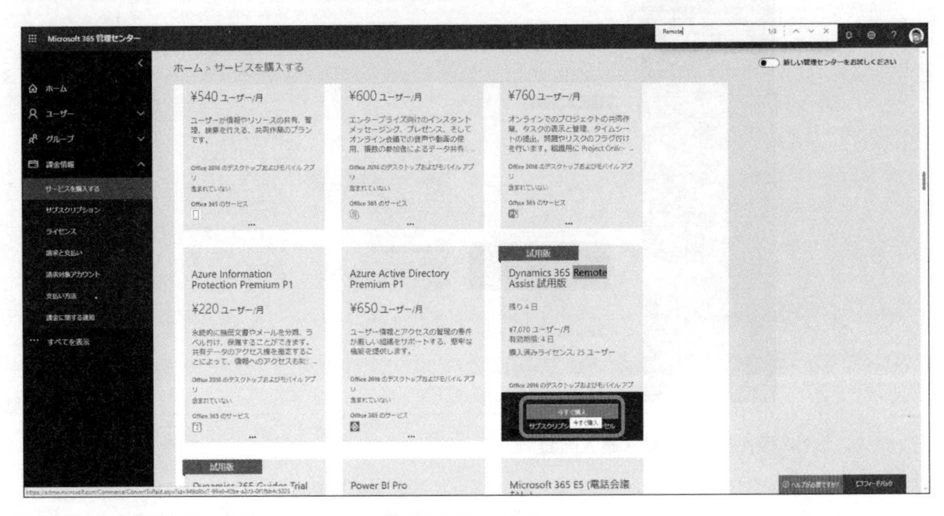

図A-5　**Dynamics 365 Remote Assistを購入する**

購入処理を進めます（**図A-6**）。

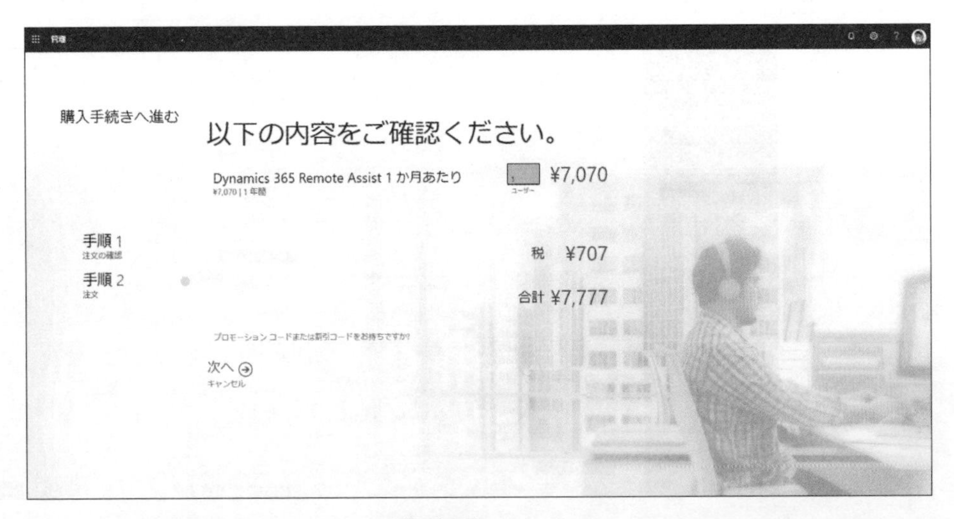

図A-6　**Dynamics 365 Remote Assistの購入処理**

購入ができたらユーザーにRemote Assistのライセンスを割り当てます（**図A-7**）。

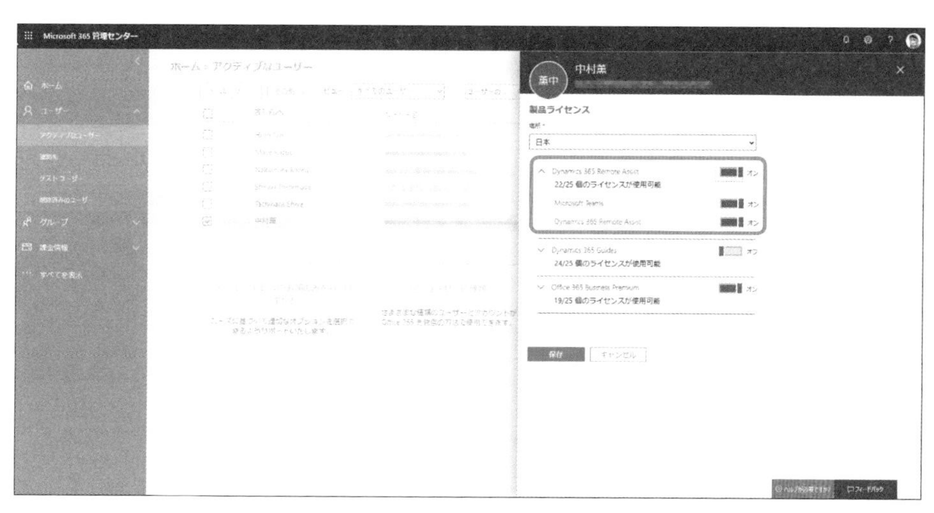

図A-7 Dynamics 365 Remote Assistをユーザーに割り当てる

以上でライセンスの設定は完了です。

A.1.2 HoloLens 2の準備

HoloLens 2アプリはスタートメニューにインストールされているので、これを選択して起動します(図A-8)。初回起動時はアプリの更新を行う場合がありますので、指示に従ってください。

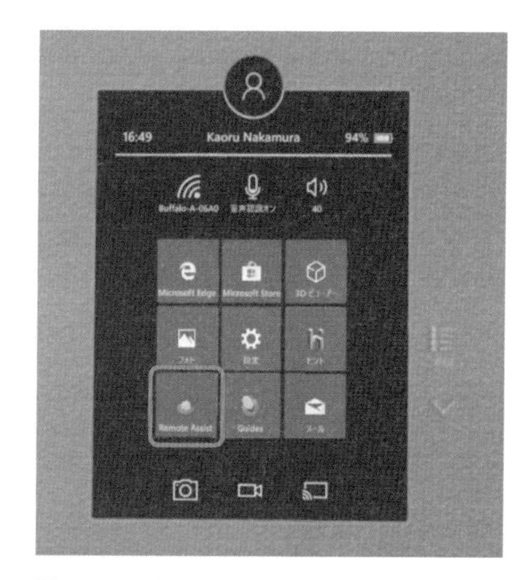

図A-8 スタートメニューからDynamics 365 Remote Assistを起動する

A.1.3 Microsoft Teams (PC) の準備

PC側はMicrosoft Teamsアプリが必要です。サイトよりPC用のアプリをダウンロードしてインストールします(図A-9)。

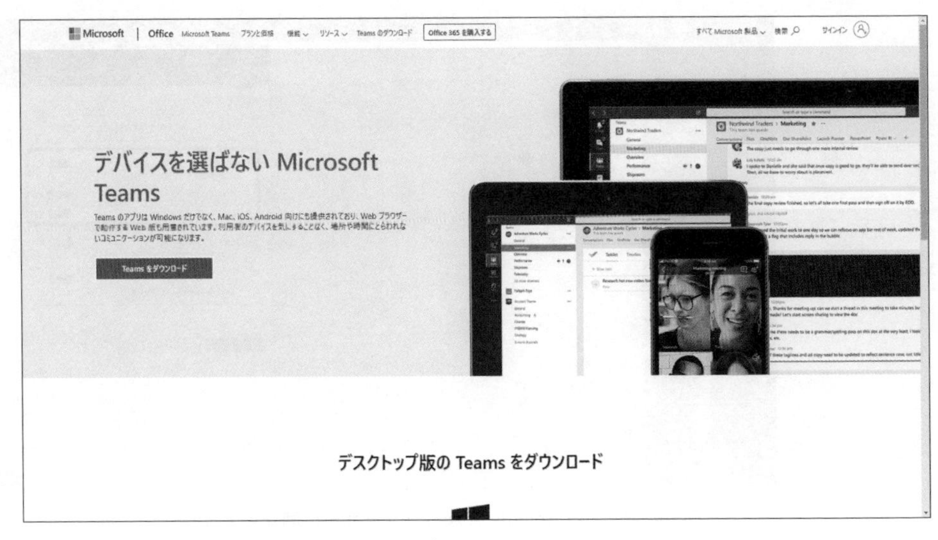

図A-9　Microsoft Teamsのサイト

参照

Microsoft Teamsのダウンロード
https://products.office.com/ja-jp/microsoft-teams/download-app

HoloLens 2とは別の着信側アカウントでTeamsアプリにサインインします（**図A-10**）。

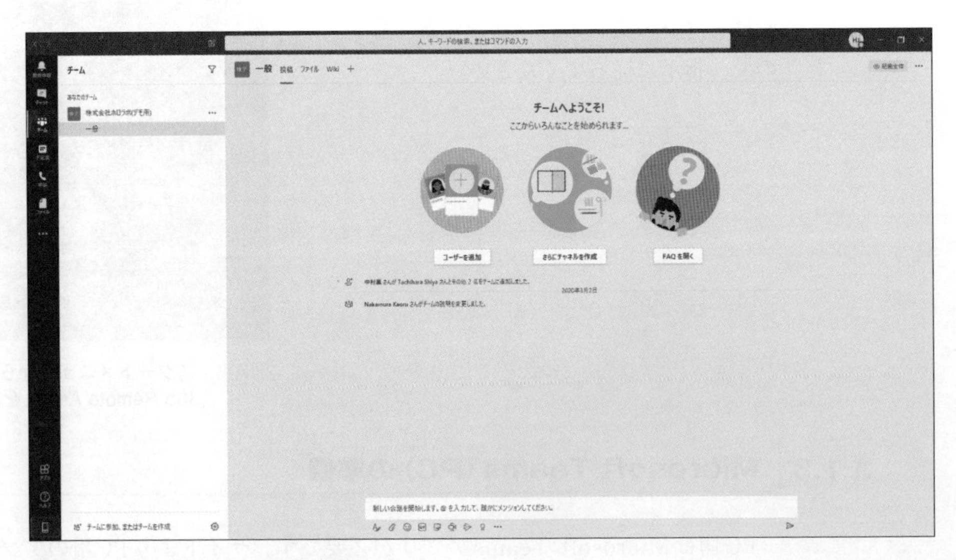

図A-10　Microsoft Teamsの起動画面

A.2 Dynamics 365 Guidesの環境構築手順

注意

Dynamics 365 Guidesは、2020年5月下旬以降アプリの更新が予定されています。インストール方法や画面、手順が変更になる可能性があります。

https://docs.microsoft.com/ja-jp/dynamics365/mixed-reality/guides/new

A.2.1 ライセンスの準備

最初にGuidesのライセンスの準備を行います。設定に関する公式のドキュメントは下記になります。

参照

Dynamics 365 Guidesの設定
https://docs.microsoft.com/ja-jp/dynamics365/mixed-reality/guides/requirements

ライセンスはMicrosoft 365管理センターにて購入し、利用するユーザーへ割り当てを行います（図A-11）。そのため、Microsoft 365管理センターへのアクセス権限が必要です。

参照

Microsoft 365管理センター
https://admin.microsoft.com/Adminportal/Home

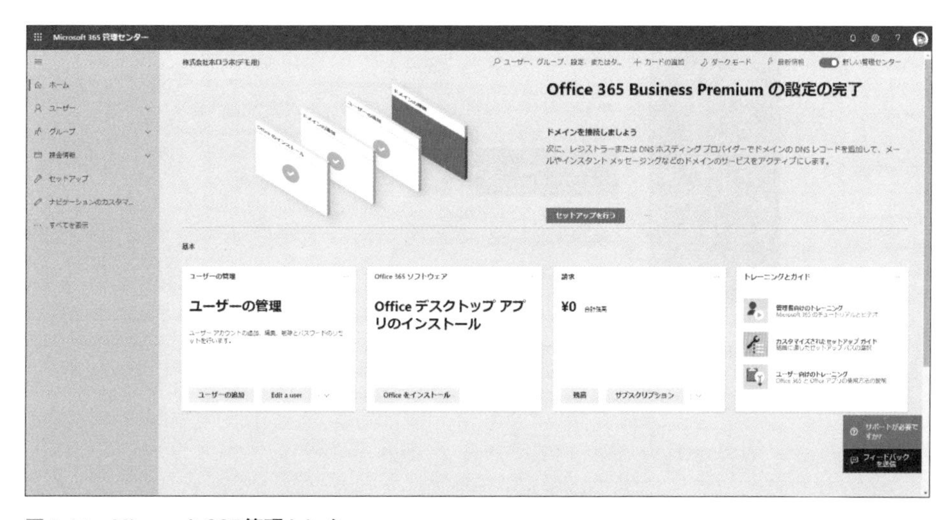

図A-11 Microsoft 365管理センター

新しい管理センター表示の場合にライセンス購入途中の段階で先に進めなくなる場合があるので、右上のトグルスイッチより旧管理センター表示に切り替えます（図A-12）。

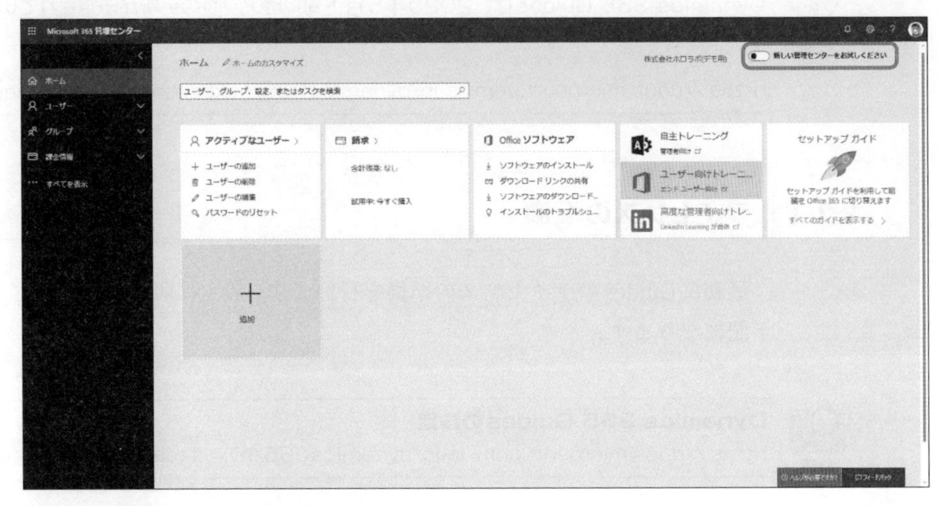

図A-12　旧管理センター表示に切り替え

続いて、[課金情報] → [サービスを購入する] を開きます（図A-13）。

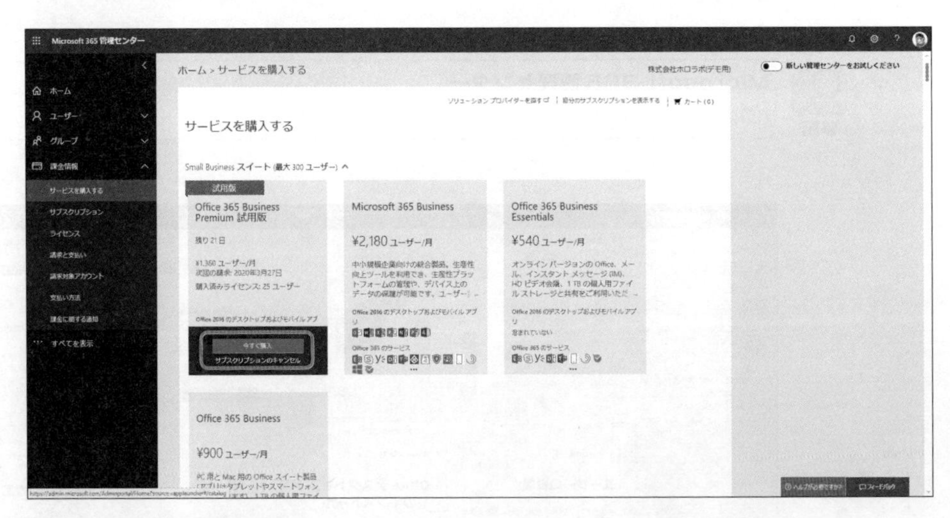

図A-13　サービスを購入する

ここからDynamics 365 Guidesを探します。旧管理センターでは検索ができないので、ブラウザーの検索機能などを使用して「Guides」を探します（図A-14）。

図A-14　Guidesを探す

下の［…］にマウスカーソルを合わせると、購入メニューが表示されます。30日のトライアルもあります。今回はトライアルを選択しています（図A-15）。

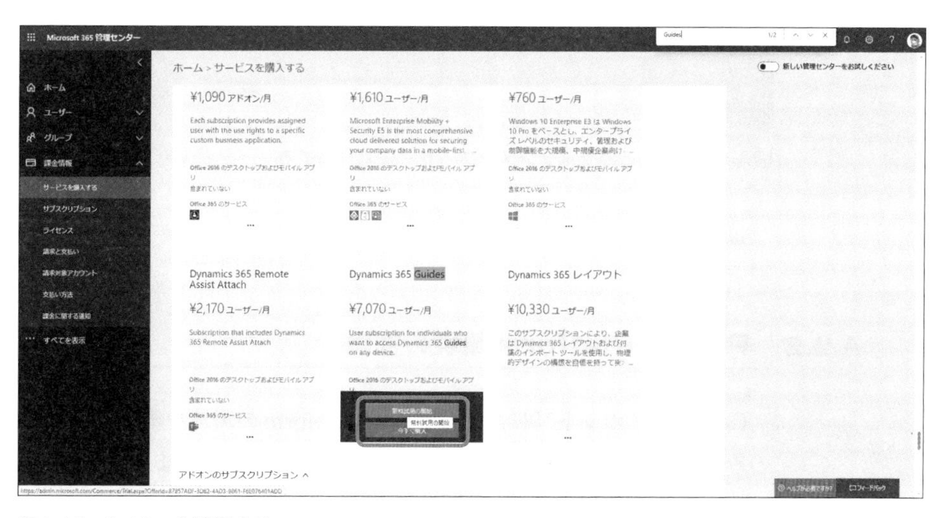

図A-15　Guidesを選択する

購入処理を進めます（図A-16）。

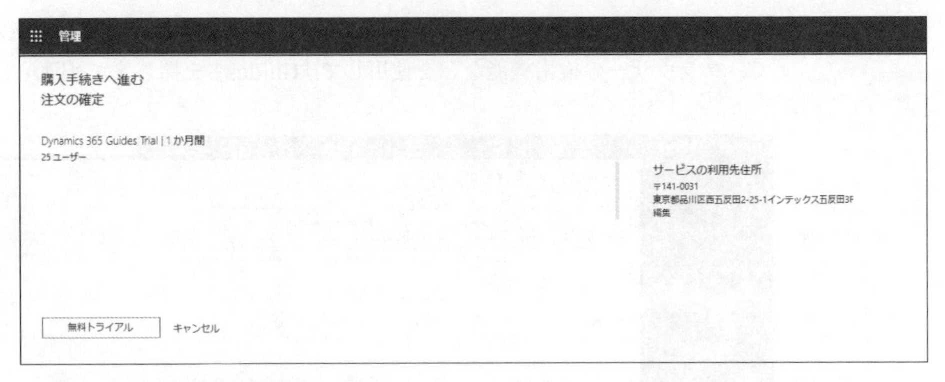

図A-16　**Guidesの購入処理を進める**

購入ができたらユーザーにGuidesのライセンスを割り当てます（**図A-17**）。

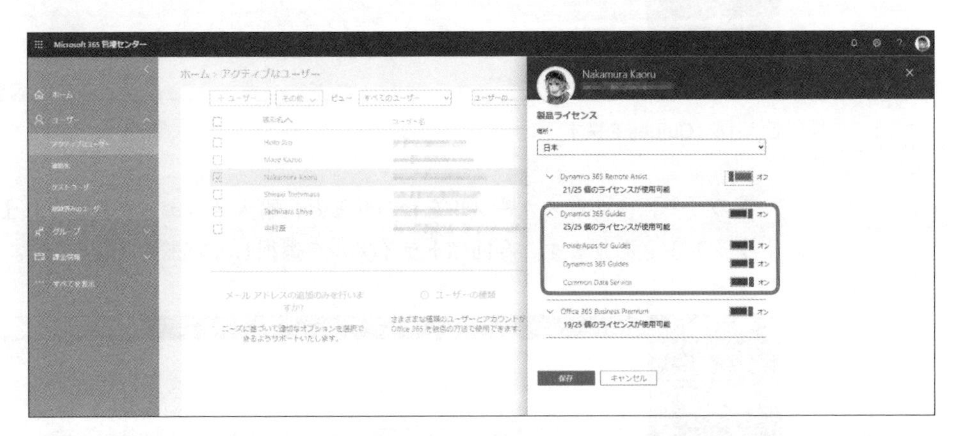

図A-17　**Guidesのライセンスをユーザーに割り当てる**

以上でライセンスの設定は完了です。

A.2.2　Power Platform環境の構築

Guidesのリポジトリにあたる Power Platformの環境を構築します。最初の環境作成のみ、試用環境と本番環境で異なるので、分けて解説します。

試用環境での環境構築

最初にGuides用のデータベースを作成します。「<テナント名>（既定）」が試用版での環境になります。この右にある［…］をクリックし、［環境の管理］をクリックします（**図A-18**）。

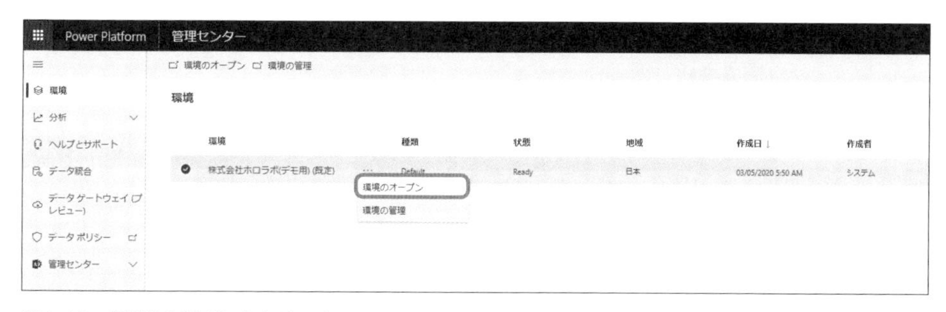

図A-18 ［環境の管理］をクリック

環境の詳細ページにて、［自分のデータベースを作成］をクリックします（図A-19）。

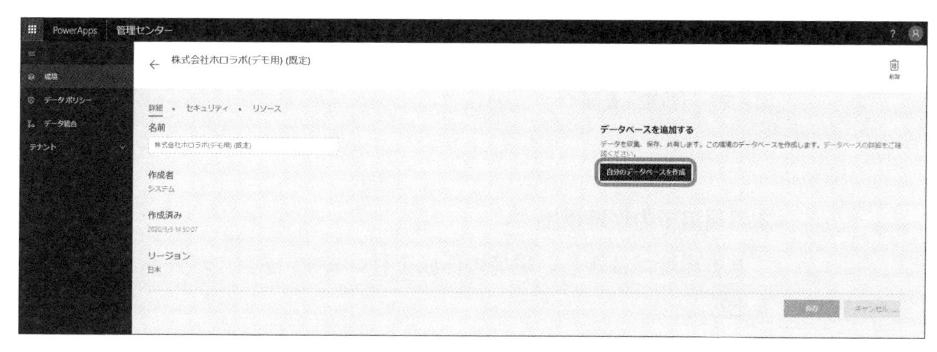

図A-19 Guidesのデータベースを作成する

通貨および言語の設定を行います。ドキュメント通りに通貨が「USD」で言語が「English」にするか、現地（日本）の環境のように通貨が「JPY」で言語が「Japanese」にします。選択したら、［自分のデータベースを作成］をクリックします（図A-20）。

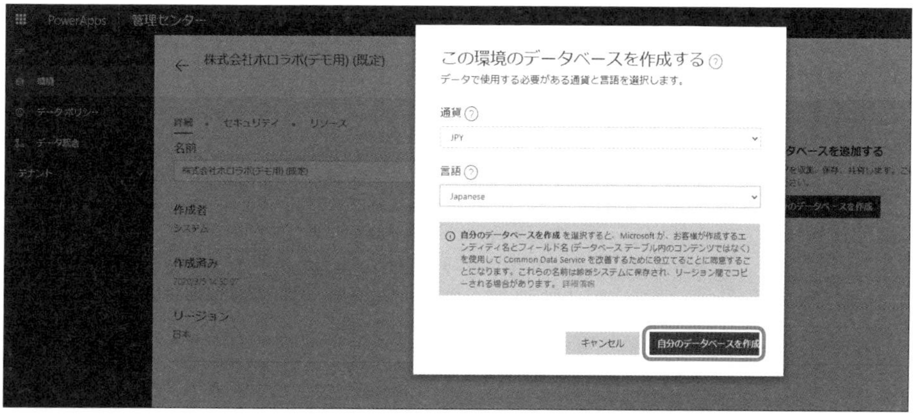

図A-20 データベース作成のための設定を行う

A

データベースを作成したら環境ページへ戻り、[…] から [設定] をクリックします（図A-21）。

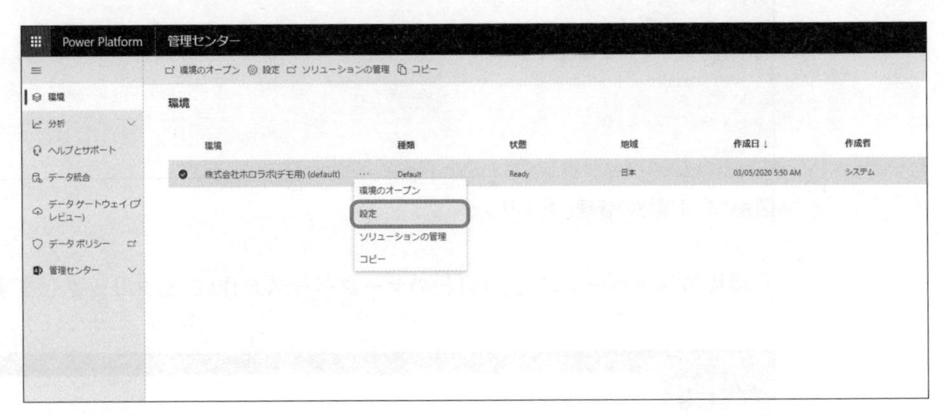

図A-21 [設定] を開く

本番環境での環境構築

本番環境では新しい環境の作成を行います。左上の [＋新規] をクリックします（図A-22）。

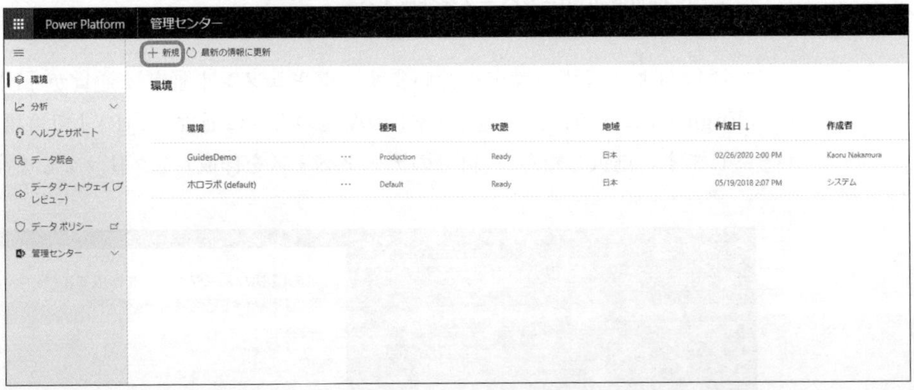

図A-22 [＋新規] をクリック

新しい環境にて [名前] を入力し、[種類] は [実稼働] を選択し、[保存] をクリックします（図A-23）。

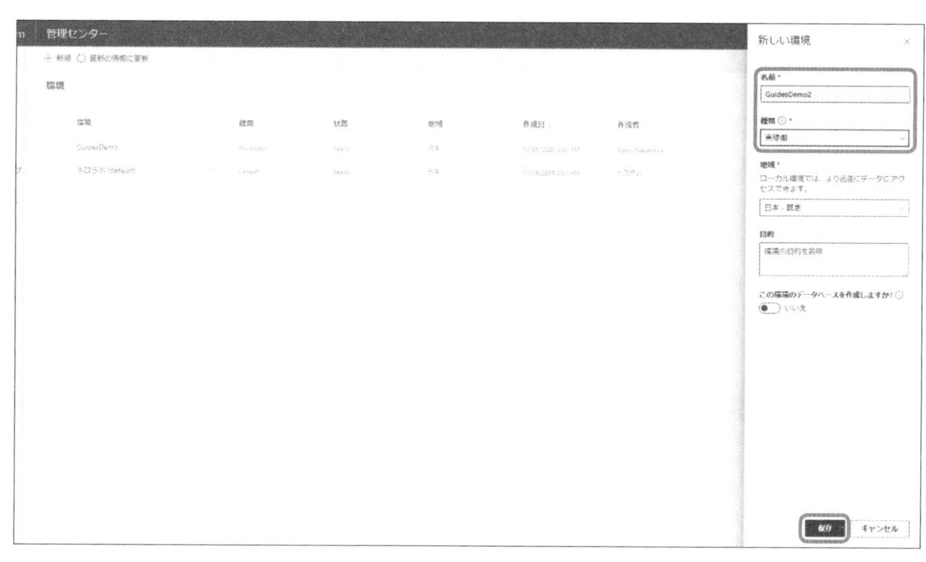

図A-23 [名前] と [種類] を入力して [保存] をクリック

Power Platformの環境が整いました。

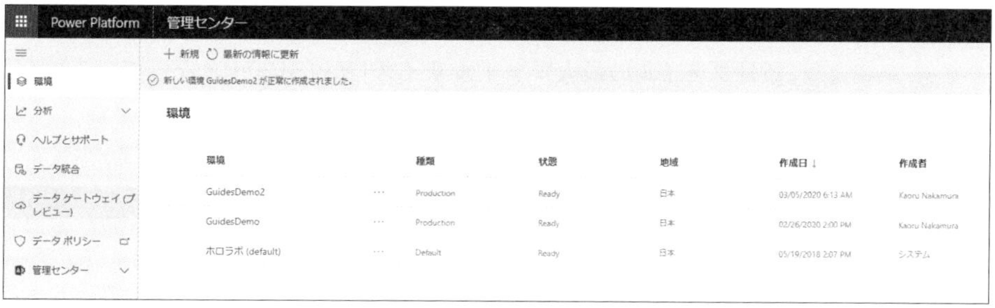

図A-24 環境が整った

作成した「GuidesDemo2」の [⋯] 部分をクリックし、[環境の管理] をクリックします(図A-25)。

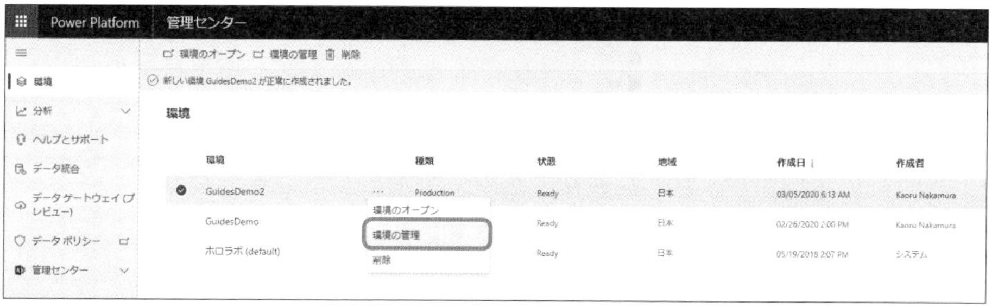

図A-25 [環境の管理] をクリック

以降の手順は試用版と共通になります。

データサイズの設定をする

Guidesの動画や画像、3DデータはPower Platform内では電子メールの添付ファイルとして扱われます。この添付ファイルの最大サイズが既定で5MBとなっているため、変更します。

環境ページの［設定］にある［電子メール］から［電子メール設定］をクリックします（**図A-26**）。

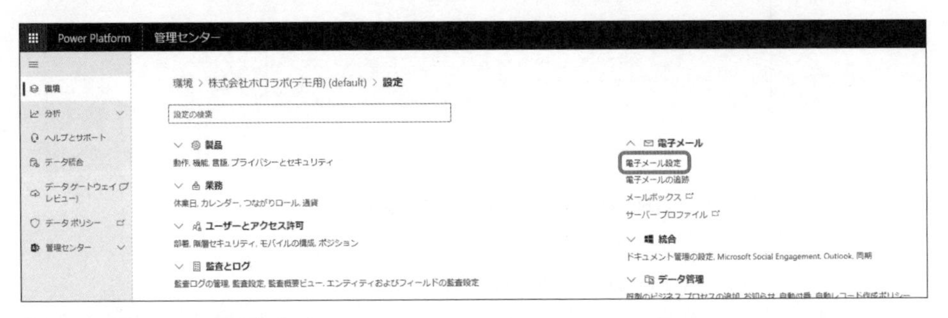

図A-26　［電子メール設定］をクリック

［添付ファイルの最大ファイルサイズ］が「5120」となっているのを「131072」に変更します（**図A-27**）。

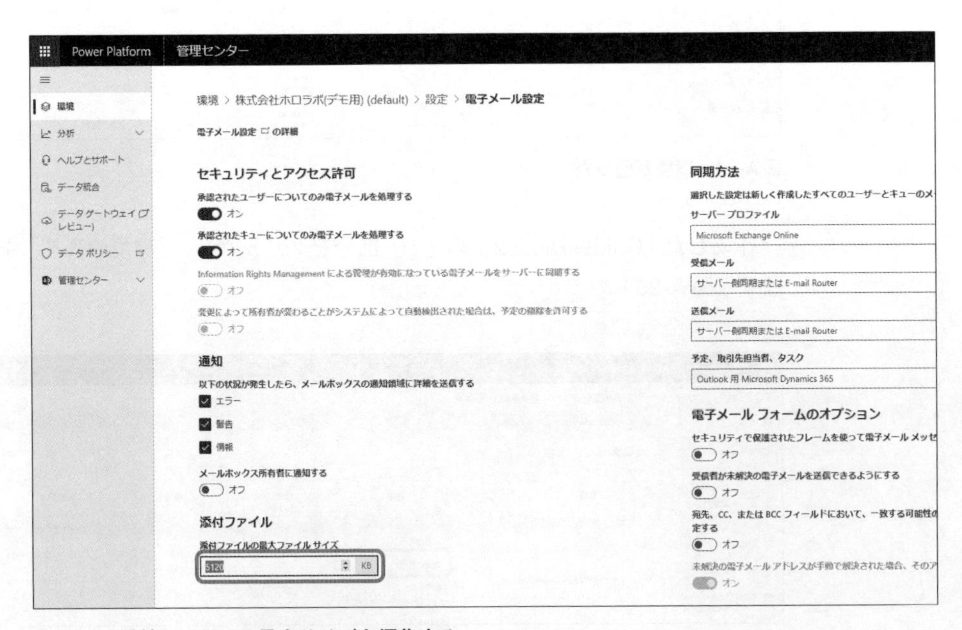

図A-27　添付ファイルの最大サイズを編集する

これで添付ファイルの最大サイズが131MBほどになります（図A-28）。実際には3Dモデル最大サイズに近いとHoloLens 2のGuidesアプリの動作が遅くなるため、HoloLens 2での動作を確認しながら3Dモデルの調整が必要になります。

図A-28　**編集完了**

Guides環境をインストールする

続いて作成したPower Platformの環境にGuides環境をインストールします。［環境］メニューから［…］をクリックし、［Dynamics 365アプリの管理］をクリックします（図A-29）。

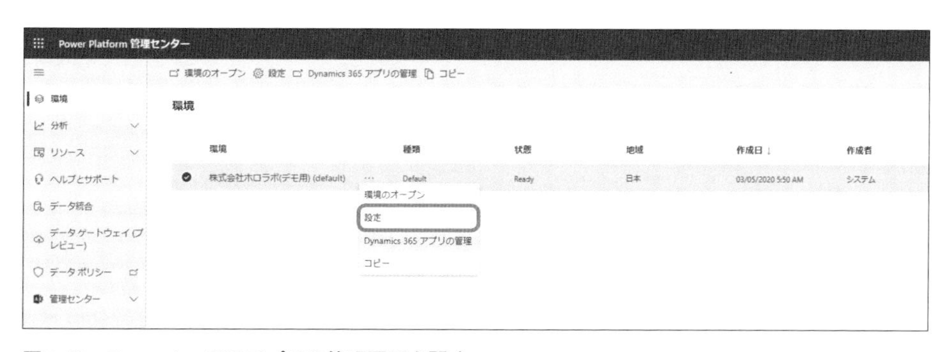

図A-29　**Dynamics 365アプリの管理画面を開く**

インストールされているDynamics 365アプリの一覧が表示されます。Guidesをインストールするために、[アプリのインストール] を選択します（図A-30）。

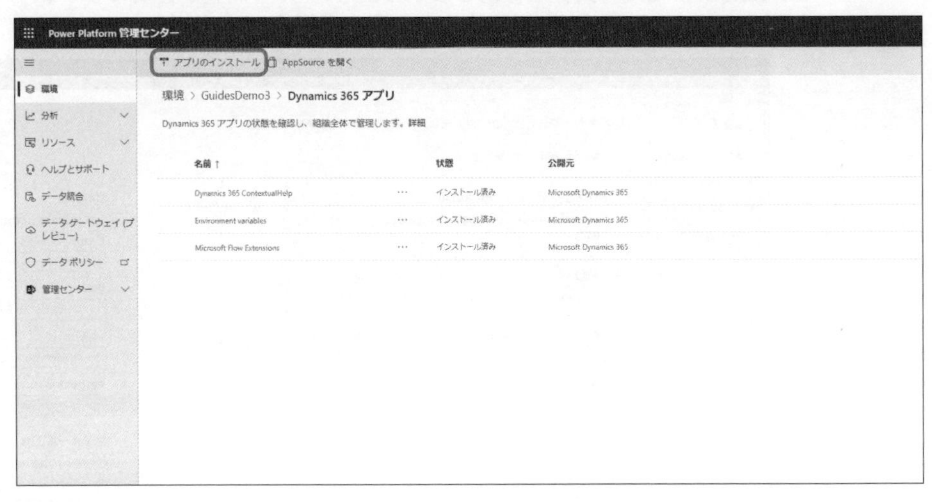

図A-30 **アプリをインストールする**

画面右側にインストール可能なDynamics 365アプリの一覧が表示されるので、[Dynamics 365 Guides] を選択して [次へ] を選択します（図A-31）。

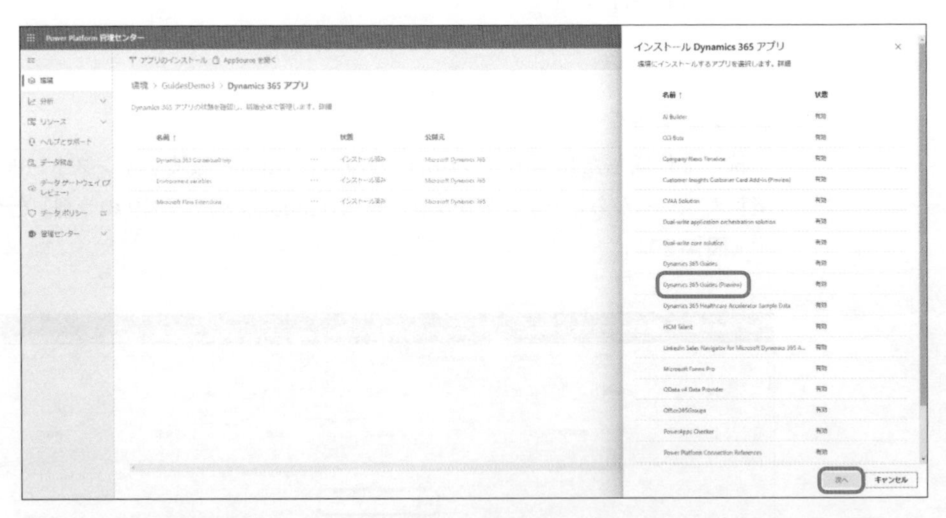

図A-31 **Guidesを選択する**

インストールされるパッケージの確認が表示されるので、[サービス規約に同意する] にチェックを入れて [インストール] を選択します（図A-32）。

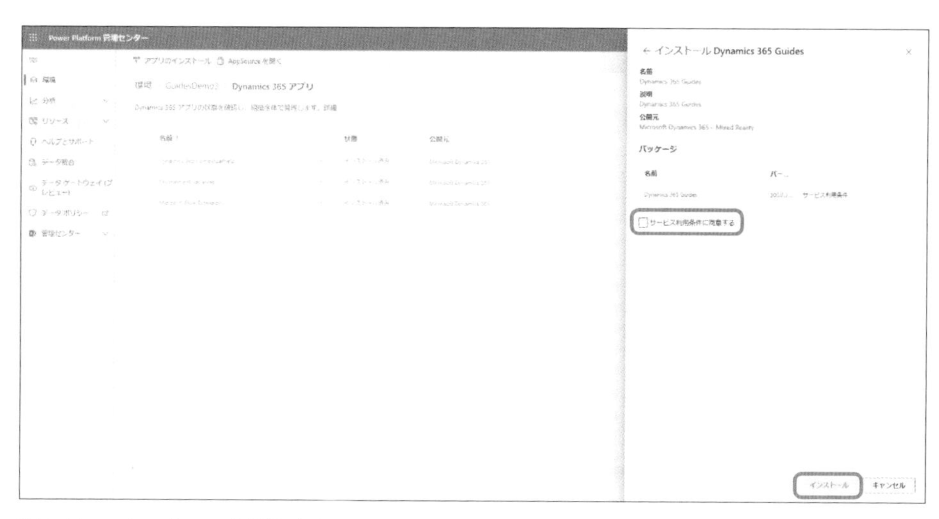

図A-32　インストールを開始する

問題がなければ、5分～10分ほどでインストールが完了します（図A-33）。

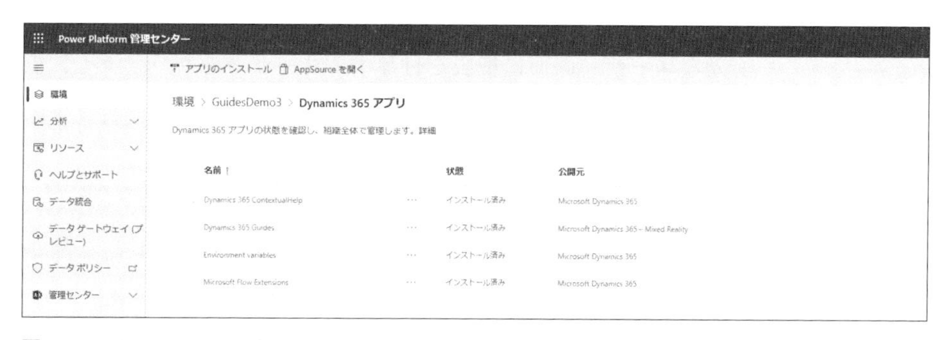

図A-33　インストールの完了

ユーザーにGuidesの権限を設定する

最後に使用するユーザーにGuidesの権限を設定します。［環境］メニューから［…］をクリックし、［設定］をクリックします（図A-34）。

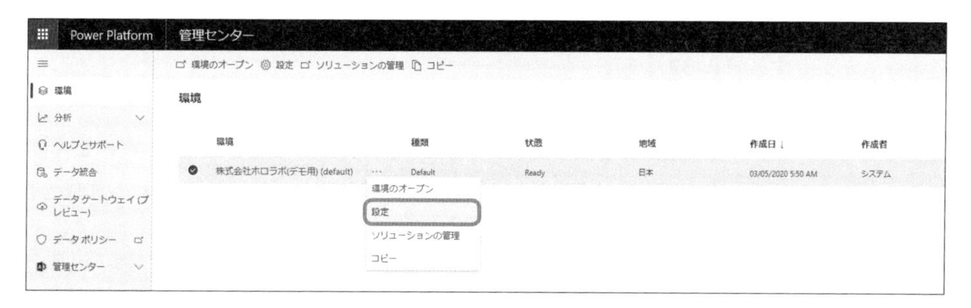

図A-34　［設定］をクリック

[ユーザーとアクセス許可]をクリックし、[ユーザー]をクリックします(図A-35)。

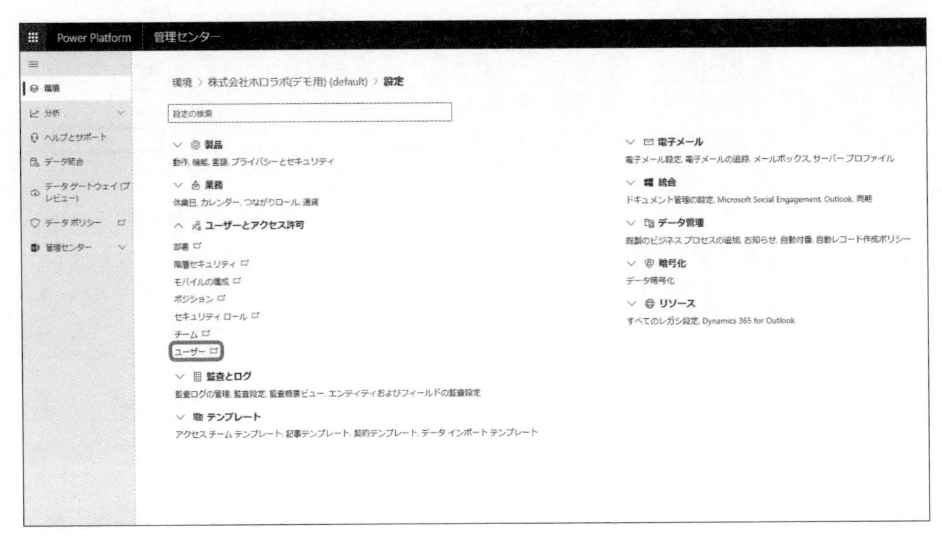

図A-35　ユーザー設定を開く

有効なユーザー画面に権限を付与するユーザーをクリックし、上段メニューの[ロールの管理]をクリックします(図A-36)。

+ 新規　編集　電子メールの承認　電子メールの拒否　管理者に昇格　ロールの管理　部署の変更　マネージャーの変更　ポジションの変更　…

有効なユーザー

	氏名 ↑	部署	役職	ポジション	代表電話
	Checker Application PowerApps	org4603dfdd			
✔	Nakamura Kaoru	org4603dfdd			
	Shiraki Toshimasa	org4603dfdd			
	中村 薫	org4603dfdd			09080246375

図A-36　アクセスを付与するユーザーを選択する

[ユーザーロールの管理]にて、次の3つにチェックを入れて[OK]をクリックします(図A-37)。

- Common Data Service User(リポジトリデータへのアクセス権)
- Dynamics 365 Guides Author(著者モード(シナリオの作成と配置)の権限)
- Dynamics 365 Guides Operator(操作モードの権限)

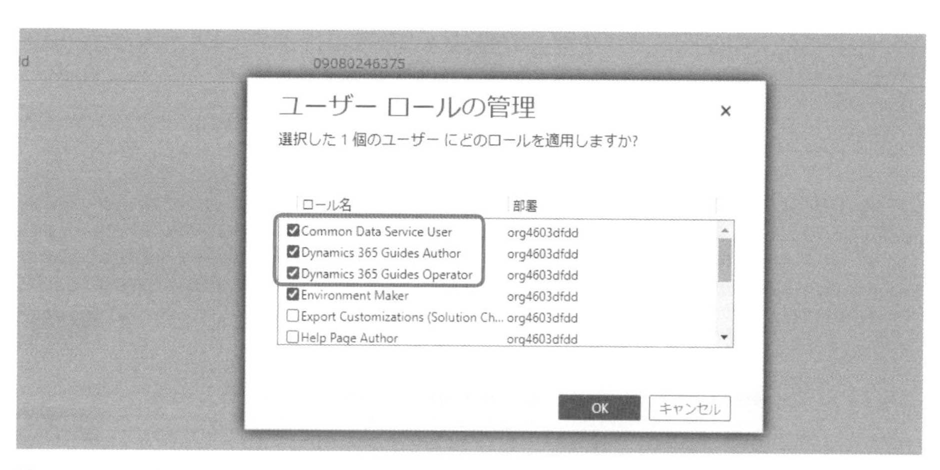

図A-37 ユーザーにアクセス権を設定する

以上でPower Platformの環境構築は完了です。

A.2.3 PCアプリのインストール

Windows 10のPCで［Microsoft Store］アプリを開きます。検索から「Dynamics Guides」のように探すと、GuidesのPCアプリが見つかります（図A-38）。

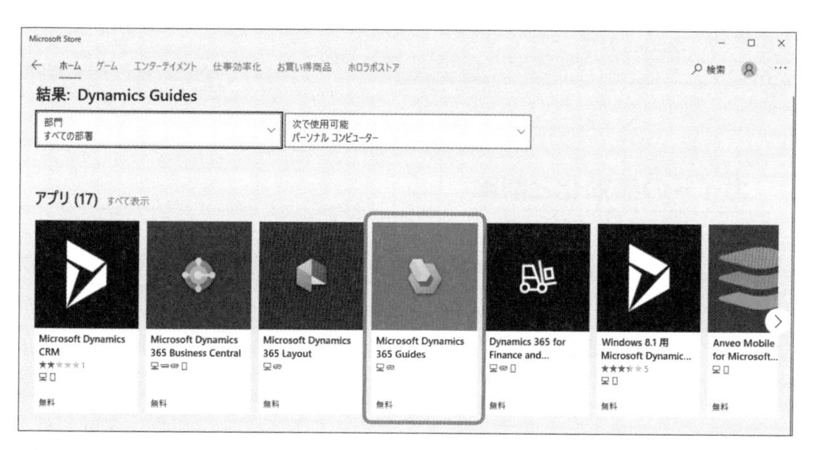

図A-38 PCのMicrosoft Store

または下記のURLをブラウザーで開き、ブラウザーからストアを開きます。

参照

Microsoft Dynamics 365 Guides
https://www.microsoft.com/ja-jp/p/microsoft-dynamics-365-guides/9n038fb42kkb

Guidesのアプリの［入手］をクリックしてインストールします（図A-39）。

図A-39 Guidesのページ

A.2.4 ガイドの無効化と削除

ガイドの無効化はアプリから、無効化したガイドの再有効化およびガイドの削除はPowerApps上で行います。

ガイドの削除はPCアプリでガイド名を右クリックし、［無効にする］を選択します（図A-40）。これでPCアプリおよびHoloLens 2アプリからは見えない状態になります。

図A-40　PCアプリからガイドを無効にする

再度有効化するにはPowerAppsに移動します。PowerAppsのGuidesの中に作成したガイドの一覧があります（図A-41）。

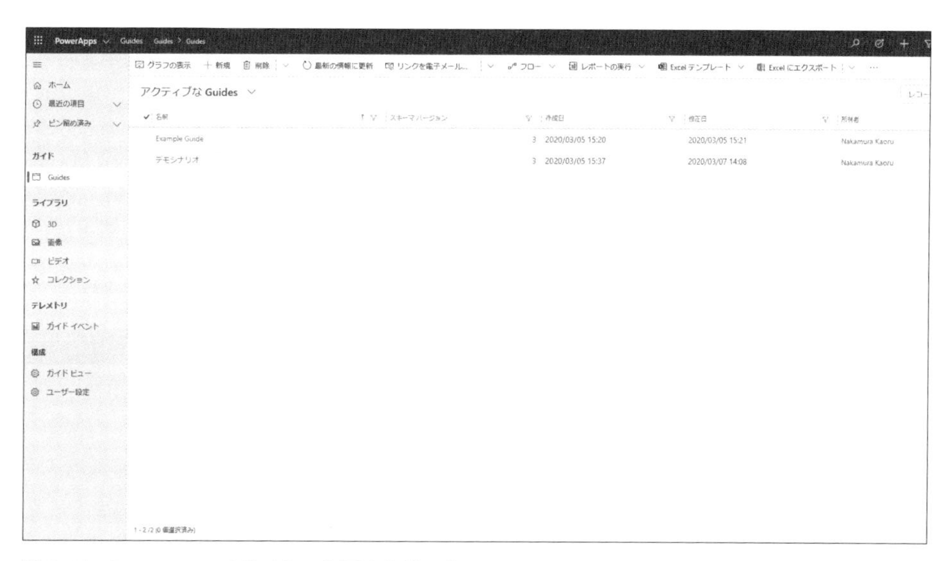

図A-41　PowerAppsのサイトから再度有効にする

既定では「アクティブなGuides」が表示されていますが、その部分をクリックすると［非アクティブなGuides］を選択できます（図A-42）。

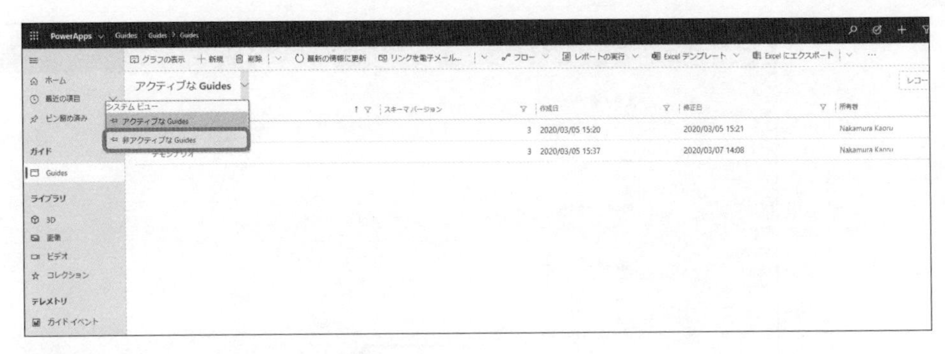

図A-42　非アクティブなGuidesを開く

「非アクティブなGuides」に無効化されたガイドがあるので対象を選択します（図A-43）。

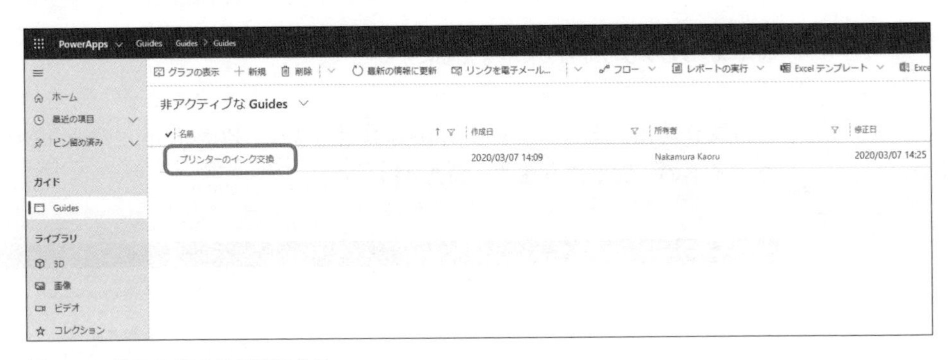

図A-43　対象のガイドを選択する

再度有効化したい場合には［アクティブ化］を、削除したい場合には［削除］を選択します（図A-44）。

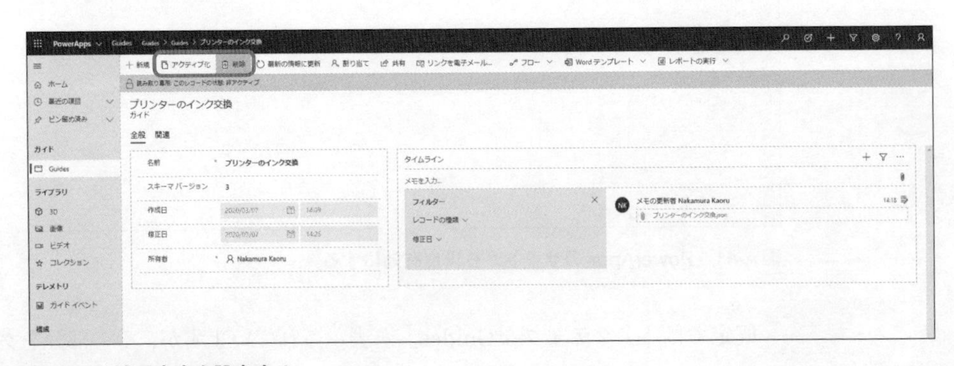

図A-44　適用内容を設定する

A.3 USBドライバーのインストール（デバイスポータル用）

PCとHoloLens 2をUSBケーブルで接続してデバイスポータルにアクセスする場合、特別なドライバーのインストールが必要です。

開発環境をインストールした場合は同時にインストールされますが、開発用PC以外の環境ではWindows 10 SDKを利用してUSBドライバーのみインストールすることもできます。

A.3.1 Windows 10 SDKを用いたUSBドライバーのインストール

Windows 10 SDKのサイトから［インストーラーをダウンロードする］を選択します（図A-45）。

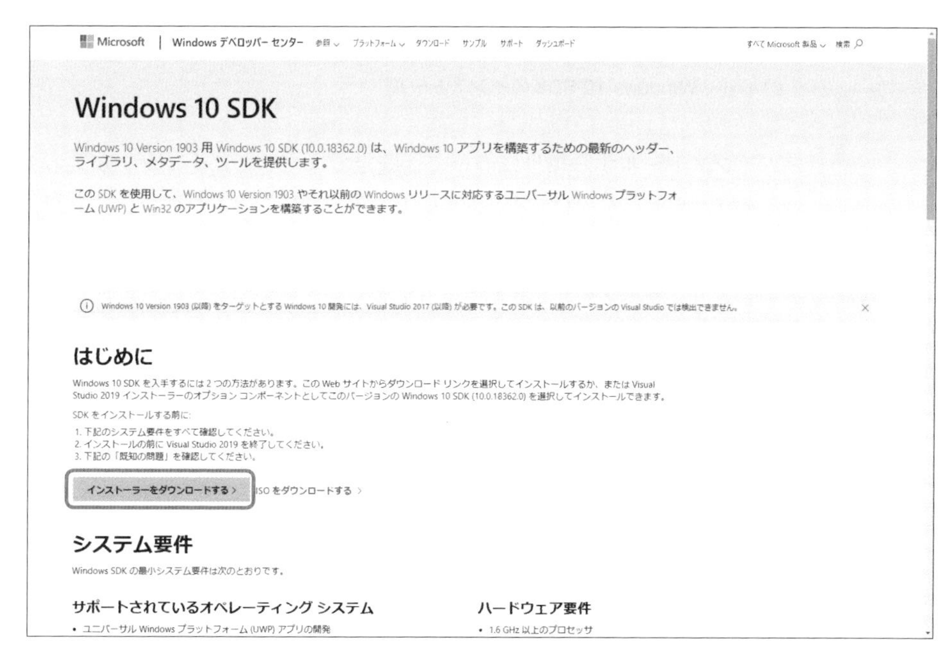

図A-45　Windows 10 SDKのダウンロードサイト

参照

Windows 10 SDK
https://developer.microsoft.com/ja-jp/windows/downloads/windows-10-sdk/

インストーラーを起動して既定の設定のまま次へ進みます（図A-46）。

Windows Software Development Kit - Windows 10.0.18362.1

Specify Location

◉ Install the Windows Software Development Kit - Windows 10.0.18362.1 to this computer

Install Path:

C:¥Program Files (x86)¥Windows Kits¥10¥ Browse...

○ Download the Windows Software Development Kit - Windows 10.0.18362.1 for installation on a separate computer

Download Path:

C:¥Users¥KaoruNakamura¥Downloads¥Windows Kits¥10¥WindowsSDK Browse...

Estimated disk space required: 3.0 GB
Disk space available: 1.7 TB

Next Cancel

図A-46　Windows 10 SDKのインストール

インストールする項目について、既定ではすべてにチェックが入っていますが（図A-47）、必要なものは［Windows IP Over USB］のみなので、これ以外のチェックをすべて外して［Install］を選択します（図A-48）。

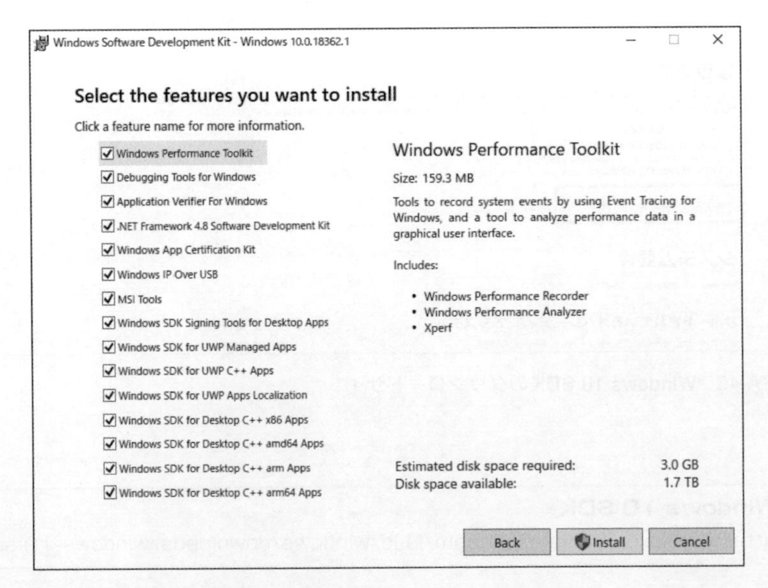

図A-47　既定のインストール項目

図A-48　HoloLens 2のUSBドライバーのみインストールを行う

これでインストールは完了です（図A-49）。

図A-49　Windows 10 SDKのインストール完了

OSバージョン2004の概要

B.1 2020年5月のHoloLens 2 OSアップデート

2020年5月にWindows 10の最新バージョンであるバージョン2004が公開されました。HoloLens 2のOSも同様にアップデートが可能になっており、バージョン番号はOSバージョン 2004、ビルド 10.0.19041.1103となっています。

HoloLens 2 リリースノート
https://docs.microsoft.com/ja-jp/hololens/hololens-release-notes

リリースノートに書かれている新機能は表B-1になります。

表B-1 バージョン2004での新機能

項目	概要
Windows Autopilot	Windows Autopilot を使用して、本番用の新しいデバイスを事前に設定しセットアップします。
FIDO2対応	FIDO2セキュリティキーをサポートし、共有デバイスの高速かつ安全な認証を実現します。
プロビジョニングの改善	USBドライブからHoloLensにプロビジョニングパッケージを適用します。
アプリのインストール状況	設定アプリにて、MDM経由でHoloLens 2にプッシュされたアプリのインストール状況を確認します。
構成サービス・プロバイダ（CSP）	管理者の制御機能を強化する新しい構成サービスプロバイダ（CSP）を追加しました。
USB 5G/LTEサポート	拡張されたUSBイーサネット機能により、5G/LTEドングルのサポートが可能になりました。

次ページへ続く

項目	概要
ダークアプリモード	ダークアプリモードは、OSのダーク（黒）とライト（白）の両モードに対応したアプリで、視聴体験を向上させます。
音声コマンド	HoloLensのハンズフリーを制御するための追加のシステム音声コマンドをサポートします。
ハンドトラッキングの改善	ハンドトラッキングの改善により、ボタンと2Dアプリのインタラクションがより正確になりました。
品質改善と修正	プラットフォーム全体でのさまざまなシステムパフォーマンスと信頼性が向上しました。

このバージョンでは大規模運用を見据えてのWindows Autopilotによる自動セットアップやセキュリティ関連が更新されています。

参照

Windows Autopilot for HoloLens 2 の評価ガイド
https://docs.microsoft.com/ja-jp/hololens/hololens2-autopilot

たとえば5G/LTEのUSBドングルがサポートされたので、5G/LTEネットワークへHoloLens 2単体で接続できるようになりました（図B-1）。

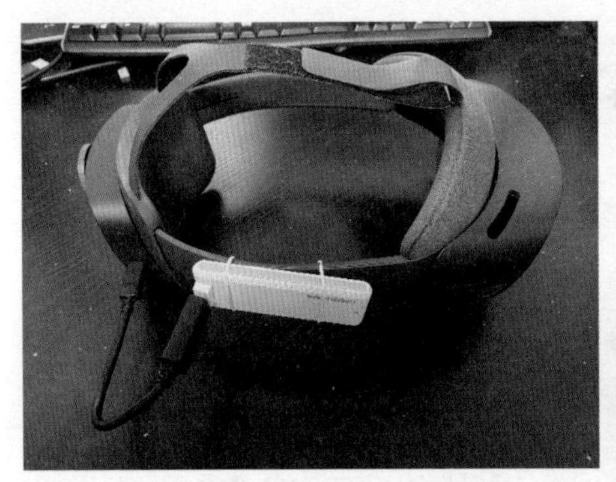

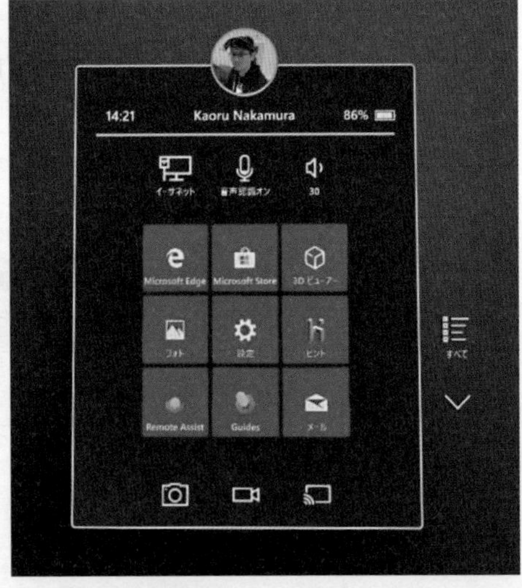

図B-1　HoloLens 2にLTEドングルを装着してインターネットに接続する

Androidスマートフォンは、USBデザリングが可能なので、5Gの端末をHoloLens 2に接続することにより、その恩恵を受けることができます。

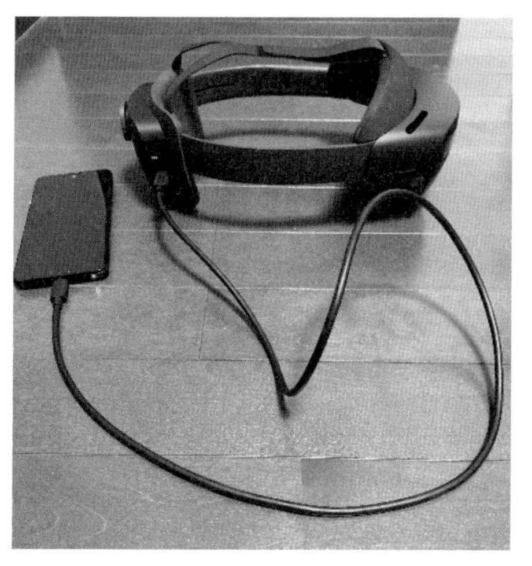

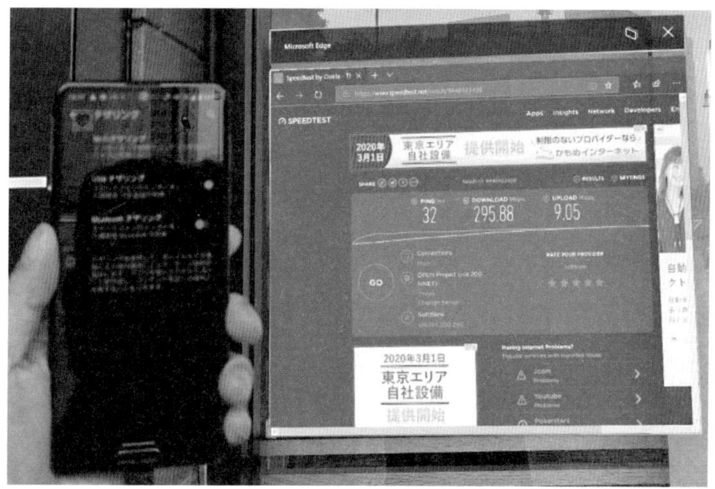

図B-2　HoloLens 2に5G端末を装着して直接5Gへ接続する

そのほかにも、音声コマンドのCortanaからシステムへの移行や、ハンドトラッキングの改善、細かい全体的な改善により、いままで以上に使いやすくなりました。

索　引

数字

英字

あ行

か行

さ行

た行

は行

ま行

ら行

●著者紹介

中村 薫（なかむら かおる）

株式会社ホロラボ
代表取締役 CEO / Microsoft MVP for Windows Development

2002年よりソフトウェア開発の世界に入り、Windowsアプリや組み込みアプリの開発を経験。2011年にMicrosoft Kinectと出会い、いろいろな幸運によりKinectで生活できるようになり、個人事業主として活動を始める。2016年にHoloLensと出会って会社立ち上げを決意。2017年1月の日本でのHoloLens発売日にホロラボを登記する。当初の想像以上に会社も市場も大きくなってしまったので、日々自分の感覚もアップデートしている（社長業って大変ですね）。最近はHoloLensに表示するための3Dデータに興味があり、3D CADやBIMのデータと日々格闘中。

連絡先
kaorun55@hololab.co.jp
https://twitter.com/kaorun55

●本書についてのお問い合わせ方法、訂正情報、重要なお知らせについては、下記Webページをご参照ください。なお、本書の範囲を超えるご質問にはお答えできませんので、あらかじめご了承ください。

https://project.nikkeibp.co.jp/bnt/

●ソフトウェアの機能や操作方法に関するご質問は、ソフトウェア発売元の製品サポート窓口へお問い合わせください。

HoloLens 2入門
遠隔や現場での作業/訓練支援に活用できるMixed Realityデバイス

2020年 6 月22日　初版第1刷発行

著　　者　中村 薫
発 行 者　村上 広樹
編　　集　田部井 久
発　　行　日経BP
　　　　　東京都港区虎ノ門4-3-12　〒105-8308
　　　売　日経BP マーケティング
　　　　　東京都港区虎ノ門4-3-12　〒105-8308
　　　丁　コミュニケーションアーツ株式会社
　　　作　株式会社シンクス
　　　　　図書印刷株式会社